U0291196

国家出版基金资助项目

湖北省学术著作出版专项资金资助项目

数字制造科学与技术前沿研究丛书

基于数字样机的维修性技术与方法

郝建平　王松山　柳辉　著

武汉理工大学出版社

·武　汉·

内 容 提 要

产品设计技术已经发生了深刻的变化,而且还在快速发展之中。数字化设计理念和技术对维修性工程影响最为明显、全面,并已成为维修性工程创新发展的重要方向和关键支撑。全书共分为8章,在对虚拟维修与虚拟维修系统进行概念辨析、提出虚拟维修系统一般结构的基础上,重点阐述了虚拟人建模与仿真、维修性虚拟样机、基于运动规划和沉浸式控制的维修仿真、异构拓扑结构虚拟人运动重定向等对基于数字样机的维修性活动具有重要支撑的关键技术,对基于数字样机如何进行维修性设计分析和验证评价进行了详细的分析和论述,并以军用飞机研制为背景,讨论了基于数字样机的维修性技术工程应用范围与模式。

本书结合理论、技术及典型行业应用来说明数字样机的维修性技术的具体解决方法,以期帮助拓展数字制造环境下维修工程的实施理念、模式及方法。本书可供从事维修性工程的专业技术人员、数字化设计手段规划与建设的相关技术人员使用;也可作为相关学科专业研究生培养的选用教材或参考用书。

图书在版编目(CIP)数据

基于数字样机的维修性技术与方法/郝建平,王松山,柳辉著. —武汉:武汉理工大学出版社,2016.12

(数字制造科学与技术前沿研究丛书)

ISBN 978-7-5629-4363-1

Ⅰ.①基… Ⅱ.①郝… ②王… ③柳… Ⅲ.①机械维修-数字技术 Ⅳ.①TH17

中国版本图书馆 CIP 数据核字(2016)第 298840 号

项目负责人:田　高　王兆国　　　　　　　　责 任 编 辑:张莉娟
责 任 校 对:刘　凯　　　　　　　　　　　　封 面 设 计:兴和设计
出版发行:武汉理工大学出版社(武汉市洪山区珞狮路 122 号　邮编:430070)
　　　　　http://www.wutp.com.cn
经 销 者:各地新华书店
印 刷 者:武汉中远印务有限公司
开　　　本:787×1092　1/16
印　　　张:16.25
字　　　数:405 千字
版　　　次:2016 年 12 月第 1 版
印　　　次:2016 年 12 月第 1 次印刷
印　　　数:1—1500 册
定　　　价:65.00 元

总　　序

当前,中国制造 2025 和德国工业 4.0 以信息技术与制造技术深度融合为核心,以数字化、网络化、智能化为主线,将互联网＋与先进制造业结合,正在兴起全球新一轮数字化制造的浪潮。发达国家特别是美、德、英、日等先进制造技术领先的国家,面对近年来制造业竞争力的下降,最近大力倡导"再工业化、再制造化"战略,明确提出智能机器人、人工智能、3D 打印、数字孪生是实现数字化制造的关键技术,并希望通过这几大数字化制造技术的突破,打造数字化设计与制造的高地,巩固和提升制造业的主导权。近年来,随着我国制造业信息化的推广和深入,数字车间、数字企业和数字化服务等数字技术已成为企业技术进步的重要标志,同时也是提高企业核心竞争力的重要手段。由此可见,在知识经济时代的今天,随着第三次工业革命的深入开展,数字化制造作为新的制造技术和制造模式,同时作为第三次工业革命的一个重要标志性内容,已成为推动 21 世纪制造业向前发展的强大动力,数字化制造的相关技术已逐步融入到制造产品的全生命周期,成为制造业产品全生命周期中不可缺少的驱动因素。

数字制造科学与技术是以数字制造系统的基本理论和关键技术为主要研究内容,以信息科学和系统工程科学的方法论为主要研究方法,以制造系统的优化运行为主要研究目标的一门科学。它是一门新兴的交叉学科,是在数字科学与技术、网络信息技术及其他(如自动化技术、新材料科学、管理科学和系统科学等)与制造科学与技术不断融合、发展和广泛交叉应用的基础上诞生的,也是制造企业、制造系统和制造过程不断实现数字化的必然结果。其研究内容涉及产品需求、产品设计与仿真、产品生产过程优化、产品生产装备的运行控制、产品质量管理、产品销售与维护、产品全生命周期的信息化与服务化等各个环节的数字化分析、设计与规划、运行与管理,以及整个产品全生命周期所依托的运行环境数字化实现。数字化制造的研究已经从一种技术性研究演变成为包含基础理论和系统技术的系统科学研究。

作为一门新兴学科,其科学问题与关键技术包括:制造产品的数字化描述与创新设计,加工对象的物体形位空间和旋量空间的数字表示,几何计算和几何推理、加工过程多物理场的交互作用规律及其数字表示,几何约束、物理约束和产品性能约束的相容性及混合约束问题求解,制造系统中的模糊信息、不确定信息、不完整信息以及经验与技能的形式化和数字化表示,异构制造环境下的信息融合、信息集成和信息共享,制造装备与过程的数字化智能控制、制造能力与制造全生命周期的服务优化等。本系列丛书试图从数字制造的基本理论和关键技术、数字制造计算几何学、数字制造信息学、数字制造机械动力学、数字制造可靠性基础、数字制造智能控制理论、数字制造误差理论与数据处理、数字制造资源智能管控等多个视角构成数字制造科学的完整学科体系。在此基础上,根据数字化制造技术的特点,从不同的角度介绍数字化制造的广泛应用和学术成果,包括产品数字化协同设计、机械系统数字化建模与分析、机械装置数字监测与诊断、动力学建模与应用、基于数字样机的维修技术与方法、磁悬浮转子机电耦合动力学、汽车信息物理融合系统、动力学与振动的数值模拟、压电换能器设计原理、复杂多环耦合机构构型综合及应用、大数据时代的产品智能配置理论与方法等。

围绕上述内容,以丁汉院士为代表的一批我国制造领域的教授、专家为此系列丛书的初步形成,提供了他们宝贵的经验和知识,付出了他们辛勤的劳动成果,在此谨表示最衷心的感谢!

《数字制造科学与技术前沿研究丛书》的出版得到了湖北省学术著作出版专项资金项目的资助。对于该丛书,经与闻邦椿、徐滨士、熊有伦、赵淳生、高金吉、郭东明和雷源忠等我国制造领域资深专家及编委会讨论,拟将其分为基础篇、技术篇和应用篇 3 个部分。上述专家和编委会成员对该系列丛书提出了许多宝贵意见,在此一并表示由衷的感谢!

数字制造科学与技术是一个内涵十分丰富、内容非常广泛的领域,而且还在不断地深化和发展之中,因此本丛书对数字制造科学的阐述只是一个初步的探索。可以预见,随着数字制造理论和方法的不断充实和发展,尤其是随着数字制造科学与技术在制造企业的广泛推广和应用,本系列丛书的内容将会得到不断的充实和完善。

《数字制造科学与技术前沿研究丛书》编审委员会

前　　言

维修性是关于产品维修简便、快捷、经济、安全的一种固有属性,通过一系列维修性工程管理与技术活动得以实现。维修性工程技术既有其自身的发展需求,又受到产品设计理论与技术的引领和制约。数字制造技术发展成熟并获得广泛应用之前,维修设计的主要依据源于维修实践经验所形成的经验公式、禁忌手册、指南准则等,通过手工方式和串行作业模式完成必要的计算、分析表格填写等设计分析工作,基于实物模型或物理样机实施真实维修或模拟维修来对设计进行核查、验证及评价。这种设计模式的不足不仅体现在维修性设计时机严重滞后,而且还难以与其他专业设计结合并融合,设计目标难以保证。

当前,数字样机或虚拟样机已经普遍存在于产品设计中,甚至已经替代试制样机。由于数字样机或虚拟样机的广泛采用,维修性设计方案探索、设计与分析、核查与验证等相互穿插,已经没有绝对的先后顺序关系,研制早期也可以基于数字样机开展必要的核查甚至模拟验证评价。基于模型开展全三维数字化设计已经成为维修性设计的基础,多学科综合优化技术正在促进维修性融入设计系统工程。

基于数字样机的维修性技术和方法的研究已有 20 余年的时间,既有大量的学术性研究,也不乏工程实践方面的探索。近几年来,维修性虚拟设计与验证技术持续得到国内有关科研计划的支持,一些军工企业也高度重视维修性虚拟设计,进行相关技术研究、条件建设及工程实施,积累了宝贵的经验,并取得了积极的成效。学术界和工程界对基于数字样机维修性技术的高度共识和共同努力正在推动该领域迅速发展。

参加本书撰写的人员有郝建平(第 1 章、第 6 章部分内容、第 7 章部分内容),王松山(第 2章部分内容、第 3 章),李新星(第 4 章),齐延庆(第 5 章),柳辉(第 2 章部分内容、第 6 章部分内容),高伏、刘振祥(第 7 章部分内容),李宏、国志刚(第 8 章),全书由郝建平策划并统稿。

本书相关研究得到了国家 863 计划"基于数字样机的维修性分析评价技术研究与系统开发"(2007AA04Z406)、装备预研基金项目"基于仿真和试验的维修性综合验证方法研究"(914A27010215JB34001)、装备预研项目"基于仿真的自行火炮维修性验证与评估技术研究及系统开发"(51319040402)的支持,在此表示感谢。

作为全面系统介绍基于数字样机维修性技术的专门书籍,本书融合了所有编著者多年的研究积累,也不可避免地参考或引用了部分国内外相关研究成果。由于本书涉及多个专业领域,加之有关技术和方法还在不断发展和应用探索之中,难免会存在一些不完善之处和纰漏,恳请广大读者批评指正。

作　者

2016 年 8 月

目　　录

1 绪论

1.1 引　言

1.1.1 维修性及其重要性

1.1.1.1 维修性的基本概念

通俗地说,维修性是产品本身所具备的便于维修的特性。它是指为使产品便于进行维修而具有的诸如结构简单、维修部位可达、标准化、互换性、易防差错、测试方便、维修安全、符合人类工效学等的设计特性,是依靠研制过程来设计的,同时又必须依靠生产过程来保证。维修性是产品的一种质量特性,即由设计赋予的使装备维修简便、快捷、经济的固有属性,它同"维修方便"这类传统的产品设计要求似乎很接近,但又有着质的区别。首先,它有其明确的定义,即维修性是产品在规定的条件下和规定的时间内,按规定的程序和方法进行维修时,保持或恢复其规定状态的能力;其次,是可以定量化的,可以用一系列的参数、指标来度量,有明确的定量要求以及定性要求;再次,维修性的实现具有一系列的支撑技术、方法和途径,已经建立了系统的理论和技术体系。

在维修性定义中,"规定条件"主要指维修的机构和场所,以及相应的人员与设备、设施、工具、备件、技术资料等资源。"规定程序和方法"是指正式技术文件所规定的相关维修工作的内容、步骤、方法。"规定的时间"是指规定维修时间。在这些约束条件下完成维修即保持或恢复产品规定状态的能力就是维修性。由此可见,尽管强调维修性是产品的固有设计特性,但其决定因素绝不仅仅在于产品自身,而是包含使用与维修保障资源及其管理在内的产品系统。

此外,维修中常常需要检测和隔离故障,进行检验等测试活动,系统能否及时、准确地检测、隔离故障并确定其状态(即系统测试方面的特性),通常也被认为是维修性的一个方面或"子集"。20世纪80年代以来,随着装备的复杂化、高技术化,测试特性逐渐成为一种独立的质量特性——测试性。测试性是产品能及时、准确地确定其状态(可工作、不可工作或性能下降),并隔离其内部故障的能力。目前,测试性常常被作为一种单独的特性进行研究,但在工程设计与实施过程中,更多地会与维修性综合为一体。

维修性同产品的可靠性、安全性、保障性、经济性以及环境适应性等特性密切相关,并被统称为"通用质量特性",以区别于产品(装备)专有的性能或特性,如飞机的航速、最大航程、载重(客)量,火炮和导弹的射程、战斗部威力、射击精度等。维修性与可靠性、保障性等质量特性是各种产品或装备都应当具有的共性质量特性,国外也称之为非功能特性。

1.1.1.2　维修性的作用

维修性是可靠性的必要补充。人们都期望产品具有高的可靠性,但由于设计与生产、材料、技术水平等多方面的原因,生产出完全可靠的产品几乎是不可能的,产品各组成部分的可靠性水平也会不一样,几乎所有的产品都存在维修问题。为了满足使用要求,产品中可靠性较低的部分必须具有更好的维修性对其进行补充。

产品维修性的最终、最直接的体现是使产品在投入使用后的维修过程中占用时间短、资源消耗少。更深层次地说,产品维修性是影响装备系统效能、寿命周期费用等的主要因素,使装备具有良好的维修特性,可以在使用期间大大缩短维修时间、减少维修保障资源的消耗、减少寿命周期费用。具体来讲,提高或改善产品的维修性,其作用主要体现在以下方面:

(1)提高使用能力。维修性好首先体现在维修迅速,即维修时间短,有助于保持装备或设备较高的完好性;使用前准备时间短,有利于提高其可用度或能执行任务率;使用中出现故障后修复快,有助于提高任务成功率,减少停机损失。例如,美军 F-15A 战斗机由于可靠性及维修性差,其战备完好率长期保持在 50% 左右;而经过改进提高可靠性及维修性的 F-15E,在海湾战争中战备完好率达到 95.5%,其作战能力比 A 型机几乎提高了一倍。

(2)降低寿命周期成本。维修简便、快捷必然减少所需的人力并降低对人员素质的要求。例如,由于维修性(以及可靠性)的改进,发达国家的战斗机每个飞行小时所需的维修工时,已由 20 世纪 60 年代的 50 工时或以上减少到 10 工时左右,大大减少了所需的维修人力资源。同时,维修性的改善也必然会降低对人力和人员素质的要求,所需的人力费、训练费会显著减少;维修性的提高还会减少保障设备、设施、资料等资源费用。我国的某型号导弹,由于维修性的改善,其维修保障费用可减少约 1/7,用户使用成本显著降低。

(3)增强恢复和生存能力。大型工业设备在使用过程中往往会面临一些重大事件,如自然灾害、意外事故等,良好的维修性将有助于设备系统的快速修复,使其尽快恢复生产状态。同样,武器装备也面临损坏问题,特别是被敌方火力损伤后的恢复问题。装备的生存能力在于不易被敌人发现,发现后不易被击中,击中时不易损坏,损坏后易于修复。损坏后易于修复则是维修性的体现。特别是由于维修性的改善,往往能减少对备件、保障设施、设备及场地的要求,减轻对技术保障的依赖性,减小后勤保障的规模,从而提高整个武器系统的生存能力。

(4)有利于可持续发展。由于维修性本身有利于产品状态的保持、恢复乃至性能的改善与提高,长远地看,这种特性还能延长产品的使用寿命,最大限度地提高资源利用率。同时,由于对维修保障资源需求与要求的降低,也降低了为保持其运行所需要投入的保障资源,这也是一种资源的节约与减耗。维修性对于节约资源消耗、实现绿色产品具有积极的促进作用。

1.1.2　维修性工程及其与相关学科的关系

1.1.2.1　维修性工程的主要活动

维修性区别于"维修简便、快捷"这种直观要求的根本在于其有一套完整的工程化方法,即维修性工程。维修性工程是为了使产品具有良好的维修性而开展的一系列管理与技术活动,可以定义为:为了达到产品的维修性要求所进行的一系列设计研制、生产和试验工作。维修性工程的重点在于产品的研制(或改进、改型)过程,在于产品的设计、分析和验证。但实际上,维修性工程活动还包括维修性要求的论证与确定,以及使用阶段维修性数据的收集、处理与反馈等内容。维修性工程贯穿于产品的整个寿命周期,国家军用标准《装备维修性工作通用要求》

(GJB 368B—2009)对装备寿命周期各阶段的维修性工程活动以工作项目的形式提出了基本要求与规范,见表1-1。

表 1-1　产品寿命周期各阶段维修性工程活动

工作项目编号	工作项目名称	论证阶段	方案阶段	工程研制与定型的阶段	生产与使用阶段	装备改型
101	确定维修要求	√	√	×	×	√(1)
102	确定维修性工作项目要求	√	√	×	×	√
201	制订维修性计划	√	√(3)	√	√(3)(1)	√(1)
202	制订维修性工作计划	△	√	√	√	√
203	对承制方、转承制方和供应方的监督和控制	×	△	√	√	△
204	维修性评审	△	√(3)	√	√	△
205	建立维修性数据收集、分析和纠正措施系统	×	△	√	√	△
206	维修性增长管理	×	√	√	○	√
301	建立维修性模型	△	△(4)	√	○	×
302	维修性分配	△	√(2)	√(2)	○	△(4)
303	维修性预计	×	√(2)	√(2)	○	△(2)
304	故障模式及影响分析——维修性信息	×	△(2)(3)(4)	√(1)(2)	○(1)(2)	△(2)
305	维修性分析	△(3)	√(3)	√(1)	○(1)	△
306	抢修性分析	×	△(3)	√(1)	○(1)	△
307	制定维修性设计准则	×	△(3)	√	○	△
308	为详细的维修保障计划和保障性分析准备输入	×	△(2)(3)	√(2)	○(2)	△
401	维修性核查	×	√(2)	√(2)	○(2)	△(2)
402	维修性验证	×	△(2)	√(2)	○	△(2)
403	维修性分析与评价	×	×	△	√(2)	√(2)
501	使用期间维修性信息收集	×	×	×	√	√
502	使用期间维修性评价	×	×	×	√	√
503	使用期间维修性改进	×	×	×	√	√

符号说明:

√ 一般适用　　　　　　　　　　△ 根据需要选用

○ 一般仅适用于设计变更　　　　× 不适用

(1)要求对其费用效益作详细说明后确定。

(2)在确定或取消某些要求时,必须考虑其他标准的要求。例如在叙述维修性验证细节和方法时,必须以《维修性试验与评定标准》(GJB 2072—1994)为依据。

(3)工作项目的部分要点适用于该阶段。

(4)取决于要订购的产品的复杂程度、组装及总的维修策略。

1.1.2.2　维修性工程与相关专业的关系

维修性工程是产品研制系统工程的重要部分,它与产品整个论证、设计、试制、试验等一起计划和实施。维修性工程活动中除管理性工作(100系列、200系列)和某些高层次产品的建模、分配、预计及设计准则制定等工作主要由专门的维修性工程人员完成外,各层次产品的维修性设计与分析工作则主要依靠各层次产品的工程设计人员来完成。无论是产品质量与需求协调权衡,还是设计实施,维修性工程均会与其他相关工程相互影响、相互关联。

维修性工程与可靠性工程有着紧密的关系。主要表现在:(a)两者有共同的目标,即提高产品的完好性、可用性,保证任务成功和减少维修人力与保障费用,两者构成互补关系,在产品研制中要进行两者的综合权衡。(b)维修性活动常常要以可靠性活动为基础或结合进行,例如维修性的分配、预计、分析等要以可靠性分配、预计、分析等为基础,并借用其输出数据。维修性与可靠性的管理、故障模式和影响分析(FMEA)、试验活动等可以而且应当尽量结合进行。(c)维修性与可靠性技术有共同的数学基础和相似的方法,包括分析手段、统计方法等。

维修性工程与综合保障工程也有密切关系。维修性是与保障关系最密切的设计特性,研制过程中保障性与维修性的论证、分析、设计与评估常常是结合进行或互相提供输入的。特别地:(a)作为综合保障核心的保障性分析(LSA)为维修性设计提供设计要求;(b)维修性设计、分析和试验为LSA提供输入,并作为维修、保障计划和资源准备的依据;(c)维修性与保障性的考核、评估通常会结合进行;(d)维修性与保障性指标要综合权衡,当设计不能满足要求时,所采取的纠正或补救措施也可从这两方面着手。比如产品的维修时间太长而不能满足要求时,既可以改进产品的结构,又可以改变维修方案或改进工具、设备等保障资源,前者是维修性设计,后者是保障性设计。

维修性工程还同人机工程(人因工程或人类工效学)、环境工程、安全性工程等有着密切的关系。产品的维修工作是依靠维修人员在一定条件下利用给定手段来完成的。显然,人的因素和环境因素会对维修产生显著影响,这是维修性的约束或条件。人素工程中关于人的活动范围、力量、智力等的要求和维修安全要求,常常作为维修性设计必须满足和考虑的约束条件。同时,维修性设计与产品结构设计、布局设计、装配工艺设计等也具有非常密切的关系,维修性常常是这些专业设计必须考虑的重要因素之一。

1.1.3　维修性工程面临的挑战

维修性是关于产品维修的一种属性,维修性工程是旨在赋予产品预期维修性特征,实现维修性目标的专业领域。由于维修性源于产品使用与维修保障的需求,产品的使用与维修保障模式对维修性以及维修性工程的影响是深远的,同时,作为一个工程设计领域,维修性工程自然也还受到产品设计技术发展的极大影响。

1.1.3.1　产品使用与保障模式的变化趋势

随着信息技术和网络技术的发展,产品的使用模式正处于一场深刻的变革中。以制造业为例,世界科技强国为了保持和扩大其制造优势,提出了新的革命性的发展策略,如德国的"工业4.0"、美国的"工业互联网"等。

"工业4.0"由德国联邦教研部与联邦经济技术部联合资助,在德国工程院、弗劳恩霍夫协会、西门子公司等德国学术界和产业界的建议和推动下形成,于2013年纳入《高技术战略

2020》,已上升为国家级战略,目的是提高德国工业的竞争力,在新一轮工业革命中占领先机。"工业 4.0"的主题是智能工厂＋智能生产＋智能物流,即将智能设备、人和数据连接起来组成"虚拟网络-实体物理系统",并以智能的方式利用这些交换的数据。"工业 4.0"的本质是数据,其终极目标是建立一个高度灵活的个性化和数字化的产品和服务的生产模式,使工业生产由集中式控制向分散式增强型控制的模式转变。西门子工业领域驱动技术集团首席执行官认为"工业 4.0"主要有三个要素:第一是跨企业的生产网络融合,自动化层和生产执行系统之间的对接更加无缝化,所有的信息都实时可用,供生产网络化环节使用;第二是虚拟与现实的结合,也就是产品设计及工程中的数字化世界和现实世界的融合,将迎接生产效率越来越高、产品上市周期越来越短、产品日趋多样性等带来的挑战;第三是信息物理融合系统,在智能工厂中,"产品零部件会根据自身生产需求,直接与生产系统和设备沟通,发出指令指挥设备把自己生产出来"。

在美国,"工业 4.0"的概念更多地被"工业互联网"所取代,并于 2012 年发布了工业互联网战略。尽管称谓不同,但基本理念一致,就是将虚拟网络与实体连接,形成更具有效率的生产系统。通用电气公司总裁伊梅尔特提出的工业互联网,就是一个开放的、全球化的网络,是全球工业系统与高级计算机、分析传感技术及互联网的高度融合。它通过智能机器间的连接并最终将人机连接,结合软件和大数据分析,重构全球工业,激发生产率,让世界更安全、更清洁、更经济。通俗地说,工业互联网就是将互联网技术融入工业领域中的更大的机器设备,利用软件分析技术充分释放机器潜能,从而更好地提高生产效率。从本质上看,工业互联网是数据流、硬件、软件和智能的交互,将智能设备和网络收集的数据存储之后,利用大数据分析工具进行数据分析和可视化,由此产生"智能信息"来供决策者进行实时判断处理。从工作流程上来看,工业互联网通过三个步骤实现其效能:工业数据的获取、工业数据的分析、调度执行,分别对应于物联网、云计算和大数据、专网通信,这是工业互联网的关键元素。

产品使用模式的巨大变化不仅发生在制造业,武器装备的使用和保障模式或理念也在发生着深刻的变化,自主后勤保障、故障预测与健康管理等已经得到实践。

武器装备保障以往基本遵循"发生故障—检测隔离—定位故障—资源调度—维修实施"这一模式,被称为被动响应式。与此对应,自主保障是一种全新的保障理念,是一种主动式或先导式保障。它通过 PHM(故障预测与健康管理)系统对装备的健康状况进行管理,实时对装备各部件的剩余寿命进行预测,生成维修决策。整个保障活动通过联合分布式信息系统(JDIS)紧密联系,使得信息可以实时地到达保障系统的任何地方。自主式保障系统是装备的自诊断系统和维修系统与网络化、信息化的后勤保障信息系统紧密协同所形成的综合保障体系。自主保障首先在美军联合攻击战斗机(JSF)项目中得以实施,图 1-1 为其自主式保障系统的示意图。

自主保障中,PHM 是关键和核心。所谓故障预测,即预计性诊断部件或系统完成其功能的状态,包括部件的残余寿命或正常工作的时间长度。所谓状态管理,是根据诊断和预测信息、可用资源和使用需求对维修活动做出合理决策的能力。与传统的故障检测相比,PHM 系统通过先进传感器、智能算法、智能模型等来预测、监控和管理装备的健康状况,完成故障检测、故障隔离、故障预测、剩余寿命预计、部件寿命跟踪、性能下降趋势跟踪、辅助决策和资源管理等功能。PHM 的引入并不能直接消除故障,而是能更准确地掌握和预测故障的发生趋势或时机,或在出现意外故障时能触发有效维修措施与活动。

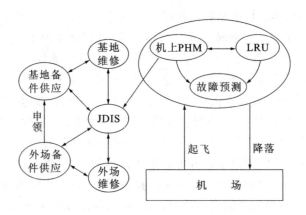

图 1-1　飞机自主式保障系统示意图

　　JSF 的 PHM 系统分为三个层次,即分布于飞机各分系统部件中的最底层传感器,中间层的区域管理器,最上层的飞机平台管理器,如图 1-2 所示。最底层的传感器作为 PHM 系统的信息源,将飞机各分系统及部件的相关信息传递给中间层的区域管理器,各区域管理器具有信息处理和数据融合的能力,经过区域管理器处理融合并筛选出的特征性能被传送到最高层的飞机平台管理器,通过将所有系统的故障信息相关联,并与历史数据和产品模型相对比来确认并隔离故障,最终通过联合分布信息系统将维修信息传递给地面自动化后勤信息系统。据此来判断飞机的安全性,安排飞行任务,实施技术状态管理,更新飞机的状态记录,调整使用计划,生成维修工作安排以及分析整个机群的状况等。

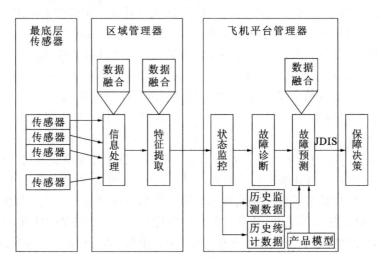

图 1-2　JSF 的 PHM 系统原理及主要功能

1.1.3.2　产品设计技术变化趋势

　　随着需求的不断变化,要求的不断严苛,产品的设计理论与技术也一直在不断地丰富、发展和完善,闻邦春教授将产品设计理论与方法的发展归纳为 6 个主导方向(图 1-3)。概括地讲,在科学发展观指导下的产品设计理论与方法,追求产品环境的污染降低到最低程度,能源的消耗达到最少,而所取得的功效达到最高;面向产品质量、成本或寿命的设计理论与方法,追求全性能优化、全功能优化、全生命周期优化等;为加快设计进度和缩短设计周期,追求并行设计、协同设计、网络设计及智能设计等;面向复杂系统的设计方法,重点解决强耦合复杂机械系统和多目标、多约束机械系统的设计方法,以非线性振动、非线性动力有限元和非线性多体系统动力学为基础的非线性动态设计方法;面向产品广义质量或产品全功能和性能的综合方面,重点发展以满足产品功能为主要目标的功能优化设计,以提高产品结构性能为主要目标的动态优化设计,以提高产品工作性能为主要目标的智能优化设计,以提高产品工艺性能及广义质量为目标的可视优化设计方法等。此外,还有针对单目标和多目标设计的进一步发展。

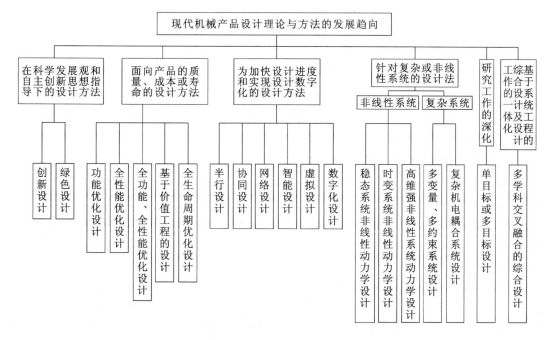

图 1-3 现代机械产品设计理论与方法的发展方向

为了反映设计思想和方法的变化情况,通常会采用"传统设计"和"现代设计"这两个术语予以区分,事实上,"传统设计"和"现代设计"只是两种不同的概念而已。

通常所说的传统设计主要是指以经验为基础,运用长期设计实践和理论计算而积累的经验、公式、图表、设计手册等作为设计的依据,通过经验公式、修正系数或类比等方法进行设计;而现代设计是指凭借计算机、网络或其他现代化技术手段,采用现代化的设计理念或方法来进行产品设计。现代设计是随着科学技术的不断发展以及人们对产品质量的要求不断提高,并在不断吸收传统设计的经验的基础上而逐步发展起来的。

1.1.3.3 维修性技术的发展趋势

维修性工程设计的思想和方法一方面不断地影响着产品设计,不断推动产品更趋于合理,另一方面又受着产品使用与维修实践和变化发展的反馈作用,不断地发生变化和更新。也可以从传统设计和现代设计两个角度来分析对比维修性工程方法的发展趋势与重点(图1-4)。

传统维修性设计主要靠人工来完成,如通过查阅标准、手册、维修记录、设计图纸等,制定维修性设计准则,通过手工进行必要的计算、分析表格的填写等;现代维修性设计则主要借助计算机来完成,不仅可以借助专业软件进行文档制定和分配预计计算,而且更多地采用了计算机手段来进行方案审查、设计协调、检验分析,设计效率显著提高。

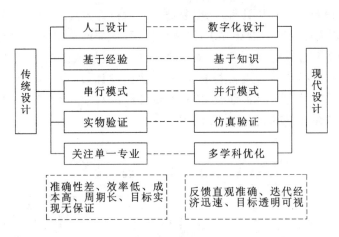

图1-4　工程设计方法变化的基本对比

传统的维修性设计依据来自于实践的维修经验,通过数据分析等过程形成经验公式、禁忌手册、指南准则等;现代维修性设计建立在产品功能、结构、故障逻辑、因果关系传递等知识的基础上,通过模型构建、模型推理、模型运算来支持设计。

传统的维修性设计采用的是串行模式,指标确定与分配、设计分析与预计、核查与验证的顺序推进痕迹非常明显,而且许多核查、验证、评价性工作主要是基于实物模型或物理样机开展的;现代维修性设计由于数字样机或虚拟样机的广泛采用,方案探索、设计与分析、核查与验证等已经相互穿插,没有绝对的先后顺序关系,研制早期也可以基于数字样机开展必要的核查甚至模拟验证评价。

传统的维修性设计更多关注的是从维修角度对产品设计提出要求与约束,尽管也会与其他专业关联,但更多地局限于可靠性、保障性等,而与功能设计缺乏直接的、显式的、系统全面的关联;现代维修性设计更加关注综合设计、一体化设计,强调与相关专业的深度融合,追求成为产品设计体系的真正的有机组成部分。

在现代设计技术中,对维修性工程影响最为明显的要属数字化设计了。在信息技术和先进设计技术的推动下,数字化技术经历了从二维绘图到三维建模,从基于文档到基于模型的设计,正在朝着模型化、协同化、虚拟化、智能化、集成化方向发展,并已经成为维修性工程创新发展的关键使能技术。在这种背景下,维修性设计也将具有以下突出特点:

1)基于模型开展全三维数字化设计成为现代维修性设计的基础

随着基于模型定义(Model Based Definition,MBD)技术的深入应用,企业的设计方式已经从传统的二维画图到基于三维模型的设计,逐步建立起基于MBD的设计模式,三维制造信息、三维设计信息、三维维修信息共同定义产品模型,可以直接使用三维数字化标注技术作为维修依据,实现产品设计、工艺设计、零件设计、部件装配、维修技术等的高度集成与协同,三维模型成为主要的载体和维修依据,设计、制造、维修一体化的深度不断加强。

2)多学科综合优化技术成为维修性融入设计系统工程的关键设计技术之一

多学科设计优化利用各学科之间相互作用的协调机制,考虑各学科之间的耦合作用,利用多学科的综合优化与分析算法寻求系统的最优解,为实现复杂产品设计提供了可行的技术途径,正得到设计人员的高度重视。维修性要想真正融入设计,不仅要与各专业有共同的目标,更要具有可以相互理解和转换的语言、面向全特性的优化方法。

3)数字化、虚拟化仿真技术应用将加速发展与完善

建模与仿真技术已经成为产品,尤其是复杂产品创新设计、保质设计的关键使能技术之一,对于全面满足用户需求、缩短产品研制周期、降低研制成本等具有重要作用。各专业领域已经有大量成熟商用软件,但在维修性领域,还没有成熟的、专门的、能有效促进维修性与其他专业协调并行的仿真技术手段,而现有的仿真技术手段对维修性的支持还很局限。

4)网络化协同与集成技术向纵深发展

信息技术的快速发展为网络环境下开展协同与集成提供了良好的支撑,并延伸出许多协商研制的新模式,有效提高了研制效率。通过产品寿命周期管理(PLM)可以有效实现产品研制在不同阶段下跨不同地域组织的协同研制与业务集成,通过并行设计设施的不断深化可以提供并行协同的环境保障,随着这些平台的完善,协同与集成技术将在未来的产品研制中发挥重要的作用。

1.2 虚拟维修与虚拟维修系统

作为一个重要的工程领域,维修也一直是虚拟现实技术潜在的极具应用价值的重要应用领域之一。美国是最早开始进行虚拟维修相关研究的国家,除华盛顿州立大学、宾夕法尼亚州立大学的人体建模仿真(HMS)中心、佐治亚理工学院的系统实现实验室(SRL)、威斯康星大学的 I-Carve 实验室等高校科研机构外,洛克希德·马丁公司、波音公司、通用电气公司、莱特·帕特森空军基地、RTI 公司等也对虚拟现实技术在维修领域的应用展开了大量的研究与技术开发。近年来,德国、法国、瑞士、西班牙、希腊等国家的高等院校与科技企业也在这方面投入了大量的研究力量。我国的科研人员对虚拟现实技术应用于维修领域也持续用力,不断推进。

但需要指出的是,正如其他新兴技术一样,虚拟现实技术也是许多相关学科领域交叉、集成的产物,其研究内容涉及人工智能、计算机科学、电子学、传感器、计算机图形学、智能控制、心理学等,就虚拟现实技术在维修及相关领域的应用来讲,还涉及维修性工程,诸如设计分析、维修性演示验证以及维修工程中的维修训练、交互式电子技术手册等具体的理论与技术。虽然虚拟现实技术潜力巨大,在维修领域应用前景广阔,但到目前为止所取得的成果远未达到人们的期望(图 1-5)。

1.2.1 虚拟维修的定义

虚拟维修是实际维修过程在计算机上的本质实现,它采用计算机仿真与虚拟现实技术,通过协同工作的模式,实现产品维修性的设计分析、维修过程的规划与验证、维修操作训练与维修支持、各级维修机构的管理与控制等产品维修的本质过程,以增强产品寿命周期各阶段、产品全系统各层次的决策与控制能力。

虚拟维修中的"虚拟"不等于虚幻、虚无,它是指物质世界的数字化,亦即对真实世界的动态模拟,又称为虚拟现实;而"虚拟维修"指的是虚拟现实技术在维修领域中的应用或实现。

虚拟维修是一种新的"维修"技术,它以信息技术、仿真技术、虚拟现实技术为支持,在产品设计或维修保障系统的物理实现之前,就能使人体会或感受到未来产品与维修相关的性能(如人素、可达性、安全性、可拆卸性等)以及产品未来维修过程的合理性,从而可以做出前瞻性的

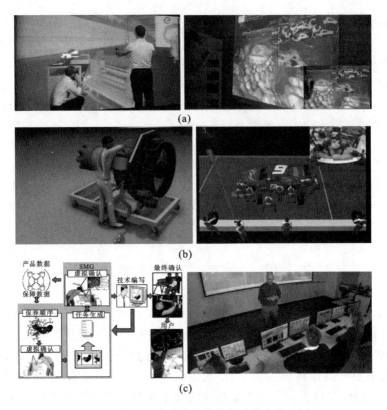

图 1-5　虚拟现实技术在维修领域的应用示例

(a)维修性设计分析与评审；(b)维修工作规划与优化；(c)维修规程设计与训练

决策与优化实施方案。此外，虚拟维修技术还通过维修操作过程仿真支持维修训练与维修的实施，有效降低维修训练费用，提高维修的准确性与效率。

虚拟维修是一个综合的可运行维修的环境，用来改善各个阶段、各个层次的决策和控制。这里的"综合"指的是既有真实的，又有仿真的对象、活动和过程，是一种混合的状态；"环境"是指提供的各种分析工具、仿真工具、应用工具、控制工具、信息模型、设备以及组织方法，并以协同工作的方式，支持用户构造特定用途的维修仿真；"运行"指的是利用上述环境进行构造和操作特定的维修仿真；"改善"指的是增加其准确性和可信性；"阶段"指的是从产品概念设计到退出使用，甚至回收再利用的各个阶段；"层次"指的是从基层级可更换单元到系统、从基层级到中继级和基地级维修、从战术层到战役层和战略层的维修实施；"决策"和"控制"指的是进行改变而掌握其影响，预测效果的真实性。

虚拟维修不是实际的维修，但它实现了实际维修的本质过程，它可以通过计算机虚拟模型来模拟和预估产品维修性与产品维修保障系统等各方面可能存在的问题，提高人们的预测和决策水平，使得维修工程技术走出了主要依赖经验的狭小天地，发展到了全方位预知的新阶段。它不是原有单项维修仿真技术的简单组合，而是在相关理论和知识积累的基础上对维修知识进行系统化组织，对工程对象和维修活动进行全面建模，在建立真实产品和维修保障系统之前，采用计算机来评估设计与维修活动，以消除设计和维修保障系统中的不合理部分。

需要指出，尽管人们对虚拟维修的研究已经有近 20 年的时间，但还没有形成关于虚拟维修的统一定义，它仍是一个处于发展中的新概念。

1.2.2 虚拟维修的分类

根据虚拟维修的研究目的,可以将虚拟维修分为以产品设计为中心的虚拟维修和以维修保障系统设计为中心的虚拟维修两大类。

1.2.2.1 以产品设计为中心的虚拟维修

它为设计者提供一个设计产品和评估产品维修性及维修工艺过程的支撑环境,将维修信息引入产品设计与维修工艺过程设计之中,在计算机上仿真多种"软"原型,根据预期的维修保障方案进行仿真,旨在优化产品设计,从而在设计阶段就可以对设备进行维修性的各种分析,包括维修性预计、可达性分析、人素分析、拆装便利性分析、维修性演示验证、维修操作规程分析、维修安全性分析等,以便在实际产品开发出来之前就能了解"设计出来的产品维修将会是什么样"。其目标是结合产品设计各个阶段维修性工程的重点,通过仿真来进行维修性的分析和评估,并对维修技术规程进行规划和验证确认。

以产品设计为中心的虚拟维修强调虚拟现实(VR)技术在设计和维修操作过程仿真中的应用。主要将 VR 技术应用于拆卸、装配、加工、操作、工具或仪器使用等过程的仿真,根据不同设计阶段的工作重点,这种仿真可以是针对产品局部的,可以是全系统的,可以是针对重要维修环节的,也可以是维修全过程的。无论是系统的还是局部的,无论是个别环节的,还是整个过程的,都完整反映人-产品-维修工具(设备)的相互作用,整个实现过程突出人与仿真系统的自然交互方式。

以产品设计为中心的虚拟维修强调 VR 技术与 CAD、PDM(产品数据管理)以及维修相关 CAE(计算机辅助工程)的集成。从设计的开始,描述零件或产品的模型不仅仅是几何模型,还包括各种特征模型,如加工特征、结构特征、装配特征、维修特征等。这些模型建立在统一的产品数据管理基础之上,具有良好的可重用性和可扩充能力。此外,具有基于图形仿真的分析软件实现了与 PDM 的无缝连接,无须在进行维修性分析时重新建模。

由于整个维修性设计过程是在三维图形甚至在虚拟现实环境中进行的,维修性分析人员与虚拟环境有着全面的感官接触与交融,可以直接感受所设计产品的维修性、未来的维修基本过程,并不断加以修正,尽可能使维修性设计要求落实在产品设计的早期。

1.2.2.2 以维修保障系统设计为中心的虚拟维修

它将仿真技术加入维修保障业务过程模型中,并以此为基础评价维修保障业务流程的合理性、维修保障系统组织结构的高效性,预测维修资源的消耗与需求、维修保障系统的能力以及费效,从而实现维修保障系统业务流程,维修保障系统组织、指挥和控制策略的优化。

以产品维修保障系统设计为中心的虚拟维修采用虚拟现实技术,使用户能进入"未来"或"计划"的维修保障系统中,动态地预演维修保障过程。主要技术包括离散事件系统仿真技术、虚拟现实技术、工作流技术等,其主要应用领域包括维修保障系统的物理布局、维修保障的组织与指挥、维修保障计划的编排等,主要解决"这样组织维修保障是否合理"的问题。以产品维修保障系统设计为中心的虚拟维修的研究对象可以是单个产品的维修保障,也可以是单类多个产品的维修保障,还可以是多类多个产品的维修保障;可以是针对产品某个寿命周期阶段的维修保障,也可以是面向产品整个寿命周期的维修保障。

以维修保障系统设计为中心的虚拟维修贯穿于产品寿命周期的整个过程,一般来讲,寿命周期的早期更侧重于产品本身的维修保障。随着产品寿命周期的推进,其考虑范围逐渐扩大,直至与用户现有维修保障系统的有机整合以及持续改进。通过对产品及其保障系统寿命周期全过程进行建模与仿真,实现维修保障方案的快速评价、维修保障系统的快速形成以及持续优化,进而探讨新的维修保障模式,直至产品寿命周期全过程的维修保障全局最优,如形成保障能力周期最短、维修保障系统运行费用最低、维修保障系统服务能力最强等。

1.2.3　虚拟维修系统的一般结构

虚拟维修系统即虚拟维修的实施系统或使能系统。尽管虚拟维修的目的有所不同,但根据虚拟维修的特点和目的,可以采用图 1-6 所示的结构,系统分为界面层、应用层、对象层、技术支持层四个层次。

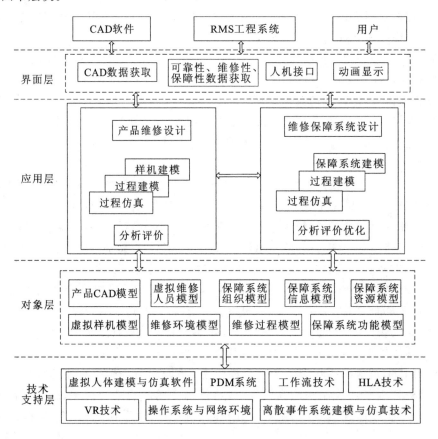

图 1-6　虚拟维修系统的一般结构框架

界面层是用户与系统交互的方式和接口。界面层包括输入界面和输出界面。输入界面用于接受用户的输入命令、响应用户的鼠标与键盘事件,接受来自 CAD 系统和 RMS(可靠性、维修性、保障性)系统的数据,此外还包括虚拟外设应用,如头盔显示器、数据手套、方位跟踪设备、手势输入、语音输入等;输出界面用于将应用层的处理结果以图示化方式或者对话交互形式反馈给用户。

应用层是系统应用实现的核心,主要包括以产品设计为中心的虚拟维修和以维修保障系统设计为中心的虚拟维修。建模包括样机建模、过程建模、维修保障系统建模,过程既指维修操作过程,也指维修保障的组织、管理与运作过程。分析评价包括对产品维修性的分析和评价及对产品维修保障系统的分析、评价和优化。

对象层用于存取、生成、维护和管理系统运行过程中的产品 CAD 模型、虚拟样机模型、虚拟维修环境模型、维修过程模型、虚拟维修人员模型、保障系统组织模型、保障系统功能模型、保障系统资源模型以及保障系统信息模型;提供系统的数据支持,完成模型对象的数据组织、存储和提取。

技术支持层是支持虚拟维修系统运行的软(硬)件基础,包括虚拟人体建模与仿真软件、虚拟现实外设技术、PDM 系统、网络环境、工作流技术、HLA(高层体系仿真)技术、离散事件系统建模与仿真技术等。虚拟现实外设包括头盔、立体眼镜、数据手套、跟踪设备等,用以获取手套信息、计算位姿参数和设计视觉参数等的外设驱动模块;PDM 系统用以管理虚拟维修系统的输入、输出以及中间数据;虚拟人体建模与仿真软件用于为系统提供关于虚拟维修人员建模、运动仿真的基本功能;网络环境向系统提供基本的网络通信和安全支持;工作流技术用于支持和保障系统业务流程的仿真;离散事件系统建模与仿真技术为保障系统基本单元的仿真提供支持。

其中,根据所采用虚拟现实技术的不同,虚拟维修系统还可以进一步分为沉浸式和非沉浸式两类。下面重点讨论以产品设计为中心的虚拟维修系统。

1.2.3.1 以产品设计为中心的非沉浸式虚拟维修系统结构

按照以产品设计为中心的非沉浸式虚拟维修系统的功能组成,可以采用图 1-7 所示的结构框架。

1)虚拟维修样机建模与仿真

对于一个确定的排除故障维修任务,建立其虚拟维修样机不一定需要创建整个装备的几何模型,只需要相关的组成部分就够了,如被拆换的故障件、与拆卸故障件相关的其他部件、维修人员视域内的组件等。为了便于建模与仿真,首先在 CAD 环境下对装备的装配模型进行重新组织;然后将这些几何模型导入虚拟维修环境,建立装备的虚拟维修样机几何模型;在虚拟样机上建立其交互特征,以支持后面的虚拟维修仿真。通过维修工艺规划,确定故障维修的过程与技术特点,对维修过程仿真进行约束。虚拟维修样机和虚拟维修人员、维修工具、设施设备等一起构成一个完成特定维修任务的虚拟维修场景。

2)维修人员与资源建模

虚拟维修人员与相关维修资源是虚拟维修仿真的另一个组成部分。人体建模为虚拟维修场景提供一个满足运动学和动力学要求的逼真的虚拟维修人员。为了实现虚拟维修拆装的过程,需要为其建立通用的维修动作模型。另外还有维修工具、设施设备等的建模。这些模型是虚拟维修仿真系统中共用的组成部分,所以有必要对其进行独立的模型管理与维护。

3)虚拟维修仿真应用

虚拟维修仿真的应用主要有以下几个方面:维修性分析评价,利用虚拟维修仿真过程与结果进行维修性分析评价,如可达性、可视性、维修时间等;维修性演示验证,通过仿真对装备的维修性设计要求(通常为定性要求)进行核查,以便验证维修性设计是否达到设计要求,如可更换单元的拆装是否方便,机构设计是否符合维修性设计原则等;维修过程核查与规程生成,针对装备故障,利用虚拟维修仿真检查其维修过程是否存在问题,将合理的维修过程输出,在此基础上生成装备的维修规程并进行发布。

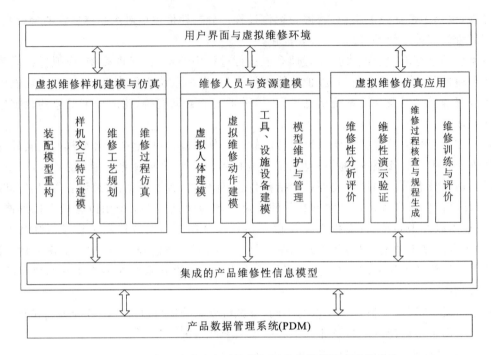

图 1-7　以产品设计为中心的非沉浸式虚拟维修系统的结构

以上三个功能单元,均在集成化维修性信息模型支持下工作。该模型采用了一种层次化多视图的结构,上层为抽象的概念模型,提供不同功能单元的信息存取机制;下层为具体的几何模型及交互特征模型,对应于零部件的三维实体描述和交互过程描述。

1.2.3.2　以产品设计为中心的沉浸式虚拟维修系统结构

沉浸式虚拟维修系统的结构如图 1-8 所示,由四个部分组成,即多模式输入输出硬件、建模与 CAD 数据输入、虚拟维修环境管理系统、虚拟维修仿真应用。

1)多模式输入输出硬件

沉浸式虚拟维修系统的输入输出是通过硬件来完成的。为了给用户提供高度沉浸感的同时提供自然的人机交互方式,系统采用立体的视觉、听觉显示设备和力反馈装置来产生对用户的输出,同时采用 3D 鼠标、数据手套、跟踪设备和语音输入装置来输入用户的数据和对系统的控制命令。

2)建模与 CAD 数据输入

建模与 CAD 数据输入主要分为两个部分:建立虚拟维修样机模型和建立虚拟维修人员、工具、设备和设施模型。

虚拟维修系统中虚拟模型的建立是研究的前提,大多在现有 CAD 模型的基础上进行研究,因此必须有与 CAD 系统的良好接口。CAD 模型包含了线框模型与体模型,在虚拟维修系统中,一般需要将输入的 CAD 线框模型转换为体模型,以包含对象的表面特征。然而,CAD模型数据一般都非常复杂,包含了对象的细节,这就使得虚拟场景计算量变得太大,因此在系统中需要对 CAD 模型对象进行一定的简化处理。同时,CAD 模型中的组织结构是针对产品设计的,而在虚拟维修中的产品结构主要是为了实现对产品的拆装,故需要对产品的组织结构进行相应的调整。

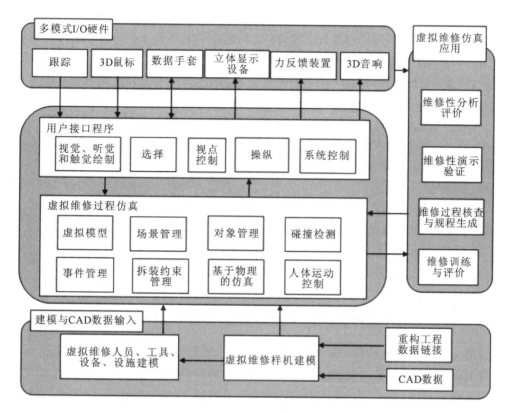

图 1-8　以产品设计为中心的沉浸式虚拟维修系统的结构

3）虚拟维修环境管理系统

虚拟维修环境管理系统分为两个部分：用户接口程序和虚拟维修过程仿真。用户接口程序实现了用户的系统表现和用户与系统间的交互。用户与系统间的交互主要有四类：视点控制、选择、操纵和系统控制。虚拟维修过程仿真实现了对环境的管理和仿真过程的控制，主要包括以下几个方面：

（1）场景管理：虚拟环境中的所有的可见部分都可以由一个分层的场景图来表示。场景管理实现了对场景中的组织结构和拓扑关系的维护、更新和管理。

（2）碰撞检测：由于在虚拟场景中有许多对象，任何对象间位置的相对变化都有可能引起对象间碰撞的发生。碰撞检测主要是找出发生碰撞的物体对，或需要更进一步确定发生碰撞的位置和深度等信息。

（3）对象管理：虚拟维修系统中用户与系统的交互大多是为了改变环境中对象的属性，而对象管理则是对对象属性（如颜色、位置和状态）的管理。例如，当一个对象被抓起时，其颜色变成红色，并可在虚拟场景内用手移动等。

（4）事件管理：负责用户使用虚拟维修系统时的管理，实现对仿真过程中任务、进程、资源、对象等所对应的场景、事件、运动等的协调，控制场景中活动的触发和产生。

（5）基于物理的仿真：主要指对虚拟样机、工具、设备、设施等的仿真，由于维修人员仿真的特殊性，将其作为一个单独的部分来进行说明。基于物理的仿真主要包括两个方面，即运动学仿真和动力学仿真，实现虚拟场景中物体按照某一种给定的物理规律运动，如将物体在空中释放,就会在重力作用下加速下落。

(6)拆装约束管理:虚拟维修系统中样机部件的运动必须遵从部件间的装配约束关系,而且当部件间的约束关系发生改变时,部件的运动形式也会发生相应的变化。拆装约束的管理主要实现对拆装约束的自动识别和管理,根据样机的运动自动实现部件之间约束的建立和删除。

(7)人体运动控制:主要用来实现虚拟维修系统中用户的化身和用户自身运动间的映射,利用数据手套、数据衣和其他的跟踪设备所采集到的用户身体各个部分的空间位置来驱动虚拟环境中用户化身的运动,这主要通过反向运动解算方法来实现,也可以通过运动定向方法来实现。

4)虚拟维修仿真应用

以产品设计为中心的沉浸式虚拟维修仿真也主要用于维修性的设计、分析;核查与演示验证;维修规程的核查、确认及自动生成;维修训练及评价领域等。

1.3　基于数字样机的维修性技术

1.3.1　基于数字样机的维修性技术应用重点

基于数字样机的维修性技术属于以产品设计为中心的虚拟维修范畴,之所以单独提出基于数字样机的维修性,主要考虑到以产品设计为中心的虚拟维修不仅限于维修性,还包括维修规程设计与优化、维修技术资料设计等,基于数字样机的维修性更关注维修性的设计与分析及验证。

对照表 1-1,结合虚拟维修技术的特点与优势,基于数字样机的维修性技术至少应该包含以下范围:

(1)维修性设计方案探索,如布局、管线、口盖、安装位置等的规划与探索;

(2)维修性设计准则与要求的制定与检查;

(3)关键维修活动要素的协调,如空间、工具、位置等;

(4)成品之间维修功能及维修性接口的协调;

(5)区域性或整机(装)的布局、安装、开口、保障接口、排故活动空间、视觉便利性、力量、安全等因素的分析与协调;

(6)维修时间预计与维修性核查评价。

1.3.2　基于数字样机的维修性基本原理

基于数字样机的维修性分析评价以产品设计阶段产生的数字化产品信息为基础,通过构建包括产品、维修设备或工具、维修人员的虚拟维修环境,并在该环境中按预定的维修方案进行维修过程建模与仿真,获得关于"人-产品-设备/工具"在维修过程中相互作用的有关数据,依据维修性设计要求进行数据分析,以发现存在的问题,进而做出关于维修性水平的评价,并提出反馈。其基本原理如图 1-9 所示。

其中,虚拟维修仿真利用维修的可分解原理,将维修分解至某一层次,在该层次上可以支持参数化维修动作与数字样机维修特征的交互,完成基本维修作业的仿真,同时还能获得维修性分析评价所需的基本数据,其基本原理如图 1-10 所示。

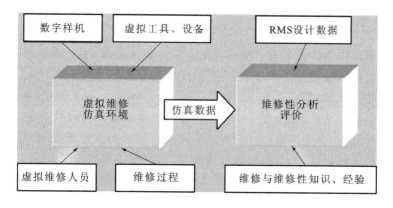

图 1-9 基于数字样机的维修性分析评价原理

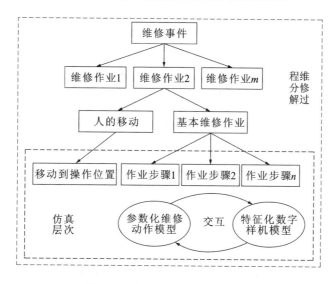

图 1-10 虚拟维修仿真基本原理

维修性分析评价的基本规律是:维修性是通过"人-产品-设备/工具"的共同作用所体现出来的,这些相互作用发生于维修过程的各个环节,可以通过分析这些环节中"人-产品-设备/工具"的相互作用对维修职能的影响来识别维修性设计缺陷,并进行评价与综合。依据这一规律提出图 1-11 所示的维修性分析评价原理。

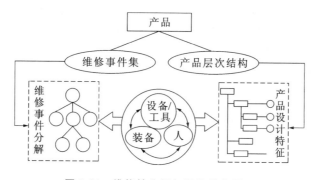

图 1-11 维修性分析与评价综合原理

1.3.3　基于数字样机的维修性技术关键

基于数字样机的维修性技术有广义和狭义之分。狭义上讲,主要指维修性自身以及为了适应虚拟维修仿真所涉及的方法和技术,主要限于维修性工程的范畴;广义上讲,还包括实现虚拟维修仿真的相关技术。

从维修工程的角度来看,基于数字样机的维修性关键技术主要包括:

(1)基于虚拟维修仿真的维修性分析方法。需要发展和形成能够充分利用虚拟维修仿真优势的维修性分析方法,包括仿真数据获取与真实性判断、维修性分析结果的参数化描述等。目前还没有形成成熟的、工程化的、基于虚拟维修仿真的维修性分析方法,主要在系统性、工程操作性、参数化上存在差距。

(2)基于虚拟维修仿真的维修时间预计与确认方法。维修时间预计、估计是维修性工程中的重要活动,也是对虚拟维修仿真最为常见的一种期许。但事实证明,基于虚拟维修仿真如何获得准确可信的维修时间数据绝非易事。这不仅与虚拟维修仿真的逼真性有关,也与维修时间的预计方法有关,目前这一问题还没有得到很好解决。

(3)基于虚拟维修仿真的维修性验证与评价方法。虚拟维修应用于维修性的一个优势就是可以在建造实物样机或真实产品之前进行充分的验证与评价,对是否实现维修性设计目标做出判断,并及时发现重大缺陷。目前从验证角度看,无论是定量的还是定性的方法,均没有发展成熟。

从虚拟维修仿真的角度来看,基于数字样机的维修性关键技术主要包括:

(1)虚拟人仿真技术。主要要求维修动作仿真的高效、逼真、流畅,不仅能够仿真常规环境下的维修作业,还要能仿真特殊环境(如微重条件)下的维修作业。目前的虚拟人仿真在高效、逼真和流畅方面均存在不足,严重制约虚拟维修的应用效果。

(2)虚拟样机技术。主要要求能够支持对维修过程的完整仿真,具有与实际装备的功能和行为高度一致的事件与状态,对维修过程做出与实际相同的响应等。目前的虚拟样机模拟与仿真还不能很好地支持完整的、自然的维修过程仿真,还仅仅是维修的局部仿真。

(3)虚拟交互技术。主要要求既能满足维修过程中人机交互的需求与要求,又不能由于交互技术的引入影响用户的活动能力。目前的交互技术还不能完全满足虚拟维修的需要,在范围、精度、自由等方面仍存在很大局限。

从工程应用系统研发与实施的角度来看,基于数字样机的关键技术主要包括:

(1)工程基础数据与标准问题。基于数字样机的维修性工程实施,离不开大量基础数据的支持,必须有相应的确认标准与准则,如时间标准数据、工效分析参考数据标准、维修性设计缺陷的判别准则、虚拟维修仿真的确认准则等,这些准则与标准的确定,将直接影响基于数字样机维修性活动的严肃性与权威性。

(2)系统接口与集成问题。基于数字样机的维修性工程活动,其数据来源于数字化设计平台,其活动结果也将回到数字化设计平台,但由于技术发展因素和专业自身特点,基于数字样机的维修性核心系统还很难与企业数字化设计平台自然融合,必须解决数据标准与数据模型、功能接口与数据接口等问题,否则不仅会产生"信息孤岛"的问题,而且将直接影响维修性能否真正进入数字化设计阶段。

参 考 文 献

［1］装备维修性工作通用要求(GJB 368B—2009).军标发行部,2009.

［2］时旺,陈臣,王自力,等.自主式后勤保障系统体系研究[J].军事物流,2008(5).

［3］刘俊卿.数字工程是"工业 4.0"愿景的基础[J].中国经济和信息化,2014(15):71-73.

［4］陈志文."工业 4.0"在德国:从概念走向现实[J].世界科学,2014(5).

［5］李培楠,万劲波.工业互联网发展与"两化"深度融合[J].中国科学院院刊,2014(02).

［6］闻邦椿.产品设计理论与方法的发展趋向及产品的现代设计[J].机电工程,2011(03):255-259.

［7］郝建平,等.虚拟维修仿真理论与技术[M].北京:国防工业出版社,2008.

［8］周栋,霍琳,等.虚拟维修技术研究与应用[J].北京航空航天大学学报,2011,37(2).

虚拟人建模与仿真技术

2.1 虚拟人体模型概述

随着虚拟现实技术和图形技术的不断发展,虚拟人已经在某些特性或功能领域接近真实人,并为许多领域提供了经济、高效的研究手段和支持。因此,虚拟人已经广泛应用于工程设计与分析、军事仿真与训练、医疗、教育与培训、游戏娱乐等领域。

2.1.1 虚拟人的定义及其特点

虚拟人,也叫作虚拟人体模型(Virtual human 或 Computer synthesized characters),是人在计算机生成空间(虚拟环境)中的几何特性与行为特性的表示,是多功能感知与情感计算的研究内容。虚拟人与现实世界的某种或者某一类人群具有映射关系,应具备如下主要特点:

(1)几何特性:在计算机生成的空间内,具备自身的几何形态。

(2)交互特性:虚拟人之间或虚拟人与真实人之间可以通过自然的方式进行交互。例如,可以用自然语言或肢体语言(手势)进行交互;可以与周围的环境交互、感知并影响周围环境。

(3)控制特性:虚拟人的行为可由计算机程序或真实人控制,并表现出与真实人一致的特征。

2.1.2 虚拟人体模型的种类

虚拟人有不同分类,根据所要映射、体现、刻画的真实人固有特性的角度,可以将虚拟人体模型分成五类进行研究。

(1)几何外观模型

包括二维平面模型、三维框架模型、三维多边形模型、曲面模型、任意的变形模型、精确表面模型、骨架模型、肌肉与脂肪模型、生物力学模型、着装模型、生理效应模型(排汗、愤怒、受到伤害)等。

(2)功能模型

包括平面动画、关节限制、力量限制、疲劳、危险、伤害、技能、负荷及紧张刺激影响、心理模型、认知模型、角色以及团队等。

(3)控制模型

包括离线动画编辑、交互控制、实时动作回放、参数化运动合成、多人协同等。

(4)自主性模型

包括吸引、自主的描述、相互影响、反作用、决策、交流、意图、主动、领导等。

（5）个体特征模型

包括一般特征、文化差异、个性、心理和生理表征、性别和年龄、特殊的个体差异等。

在建立虚拟人体模型时，会涉及各种模型精度的问题，即模型的逼真程度。一般来说，模型精度应该与模型的应用相关。比如说，人体尺寸、能力、关节以及力量限度的模型精度对于设计评估方面的应用较为重要，而在游戏、培训、军事应用方面，实时的行为模型精度显得更加重要。因此，在建立虚拟人体模型时，应该回答如下三个问题：

①用虚拟人体模型做什么？

②虚拟人几何外观是什么样？

③对于预期的应用领域，虚拟人体模型应该具有什么典型的特征？

不同的应用领域需要专门的虚拟人体模型，即针对某一方面的应用优化人体模型，比如个体特征、行为、智商等。在虚拟维修研究领域中，虚拟人一般用于虚拟维修训练、辅助维修性分析、维修规程核查等方面。因此，要求计算机虚拟出来的维修人员模型具备实际维修人员的生理特征、动作规范、行为特点以及智力要求，模型特点如表 2-1 所示。

表 2-1　虚拟维修领域中虚拟人体模型的特点

虚拟人体模型 维修应用领域	几何外观	功能	控制	自主性	个体特征
虚拟维修训练	中	高	高	中	低
辅助维修性分析	高	高	高	低	低
维修规程核查	低	高	高	低	低

2.2　虚拟人几何模型

虚拟人体模型的实际应用，如康复分析、运动分析、工效分析、舞姿编排等，都必须以几何建模为基础。

几何模型按其描述和存储几何信息的特征，可分为线框几何模型、表面几何模型和实体几何模型三种。线框几何模型只存储物体外轮廓的框架线段信息，所包含的三维几何信息太少，其表达可能产生二义性，因此，一般不使用线框模型构建人体模型。

表面几何模型除了存储线框几何模型的线框段外，还存储了各个外表面的几何描述信息，可以满足曲面外形显示；三维实体几何模型存储物体的完整三维几何信息，可以完整地、无二义地表示三维几何实体，可以区别物体的内部和外部，可以提取各部分几何位置和相互关系的信息，是计算机进行三维几何分析处理的基础。这两种几何模型在虚拟人体建模中均被广泛应用。

2.2.1　表面及边界几何模型

表面及边界几何模型主要用来描绘虚拟人的皮肤和人体框架，常见的模型有多边形模型和曲面模型。

多边形（多面体）模型是计算机图形中描述物体最常见的方法之一。它通过许多网络状结构的多边形构成三维的多面体，每一个基本的多边形由点、线、面组成。将多个多边形定义好尺寸、形状和位置，便可以形成用户所需的表面。它是一种相对来说易于定义、控制和显示的模型。在图形工作站以及商业的图形软件中,普遍采用多边形模型。因此,几乎所有的虚拟人体模型都是利用多边形组成的。但是,对于复杂表面建模时多边形数目过于庞大,多边形模型在某些领域应用中受到限制。

由于多边形模型已能够很好地描述平面,人们便将主要精力致力于研究精确描述曲面的数学表达式。大多数曲面物体模型是由一个或多个双变量函数组成,每个曲面称作一个"碎片","碎片"之间通过各自的边缘连接可以形成复杂的表面。通常,一个低幂次多项式定义一个"碎片",这样可以很简单地计算出其数学特征量,例如曲面的法线和切线。"碎片"形状是由控制点或者切线向量决定的,它们是由近似和插值法得到的。现在有很多描述曲面的数学公式,例如贝塞尔曲线、埃尔米特多项式、bi-cubic 双三次算法、B 样条、β 样条、有理多项式等。

有些虚拟人体模型是由曲面构建而成的,但是图形显示算法的局限性使得实时控制曲面模型很困难。如果曲面模型中考虑加入关节连接模型,这样的人体模型在动画制作方面会具有一定的优势。这种虚拟人体模型的构建模式,既可以拥有较平滑的皮肤表面,又能具备一定的关节运动特性。曲面模型一般用于较复杂的曲面构型,例如精细的面部表情描述,以及对皮肤有光滑要求的人体模型等。

2.2.2 实体几何模型

几何体模型的建模方法就是将物体看作是在一个个分割开的空间中由一些互不相交的立体元素所组成的,例如体素模型、构造实体几何模型以及基本几何体模型等。

2.2.2.1 体素模型

体素模型是以体素(Voxel)集合来表达物体,体素是三维正交网格的一个单元,适合于医学图像生成的规则体数据的建模与可视化。与传统的表面重建相比,以体元表达的体素模型不仅具有物体的外部形状信息,还包含物体内部的信息。以体绘制方法来对体素模型进行绘制,可表现物体的外部形状及内部细节。

最早的体素级建模方法叫作立方块法(Cuberille),它是用边界体素的六个面拟合等值面,即把边界体素中相互重合的面去掉,只把不重合的面连接起来近似表示等值面。这种方法的特点是算法简单易行,便于并行处理,因为对每个体素的处理都是独立的;主要问题是出现严重的走样,显示图像给人一种"块状"感觉,尤其在物体边界处锯齿形走样特别明显,而且显示粗糙,不能很好地显示物体的细节。因此,需要特别的技术来计算表面法线,对表面进行平滑处理,重建模型(图 2-1)。

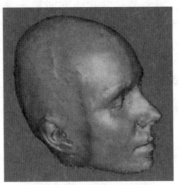

图 2-1　表皮体素重建模型

人体体素的数据一般从医学领域获取,体素模型是生物医学成像中科学地再现人体生理结构工作的基础。利用体素模型,可以清晰地看到骨关节的形态以及人体内部和外部的生理形态。

2.2.2.2 单一几何体模型

由于构造实体几何建模方法中基本几何体的多样化,导致储存空间很大,并且显示和刷新速率低。因此,通常对其进行简化以获得高效的模型结构,同时用简单的合并代替布尔集合运算"并",提高显示速率,这样便形成了单一几何体模型。它是由同一种基本几何体构建而成(图 2-2),例如椭圆体或者圆柱体。体素模型是单一几何体模型的一个特例,它可以看作是由很多相同的小立方体整齐排列而成的。单一几何体模型的构成是多种多样的,例如椭圆体、圆柱体、任意的四方体以及球体等。

图 2-2 台体形人体模型

2.2.3 Peabody 模型

在人体模型中,除了对其表面轮廓的描述,还需要对表皮下的人体骨架进行描述。骨架的建模主要是用于定义人体模型中的运动部分。可以对人体内的每一块骨骼建模,并且解算出它们之间的相对运动关系。对于大多数的几何分析来说,并不需要建立如此细致的人体模型,只需根据人体的尺寸,以及简单的关节旋转运动对人体建模就足够了(图 2-3)。而比较复杂且很关键的关节组,例如肩和脊骨,则需要更详细、逼真的建模。

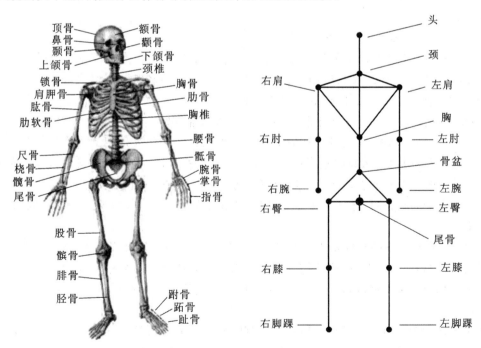

图 2-3 人体骨骼简化后的骨架模型示例

Peabody 模型是一种广泛应用的关节化图形建模的方法。所谓关节化图形,即如人体骨骼那样,是由一节节关节连接而成的图形。商业化人体建模软件 Jack 使用的就是 Peabody 模型,在 Jack 系统中,Peabody 数据结构包括了一种模型描述语言以及交互界面,以便于选定和创建关节化图形。这种数据结构本身包含了人体每段的尺寸以及关节角度信息,并且还提供了一种高效的计算、储存以及几何信息访问机制。Peabody 模型最大的特点就是便于在全局坐标系或者局部坐标系中进行图形变换,实现人体模型的运动。

2.2.3.1　Peabody 模型术语

在 Peabody 模型描述中,经常用到一些术语,它们是:环境(environment)、图形(figure)、片段(segment)、几何描述(psurf)、关节(joint)、方位点(site)。

在 Peabody 模型中,"环境"表示整个几何对象所处的世界。"环境"是由许多独立的"图形"组成的,而每一个"图形"又是由很多"片段"组成的。"片段"是"环境"的基本组成元素。每一个"片段"都是一个几何体,它描述了一个单一的物体或者是物体的组成部分,它具有形状和质量,但是不具备活动的特征。"几何描述"定义了每个"片段"的几何特征,它们是由网孔状多边形或者多面体(多边形模型)组成的,但是大体上可以反映真实的表面。

"图形"不仅可以表达具有关节连接的复杂对象(例如人体),而且还能描述不具备关节活动的简单对象(例如一个杯子)。也就是说,"图形"既可以是单一的"片段",也可以是由多个"片段"组成的、"片段"间用"关节"连接的对象。

"关节"通过"方位点"连接"片段","方位点"是相对于"片段"所处坐标系来说的一个局部坐标系,每一个"片段"可以包含多个"方位点"。在一个"图形"中,"关节"连接了不同"片段"上的"方位点"。但是,"方位点"不一定要附着在"片段"的表面。顾名思义,"方位点"即具有方向和位置的点。每一个"方位点"都有一个相对于"片段"全局坐标系的一个方位变换,称之为相对方位。

2.2.3.2　Peabody 模型层次结构

Peabody 模型本质上就是使用片段以及关节连接来建立物体图形模型。但是,由于 Peabody 模型采取的不是闭环控制机制(闭环结构是通过约束满足机制进行管理的),因此,模型中必须存在一种潜在的层次结构,这就是 Peabody 结构树。

Peabody 结构树以一个图形上指定的方位点作为根节点。根节点大致对应于图形的原点,它提供了一个控制源,通过这一控制源定义图形的位置。如果把图形看作一棵树,那么根节点就是这棵树的树根,比如将根节点定义在人体骨架模型的骨盆,则形成了人体关节树,如图 2-4 所示。图形的根节点是随着图形预期行为的改变而发生变化的,例如,在人体图形中定义手臂的动作时,根节点位于手臂上某个片段,而定义腿的动作时,根节点则变化到腿上的某个片段上了。

Peabody 模型有外部和内部两种层次结构描述方法,这样双重的层次描述有很多好处。可以进行逆向运算。大部分的模型都具有一个由原点发散开的自然的层次结构顺序,它们是与环境的全局坐标相关联的,而 Peabody 模型的层次结构与模型在环境中如何定位和使用是不相关的。

由于图形中关节链可以进行变换运算,因此,对于反向运动算法,图形根节点的选择是非常重要的。图形中至少应该具备一个点,其在空间中的位置是固定的,这是因为 Peabody 层次结构的内在描述是相互独立的,不论图形的根节点在什么地方,用户都需要维持一个统一的关节变换矩阵。

图 2-5 所示的是一个桌子图形的 Peabody 层次结构。可以看到每一个片段都用其自身的

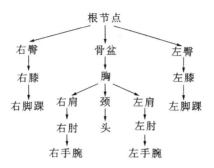

图 2-4　骨盆为根节点的人体关节树

坐标系来作为该片段上方位点的参考系,方位点是通过该坐标系经过旋转和平移而得到位置和方向的。每一个方位点通过关节与层次树中向下的别的片段中的方位点连接,由这样的结构关系构成 Peabody 层次结构树。

```
figure table {
    segment leg {
        psurf = "leg.pss";
        attribute = plum;
        site base->location = trans(0.00cm,0.00cm,0.00cm);
        site top->location = trans(5.00cm,75.00cm,5.00cm);
    }
    segment leg0 {
        psurf = "leg.pss";
        attribute = springgreen;
        site base->location = trans(0.00cm,0.00cm,0.00cm);
        site top->location = trans(5.00cm,75.00cm,5.00cm);
    }
    segment top {
        psurf = "cube.pss" * scale(1.00,0.10,2.00);
        site base->location = trans(0.00cm,0.00cm,0.00cm);
        site leg0->location = trans(95.00cm,0.00cm,5.00cm);
        site leg2->location = trans(5.00cm,0.00cm,5.00cm):
        site leg3->location = trans(95.00cm,0.00cm,195.00cm);
        site leg4->location = trans(5.00cm,0.00cm,195.00cm);
    }
    joint leg4 {
        connect top.leg0 to leg.top;
        type = R(z);
    }
    root = top.base;
    location = trans(0.00cm,75.00cm,0.00cm);
}
```

图 2-5　Peabody 模型层次结构表达示例

2.2.4　虚拟维修仿真中的人体几何模型

前面介绍了虚拟人体模型常见的几种建模方法。在虚拟维修仿真中,虚拟人主要是用于代替真实的维修人员进行维修过程的仿真。针对维修中人体外观、运动等方面的应用需求,适宜采用具有 Peabody 结构的人体几何模型。

虚拟维修人员的几何模型(图 2-6 所示的 Jack 模型)具有 Peabody 模型的层次结构,它由 69 个片段以及 68 个关节连接而成,包含了 1183 个多边形,有 136 个自由度。几何外观模型尽量反映真实人体,同时也考虑到了图形显示速度。另一方面,运动关节的建模也考虑到了对运动控制的响应速度,便于在维修过程仿真中保持运动以及动作控制的准确性和实时性。

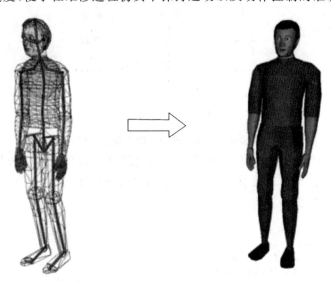

图 2-6　虚拟维修人员几何模型

2.3　虚拟人运动学模型

为了使虚拟人能够在虚拟环境中完成诸如姿势改变、平衡调整、够、抓、移动等一系列的活动,必须对其运动和动作建模。

图形变换是计算机图形学的基础内容之一。通过图形变换,静态图形经过快速变换可获得图形的动态显示效果,即达到图形运动的效果。以 Peabody 模型为例,由于这种模型由片段与关节组成,可以将其看作是由关节连接而成的一组刚体图形,虚拟人体的运动即转化成为刚体图形的图形变换。所以,需要通过描述刚体图形的图形变换来建立刚体的运动模型。

2.3.1　正向运动学方法

通过对关节旋转角设置关键帧,而得到相关联的各肢体的位姿,这种方法称为正向运动学方法。正向运动控制是一种对三维物体在空间中的位置和姿态进行控制的技术。图形的正向运动源自变换矩阵的输入。通过不断的图形正向运动变换,便可以连续生成新的图形位置和姿态,达到图形运动效果。

对于由点、线、面组成的图形的变换,通常以点变换作为基础,把图形的一系列顶点作几何变换后,连接新的顶点即可产生新的图形。对于用参数方程描述的图形,可以通过参数方程作几何变换,实现对图形的变换。

根据正向运动学方法,通过设置各个关节经过图形矩阵变换后的位姿关键帧,即可产生运动的效果。图 2-7 所示为对大臂和小臂进行一系列旋转变换后,经过关键帧设置形成的胳膊运动。

对于一般的用户来说,设置各个关节的关键帧,通过正向运动学方法来产生逼真的人体运动是非常困难的。因而,用户更多地采用反向运动学方法。

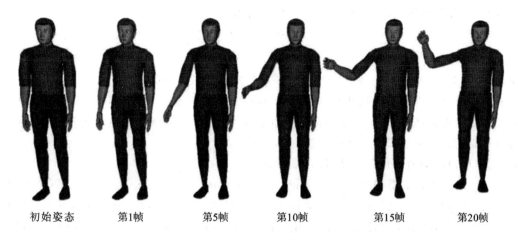

初始姿态　　　第1帧　　　第5帧　　　第10帧　　　第15帧　　　第20帧

图 2-7　正向运动变换设置关键帧

2.3.2　反向运动学方法

反向运动学方法在一定程度上减轻了正向运动学方法的烦琐工作,通过指定末端关节的位置,计算机将自动计算出各中间关节的位置。首先,介绍反向运动学的数学基础,并给出求解齐次变换逆矩阵的一般方法;然后,将结合人体运动特点,介绍面向人体四肢运动的反向运动求解方法(称之为 IKAN 方法)。

2.3.2.1　齐次变换的逆变换

给定坐标系 $\{A\}$、$\{B\}$ 和 $\{C\}$,若已知 $\{B\}$ 相对 $\{A\}$ 的描述为 $_B^A\boldsymbol{T}$,$\{C\}$ 相对 $\{B\}$ 的描述为 $_C^B\boldsymbol{T}$,则有:

$$^B\boldsymbol{p} = {}_C^B\boldsymbol{T}^C\boldsymbol{p} \tag{2-1}$$

$$^A\boldsymbol{p} = {}_B^A\boldsymbol{T}^B\boldsymbol{p} = {}_C^B\boldsymbol{T}^C\boldsymbol{p} \tag{2-2}$$

定义复合变换,有:

$$^A_C\boldsymbol{T} = {}_B^A\boldsymbol{T}_C^B\boldsymbol{T} \tag{2-3}$$

上式表示 $\{C\}$ 相对于 $\{A\}$ 的描述,据式(2-3)可得:

$$_C^A\boldsymbol{T} = {}_B^A\boldsymbol{T}_C^B\boldsymbol{T} = \begin{bmatrix} _B^A\boldsymbol{R} & ^A\boldsymbol{p}_{B_O} \\ 0 & 1 \end{bmatrix} \begin{bmatrix} _C^B\boldsymbol{R} & ^B\boldsymbol{p}_{C_O} \\ 0 & 1 \end{bmatrix} = \begin{bmatrix} _B^A\boldsymbol{R}_C^B\boldsymbol{R} & _B^A\boldsymbol{R}^B\boldsymbol{p}_{C_O} + {}^A\boldsymbol{p}_{B_O} \\ 0 & 1 \end{bmatrix} \tag{2-4}$$

从坐标系 $\{B\}$ 相对坐标系 $\{A\}$ 的描述 $_B^A\boldsymbol{T}$,求得 $\{A\}$ 相对于 $\{B\}$ 的描述 $_A^B\boldsymbol{T}$,是齐次变换求逆问题。一种求解方法是直接对 4×4 的齐次变换矩阵 $_B^A\boldsymbol{T}$ 求逆;另一种是利用齐次变换矩阵的特点,简化矩阵求逆运算。

对于给定的 $_B^A\boldsymbol{T}$ 求 $_A^B\boldsymbol{T}$,等价于给定 $_B^A\boldsymbol{R}$ 和 $^A\boldsymbol{p}_{B_O}$,计算 $_A^B\boldsymbol{R}$ 和 $^B\boldsymbol{p}_{A_O}$。利用旋转矩阵的正交性,可得:

$$_A^B\boldsymbol{R} = {}_B^A\boldsymbol{R}^{-1} = {}_B^A\boldsymbol{R}^{\mathrm{T}} \tag{2-5}$$

再据式(2-1),求原点 $^A\boldsymbol{p}_{B_O}$ 在坐标系 $\{B\}$ 中的描述,有:

$$^B(^A\boldsymbol{p}_{B_O}) = {}_A^B\boldsymbol{R}^A\boldsymbol{p}_{B_O} + {}^B\boldsymbol{p}_{A_O} \tag{2-6}$$

$^B(^A\boldsymbol{p}_{B_O})$ 表示 $\{B\}$ 的原点相对于 $\{B\}$ 的描述,为矢量 $\boldsymbol{O}$,因而上式为零,可得:

$$^B\boldsymbol{p}_{A_O} = -{}_A^B\boldsymbol{R}^A\boldsymbol{p}_{B_O} = -{}_B^A\boldsymbol{R}^{\mathrm{T}A}\boldsymbol{p}_{B_O} \tag{2-7}$$

综上分析,并根据式(2-5)和式(2-7)经推导可得:

$$_B^A T = \begin{bmatrix} _B^A \boldsymbol{R}^{\mathrm{T}} & -_B^A \boldsymbol{R}^{\mathrm{T}} {}^A \boldsymbol{p}_{B_O} \\ 0 & 1 \end{bmatrix}$$ (2-8)

式中,$_B^A T = {}_B^A T^{-1}$。式(2-8)提供了一种求解齐次变换逆矩阵的简便方法。

逆运动学分析求解方法虽然能求得所有解,但是人体模型关节复杂,而且具有多重约束。随着关节复杂度的增加,逆运动学的复杂度也急剧增加,分析求解的代价也越来越大,寻求一种高效可靠的求解方法成了人体运动控制的关键。

2.3.2.2 反向运动的解析和数值(IKAN)方法

反向运动的解析和数值(Inverse Kinematics of Analytic and Numerical,IKAN)方法是一整套面向人体四肢运动解算的反向运动算法。IKAN方法综合采用了逆运动学解析法和数值法两种求解方法,解决了人体模型姿态、定位以及目标约束中的逆运动学求解问题。而且,采用解析法和数值法相结合的人体模型运动求解方法,其运算速度和可靠性都优于一般传统的逆运动学算法,例如雅可比行列式及优化求解技术等。

四肢的运动链各有7个关节变量约束(图2-8),其中包含一个冗余自由度。IKAN的算法就是利用这个附加的自由度来避开关节的限制,也就是说,尽可能地使肘部达到预定位置。这一算法完全是由解析得出,不存在雅可比矩阵单一性以及局部最小问题。同时,根据经验也能说明IKAN方法比纯粹的数值计算方法要更加高效和可靠。

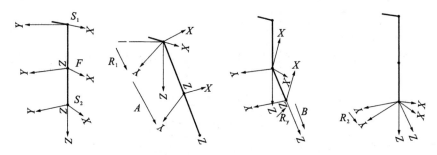

图 2-8　具有 7 个自由度的四肢运动链

图 2-8 所示的四肢运动链,令 $T_1 = \begin{bmatrix} \boldsymbol{R}_1(\theta_1,\theta_2,\theta_3) & 0 \\ 0 \quad 0 \quad 0 & 1 \end{bmatrix}$,表示 S_1 的近端方位点到远端方位点的旋转矩阵是 θ_1、θ_2、θ_3 的函数,近端与远端是相对于参考点来说的。同样,令 $T_2 = \begin{bmatrix} \boldsymbol{R}_2(\theta_5,\theta_6,\theta_7) & 0 \\ 0 \quad 0 \quad 0 & 1 \end{bmatrix}$,表示 S_2 的近端方位点到远端方位点的旋转矩阵。则有:

$$T_y = \begin{bmatrix} \boldsymbol{R}_y(\theta_4) & 0 \\ 0 \quad 0 \quad 0 & 1 \end{bmatrix} = \begin{bmatrix} \cos\theta_4 & 0 & \sin\theta_4 & 0 \\ 0 & 1 & 0 & 0 \\ -\sin\theta_4 & 0 & \cos\theta_4 & 0 \\ 0 & 0 & 0 & 1 \end{bmatrix}$$

T_y 表示关节 F 产生的旋转矩阵。假设关节 F 的坐标系定义为:转角 θ_4 是绕关节 F 的近端方位点坐标系 y 轴旋转而得。则有:

$$A = \begin{bmatrix} \boldsymbol{R}_a & t_a \\ 0 \quad 0 \quad 0 & 1 \end{bmatrix} \qquad B = \begin{bmatrix} \boldsymbol{R}_b & t_b \\ 0 \quad 0 \quad 0 & 1 \end{bmatrix}$$

A、B 分别是 S_1 的远端方位点到关节 F 近端方位点的转换矩阵和关节 F 的远端方位点到 S_2 的近端方位点的转换矩阵,且均为常量。

假设期望的肢体终端目标位置 $G = \begin{bmatrix} R_g & t_g \\ 0 & 0 & 0 & 1 \end{bmatrix}$,那么根据运动学方程可得:

$$T_1 A T_y B T_2 = G \tag{2-9}$$

这一逆运动学求解问题即为求解未知量 R_1、R_2 和 θ_4,继而求得旋转矩阵 R_1 和 R_2,最终解算出 θ_1、θ_2、θ_3、θ_5、θ_6 和 θ_7 的值。

1)求解 θ_4

θ_4 是唯一的一个影响 S_2 相对于 S_1 距离的关节角度变量,故 θ_4 可独立于其他变量解算。如果包含 S_1、S_2 和 F 的平面法线矢量与关节 F 的旋转轴平行,那么使用余弦定理即可解出 θ_4。考虑一般情况,假设关节的旋转轴不与法线平行,且 S_2 相对于 S_1 的位置与 R_2 无关,可得:

$$T_1 A T_y B T_2 [0,0,0,1]^T = R_1 R_a R_y t_b + R_1 t_a \tag{2-10}$$

令式(2-10)自身点积,并令其等于目标距离的平方,得:

$$2 t_a^T R_a R_y t_b = t_g^T t_g - t_a^T t_a - t_b^T t_b \tag{2-11}$$

式(2-11)是一个具有 $a\cos\theta_4 + b\sin\theta_4 = c$ 形式的三角等式,可以利用适当的公式解算。一般有两种解算式(2-11)的方法,但是由于肘关节或膝关节约束,只有一种是适合肢体运动的解算方法。

2)附加自由度特征描述

式(2-9)中包含了 7 个未知量,但是只有 6 个约束,系统出现了一个冗余的自由度。之所以会出现这个冗余的自由度,是因为手腕若固定不动,那么肘部仍旧可以沿一段圆弧运动,这段圆弧的法向矢量平行于肩部到手腕的坐标轴。

解决这一问题的方法是基于 Korein 的一些研究,Korein 的算法是从几何分析中获得的。与之相反,IKAN 利用纯代数方法,给出了计算关节角度以及由此衍生出来的旋转角函数显式。当目标函数用于选择合适的 φ 值来表达自身时,纯代数方法具有优势。

图 2-9 中,s、e 和 t_g 分别表示肩、肘和手腕目标的位置,原点(0,0,0)设在肩部 s。标量 L_1、L_2 和 L_3 分别表示上臂、下臂以及肩到目标位置的距离。当关节转角 φ 改变时,肘部沿平面上某段圆弧运动,该平面法向平行于手腕到肩的坐标轴。以数学描述这个圆弧,首先用一个单位矢量定义该平面的法向矢量,方向由肩指向手腕,如图 2-10 所示。

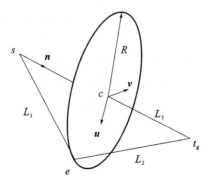

图 2-9　对于给定目标肘关节活动轨迹

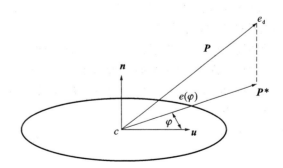

图 2-10　求解能达到目标位置的最接近的肘部位置

则有

$$n = \frac{t_g}{\| t_g \|}$$

另外,如图 2-10 所示,定义两个单位矢量 u 和 n ,构成包含有圆弧所在平面的局部坐标系。设 u 为用户选取的任意向量轴 $\hat{a}$ 到平面上的投影,对应的 $\varphi = 0$,可得:

$$u = \frac{\hat{a} - \hat{a} \cdot n}{\| \hat{a} - \hat{a} \cdot n \|}$$

令 $v = n \times u$,则圆心 c 和圆半径 R 可由简单三角公式得出,有:

$$\cos(\varphi) = \frac{L_3^2 + L_1^2 - L_2^2}{\| t_g \| L_1}$$

$$c = \cos(\varphi) L_1 n$$

$$R = \sin(\varphi) L_1$$

最后,肘部的位置由下式给出,有:

$$e(\varphi) = c + R[\cos(\varphi)u + \sin(\varphi)v] \tag{2-12}$$

对于用户来说,φ 值在解算肢体运动中具有实际的意义,它描述了肘部位置解的空间。假设给定 φ 值,则式(2-12)可以给出肘部位置的附加约束条件,从而使得反向运动学问题的解能够唯一且确定。

通常,用户给定的是肘部的预期位置 e_d 而并非是一个转角,如图 2-10 所示。在这种情况下,计算使得 $\| e_d - e(\varphi) \|$ 最小的 φ 值即可。定义矢量有:

$$P = (e_d - c)$$

和

$$P^* = P - (P \cdot n)n$$

其中,P^* 为 P 在肘运动圆弧平面上的投影。如图 2-10 所示,$\| e_d - e(\varphi) \|$ 最小时的 φ 的取值即为矢量 P^* 和 u 间的夹角,则有:

$$\sin(\varphi) = \frac{\| P^* \times u \|}{\| P^* \|}$$

$$\cos(\varphi) = \frac{\| P^* \cdot u \|}{\| P^* \|}$$

$$\varphi = \arctan 2(\| P^* \times u \|, P^* \cdot u)$$

3)求解 R_1 和 R_2

假设已给定 φ 和 θ_4 的值,图 2-11 表示了肘关节旋转 θ_4 角度时手臂的初始形态和经过旋转 φ 角度后的手臂的目标形态。

仍旧设肩关节 s 为原点,e, e_g, w, w_g 分别表示肘和手腕初始位置和目标位置。假设肘部不完全伸展,则肩、肘和腕的位置构成一个三角关系。旋转矩阵 R_1 即为刚体三角形 $\triangle sew$ 到 $\triangle se_g w_g$ 的变换矩阵。为了求解 R_1 ,首先定义一个与 $\triangle sew$ 关联的局部坐标系 $\begin{bmatrix} \hat{x} & \hat{y} & \hat{z} & 0 \\ 0 & 0 & 0 & 1 \end{bmatrix}$,其中:

$$\hat{x} = \frac{e}{\| e \|}$$

$$\hat{y} = \frac{w - w \cdot \hat{x}}{\| w - w \cdot \hat{x} \|}$$

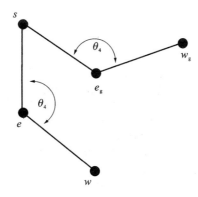

图 2-11　计算 $\boldsymbol{R}_1$ 图示

$$\hat{z} = \hat{x} \times \hat{y}$$

类似地，定义与 $\triangle se_\mathrm{g}w_\mathrm{g}$ 关联的局部坐标系 $\begin{bmatrix} \hat{x}_\mathrm{g} & \hat{y}_\mathrm{g} & \hat{z}_\mathrm{g} & 0 \\ 0 & 0 & 0 & 1 \end{bmatrix}$，则可得：

$$\boldsymbol{R}_1 = \begin{bmatrix} \hat{x}_\mathrm{g} & \hat{y}_\mathrm{g} & \hat{z}_\mathrm{g} & 0 \\ 0 & 0 & 0 & 1 \end{bmatrix} \begin{bmatrix} \hat{x} & \hat{y} & \hat{z} & 0 \\ 0 & 0 & 0 & 1 \end{bmatrix} \tag{2-13}$$

由式(2-9)可得

$$\boldsymbol{T}_2 = (\boldsymbol{T}_1 \boldsymbol{A} \boldsymbol{T}_y \boldsymbol{B})^{-1} \boldsymbol{G}$$

从而导出

$$\boldsymbol{R}_2 = (\boldsymbol{R}_1 \boldsymbol{R}_a \boldsymbol{R}_y \boldsymbol{R}_b)^{-1} \boldsymbol{R}_g$$

这里，腕关节的角度由用户指定，只需计算 $\boldsymbol{R}_1$ 和 θ_4 即可求得所有关节变化角度。

4)关节自身约束

实际上，人体各个关节是有约束的，即关节极限角度，在计算中考虑关节约束对确保求解的正确性是很必要的。本书用一种新的解析算法来计算满足关节约束的所有可能的 φ 值。同时，该算法也排除了不可能的解。首先获取关节角变量 θ_1、θ_2、θ_3、θ_5、θ_6、θ_7 与转角 φ 之间的关系，这种关系可以用于决定 φ 值以及各关节的取值范围。

(1) θ_1、θ_2、θ_3 有效取值范围的计算

如图 2-12 所示，$\boldsymbol{R}_1$ 可以表示成依次经过两次旋转 $\boldsymbol{R}_1 = \boldsymbol{R}_0 \boldsymbol{R}_\varphi$，其中 $\boldsymbol{R}_0$ 表示肘部从初始位置，即式(2-13)中令 $\varphi = 0$ 的 θ 位置运动到 $e(0)$ 位置时的旋转矩阵，$\boldsymbol{R}_\varphi$ 表示肘绕矢量轴 $\hat{n}$ 旋转 φ 角度的旋转矩阵。关节角变量 θ_1、θ_2、θ_3 为 $\boldsymbol{R}_1$ 的欧拉角。

将等式 $\boldsymbol{R}_1 = \boldsymbol{R}_0 \boldsymbol{R}_\varphi$ 在其两个分量上展开，得到：

$$\left. \begin{array}{l} \sin(\theta_i) = f_1(\varphi) \\ \cos(\theta_i)\cos(\theta_j) = f_2(\varphi) \\ \cos(\theta_i)\sin(\theta_j) = f_3(\varphi) \\ \cos(\theta_i)\cos(\theta_k) = f_4(\varphi) \\ \cos(\theta_i)\sin(\theta_k) = f_5(\varphi) \end{array} \right\} \tag{2-14}$$

或者

$$\cos(\theta_i) = f_1(\varphi)$$
$$\sin(\theta_i)\cos(\theta_j) = f_2(\varphi)$$

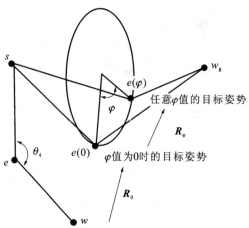

手臂弯曲θ_4角度时的放松位置

图 2-12　将 $\boldsymbol{R}_1$ 分解成 $\boldsymbol{R}_0$ 和 $\boldsymbol{R}_\varphi$

$$\sin(\theta_i)\sin(\theta_j) = f_3(\varphi)$$
$$\sin(\theta_i)\cos(\theta_k) = f_4(\varphi)$$
$$\sin(\theta_i)\sin(\theta_k) = f_5(\varphi)$$

其中，i、j 和 k 为序列 $\{1,2,3\}$ 的任意排列，$f_l = \alpha_l \sin(\varphi) + \beta_l \cos(\varphi) + \gamma_l$，$\alpha_l$、$\beta_l$、$\gamma_l$ 是与 $\boldsymbol{R}_0$ 关联的常量。

令

$$\sin(\theta_1) = f_1(\varphi)$$
$$\cos(\theta_1)\cos(\theta_2) = f_2(\varphi)$$
$$\cos(\theta_1)\sin(\theta_2) = f_3(\varphi)$$
$$\cos(\theta_1)\cos(\theta_3) = f_4(\varphi)$$
$$\cos(\theta_1)\sin(\theta_3) = f_5(\varphi)$$

首先确定满足关节约束 θ_1 的 φ 取值范围。等式 $\sin(\theta_1) = k(|k| \leqslant 1)$ 中 θ_1 有两组解，解值范围为 $\left(-\dfrac{\pi}{2}, \dfrac{\pi}{2}\right)$ 和 $\left(\dfrac{\pi}{2}, \dfrac{3\pi}{2}\right)$，为了区别两组解，分别表示为 θ_{1_1} 和 θ_{1_2}。显然，$\sin(\theta_1)$ 与 θ_1 为单调递增关系。若给出一组关节约束 $\theta_{1_{\min}} < \theta < \theta_{1_{\max}}$，可以得出每组解相关的有效关节角范围。

假设 (a, b) 是 θ_{1_i} 在第 i 组解中的有效取值范围。因为 $\sin(\theta_{1_i})$ 与 θ_{1_i} 在给定的取值范围内为单调递增的，所以，如果 $\theta_{1_i} \in (a, b)$，则有 $\sin(\theta_{1_i}) \in (\sin(a), \sin(b))$。由式 (2-14) 可得：

$$\sin(\theta_1) = \alpha_1 \sin(\varphi) + \beta_1 \cos(\varphi) + \gamma_1$$

而对于 θ_1，φ 值的有效取值范围由下式给出：

$$\Pi_{1_1} = \{(a,b) \mid \theta_{1_{\min}} < \theta_{1_1}(\varphi) < \theta_{1_{\max}}, a < \varphi < b\}$$
$$\Pi_{1_2} = \{(a,b) \mid \theta_{1_{\min}} < \theta_{1_2}(\varphi) < \theta_{1_{\max}}, a < \varphi < b\}$$

同样的，θ_2 也有两组解，这两组解与 θ_1 的解区间相关。当 $-\dfrac{\pi}{2} < \theta_1 < \dfrac{\pi}{2}$ 时，有：

$$\theta_{2_1}(\varphi) = \arctan2(f_3, f_2)$$

当 $\dfrac{\pi}{2} < \theta_1 < \dfrac{3\pi}{2}$ 时,有:

$$\theta_{2_2}(\varphi) = \arctan2(-f_3, -f_2)$$

为了确定满足 θ_2 关节约束的有效 φ 值,计算在 $\theta_{2_{min}}$ 和 $\theta_{2_{max}}$ 之间 θ_2 曲线的交集,并利用交集中的点将曲线分段。如果有落于 $\theta_{2_{min}}$ 和 $\theta_{2_{max}}$ 之间的分段区间,那么所对应的 φ 值区间是有效的。为了求得解集 θ_{2_1} 和 θ_{2_2} 的曲线与 $\theta_{2_{min}}$ 和 $\theta_{2_{max}}$ 的交集,由 $\tan(\alpha) = \tan(\alpha + \pi)$ 与下式:

$$\frac{f_2(\varphi)}{f_3(\varphi)} = \tan(\alpha) \tag{2-15}$$

可推出

$$\arctan2(f_2, f_3) = \alpha$$

或

$$\arctan2(f_2, f_3) = \alpha + \pi \Rightarrow \arctan2(-f_2, -f_3) = \alpha$$

因此,只需用 $\theta_{2_{min}}$ 和 $\theta_{2_{max}}$ 取代 α 来求解式(2-15),即可计算出期望的交集。然后,通过检查是否满足 $\theta_{2_1}(\varphi) = \alpha$,确定交点与哪个解集关联。

现在要确定 φ 的有效取值范围。对每条由解集 $\theta_{2_i}(\varphi)$ 构成的曲线,计算相关联的交点,并按照从 0 到 2π 的序列将其储存起来。对序列中相邻的点 $(\varphi_j, \varphi_{j+1})$,确定其对应的曲线段 $\theta_{2_i}(\varphi)(\varphi_j < \varphi < \varphi_{j+1})$ 是否落在 $\theta_{2_{min}}$ 和 $\theta_{2_{max}}$ 之间。同时,由于角度可以从 $0°$ 旋转到 2π,故可将两个区间 $(0, \varphi_i)$ 和 $(\varphi_i, 2\pi)$ 合并成一个单一区间。同 θ_1 一样,φ 值的有效取值范围由 Π_{2_1} 和 Π_{2_2} 给出。θ_3 的分析方法与 θ_2 一样,这里不再赘述。

(2)θ_5、θ_6、θ_7 有效取值范围的计算

前面利用等式 $\mathbf{R}_2 = (\mathbf{R}_1\mathbf{R}_a\mathbf{R}_y\mathbf{R}_b)^{-1}\mathbf{R}_g$ 和替换式 $\mathbf{R}_1 = \mathbf{R}_0\mathbf{R}_\varphi$ 将 $\mathbf{R}_2$ 的欧拉角表示成了关于 φ 的函数。同样的,利用前面的方法也可以确定 θ_5、θ_6、θ_7 的有效取值范围。

(3)适当的 φ 值选取

通过前面的分析计算过程,得到了 12 个取值区间 $\Pi_{i_j}(i = 1,2,3,5,6,7; j = 1,2)$。

令

$$A_1 = \bigcap_{i=1}^{3} \Pi_{i_1}$$
$$A_2 = \bigcap_{i=1}^{3} \Pi_{i_2}$$

表示满足 θ_1、θ_2、θ_3 关节约束的有效 φ 值的解集。类似地,针对 θ_5、θ_6、θ_7,定义:

$$B_1 = \bigcap_{i=5}^{7} \Pi_{i_1}$$
$$B_2 = \bigcap_{i=5}^{7} \Pi_{i_2}$$

令

$$V = (A_1 \bigcap B_1) \bigcup (A_1 \bigcap B_2) \bigcup (A_2 \bigcap B_1) \bigcup (A_2 \bigcap B_2)$$

表示满足所有 6 组关节约束的有效 φ 值的集合。从集合 V 中找出最大区间,并选取其中点作为 φ 值,也可以在最靠近目标转角 φ_d 的有效取值区间中选取 φ 值。

一般可以找到 φ 值,使任意一个目标函数 $f(\theta_1, \cdots, \theta_7)$ 取值最小。为了找到 f 的最小值,需要求解方程 $\dfrac{\mathrm{d}}{\mathrm{d}\varphi}f = 0$,对于关节链则有:

$$\frac{\mathrm{d}}{\mathrm{d}\varphi}f[\theta_1(\varphi), \cdots, \theta_7(\varphi)] = \left(\frac{\mathrm{d}\theta_1}{\mathrm{d}\varphi}, \cdots, \frac{\mathrm{d}\theta_7}{\mathrm{d}\varphi}\right)\nabla_\theta f$$

若 θ 与 φ 的关系满足 $\sin(\theta) = e(\varphi)$,这里 $e(\varphi) = \alpha\cos(\varphi) + \beta\sin(\varphi) + \gamma$,则有:

$$\frac{\mathrm{d}}{\mathrm{d}\varphi}\sin(\theta) = \frac{\mathrm{d}}{\mathrm{d}\varphi}e(\varphi)$$

$$\cos(\theta)\frac{\mathrm{d}\theta}{\mathrm{d}\varphi} = e'(\varphi)$$

$$\frac{\mathrm{d}\theta}{\mathrm{d}\varphi} = \frac{e'(\varphi)}{\cos(\theta)} = \pm\frac{e'(\varphi)}{\sqrt{1-\sin^2(\theta)}} = \pm\frac{e'(\varphi)}{\sqrt{1-e^2(\varphi)}}$$

由 $-\frac{\pi}{2} < \theta < \frac{\pi}{2} \Rightarrow \cos(\theta) > 0 \Rightarrow \frac{\mathrm{d}\theta}{\mathrm{d}\varphi} = \frac{e'(\varphi)}{\sqrt{1-e^2(\varphi)}}$ ，可得：

$$\cos(\theta) < 0 \Rightarrow \frac{\mathrm{d}\theta}{\mathrm{d}\varphi} = -\frac{e'(\varphi)}{\sqrt{1-e^2(\varphi)}}$$

若 θ 与 φ 的关系满足：

$$\sin(\theta)\cos(\varphi) = e_1(\varphi)$$

$$\cos(\theta)\cos(\varphi) = e_2(\varphi)$$

$$\sin(\varphi) = e_3(\varphi)$$

$$e_i(\varphi) = \alpha_i\cos(\varphi) + \beta_i\sin(\varphi) + \gamma_i$$

其中，φ 为另一个关节变量。求解微分方程有点复杂，注意到

$$\theta = \arctan\left[\frac{e_1(\varphi)}{e_2(\varphi)}\right] \text{或} \theta = \arctan\left[\frac{e_1(\varphi)}{e_2(\varphi)}\right] + \pi$$

微分得：

$$\frac{\mathrm{d}\theta}{\mathrm{d}\varphi} = \frac{e'_1 e_2 - e_1 e'_2}{e_1^2 + e_2^2} = \frac{e'_1 e_2 - e_1 e'_2}{\cos^2(\varphi)} = \frac{e'_1 e_2 - e_1 e'_2}{\sqrt{1-e_3^2}}$$

可见，微分运算与 θ 在哪个解集中无关。

由于 $f(\theta_1, \cdots, \theta_7)$ 的复杂性，对于微分方程 $\frac{\mathrm{d}}{\mathrm{d}\varphi}f = 0$ 求解比较困难。因此，可以使用数值解法来代替。传统的优化解法中，有两种解决满足逆运动学和关节极限约束时的 $f(\theta_1, \cdots, \theta_7)$ 最小化问题的方法。该问题可以表示为满足 $\theta_{i,\min} < \theta_i < \theta_{i,\max}(i = 1, \cdots, 7)$ 时，有：

$$\min\left[w_1 f(\theta_1, \cdots, \theta_7) + w_2(\parallel g(\theta_1, \cdots, \theta_7) - g_d \parallel^2)\right] \tag{2-16}$$

其中，$g(\theta_1, \cdots, \theta_7)$ 为正向运动时匹配的函数，g_d 为期望的终端效应器的方向和位置，w_1 和 w_2 为满足反向运动学约束的目标函数的权重系数。由于式（2-16）不能保证满足反向运动学约束，因此，该问题还可以描述为满足 $g(\theta_1, \cdots, \theta_7) - g_d = 0$，且 $\theta_{i,\min} < \theta_i < \theta_{i,\max}(i = 1, \cdots, 7)$ 时，有：

$$\min f(\theta_1, \cdots, \theta_7)$$

这样，可以保证能够有一个最小值解决反向运动学问题，并解决了约束的非线性使得难于求解优化的问题。

IKAN 方法是解析法和数值法综合运用求解反向运动学的技术。解析法用于将求解维数简化为一个变量 φ，并建立 φ 的线性不等式找出 φ 的约束，从而得出可行的取值范围。然后数值法用一维函数 $f(\varphi)$ 代替了七维函数 $f(\theta_1, \cdots, \theta_7)$ 来求解函数最小值优化问题。求解单变量函数的最小化方法要比多变量优化方法更快、更可靠。

图 2-13 演示的是手的位姿不变，腕关节位置随目标物体改变时，IKAN 方法解算出的手

臂各关节的运动变换情况。图 2-14 演示的是脚位姿不变时,踝关节位置改变时,采用 IKAN 方法解算出的腿部各关节的运动变换情况。

可以看到,其运动完全符合人体关节的约束限制,且算法效率高。用户只需指定终端效应器的位置,通过 IKAN 算法,计算机自动计算出符合关节约束限制的关节变化角度,插值后形成手臂运动的动画。

图 2-13　腕部位置改变形成的手臂运动(手的位姿不变)

图 2-14　脚踝位置改变形成的腿部运动(脚的位姿不变)

2.4　基于骨骼驱动的特征化虚拟人建模

2.4.1　虚拟维修对虚拟人模型的要求

商业化虚拟仿真软件一般带有虚拟人模型库,例如 Jack、Delmia 等,其中包含符合我国人体尺寸标准的模型库,利用这些人体模型,能够满足常用的虚拟维修性分析评价需求。在虚拟维修应用中,虚拟人体模型通常应满足以下要求:

1)虚拟人体模型肢体尺寸应当基于《中国成年人人体尺寸》(GB 10000—1988)来确定。

2)能分别建立 50%、90%、95% 等典型百分位人群数据的人体模型。

3)人体模型的主要肢体,包括手指、手掌、手臂、躯干、腿等,其运动自由度应符合人因工程学标准。

4)着服及外观要求。一般维修环境下,对虚拟维修人模型并无特殊的着服及外观要求。但是对航天员、潜水员等特殊人群有一定要求,除了服装外观,更重要的是关节活动范围要求,需要创建满足行业特征的虚拟人模型,进行虚拟维修分析。

5)特殊尺寸人体模型。对身高和四肢等有特殊要求的人体模型。

商业化虚拟仿真软件自带的虚拟人模型能够满足一般的仿真分析需求。但是,在实际中,用户可能需要创建不同人体尺寸和着不同服装的虚拟人,并且虚拟人的主要关节活动范围受到限制,用于特殊场合的仿真分析,例如着航天服、潜水服等。因此需要创建特征化的虚拟人,具有性别、人体几何尺寸、着服、体重、关节活动角度等属性,且支持用户根据不同的身体尺寸、体重数据,定制特殊尺寸的人体模型。

2.4.2　基于骨骼驱动的虚拟人模型

本书采用基于骨骼驱动的人体建模技术创建特征化虚拟人模型。基于骨骼驱动的虚拟人模型主要由皮肤层、骨骼层两部分组成。皮肤层,即人体网格模型,用于描述人体的外形,展现逼真的外观与动画效果。在 3D 模型的数学描述中,皮肤层被表示为一系列的顶点和由顶点相连接构成的多边形,一个人体模型的皮肤层可以由一个单一的整体网格组成,也可以由多个有并列关系的网格组成。皮肤层的建模可以利用三维扫描设备获取真实人体几何数据,也可以用诸如 Poser、Maya、3dsMax、Blender 等建模软件创建。三维扫描设备得到的人体几何数据完全依赖于真实的人物,而且只能获得表面的数据。例如,口腔内部的几何数据得不到,难以模拟张嘴大笑的表情,而建模软件可以解决这些问题。

基于骨骼驱动虚拟人的基本原理是首先控制人体的各个骨骼和关节,再使附在上面的网格模型与其匹配。在骨骼驱动虚拟人模型中,一个角色由作为皮肤的单个或多个网格模型和骨骼组成。骨骼之间以关节相互连接并构成一定的树状层次结构。图 2-15(a)所示是人体骨架模型,图 2-15(b)所示是由其驱动的皮肤网格模型。骨骼层次描述了角色的结构,模型中的骨骼按照角色的特点组成一个层次结构。相邻的骨骼通过关节相连,并且可以作相对的运动。通过改变相邻骨骼间的夹角、位移,组成角色的骨骼就可以做出不同的动作,带动虚拟人做出

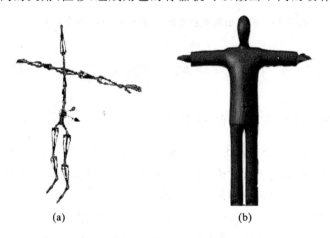

(a)　　　　　　　　　　　(b)

图 2-15　人体骨架及网格模型

(a)人体骨架模型;(b)人体皮肤网格模型

不同效果。虚拟人网格模型则作为一个网格附在骨骼之上,表示角色的外形。这里的网格模型不是固定不变的刚性网格,而是可以在骨骼影响下变化的一个可变形网格。组成网格模型的每一个顶点都会受到一个或者多个骨骼的影响。在顶点受到多个骨骼影响的情况下,不同的骨骼按照与顶点的几何、物理关系确定对该顶点的影响权重,这一权重可以通过建模软件计算,也可以手工设置。通过计算影响该顶点的不同骨骼对它影响的加权和就可以得到该顶点在世界坐标系中的正确位置。

在一个典型的基于骨骼驱动的虚拟网格人体模型文件中,会保存网格信息和骨骼信息。网格信息是角色的多边形模型。该多边形模型一般由三角形面片组成,每一个三角形面片有三个指向模型的顶点表的索引。通过该索引,可以确定该三角形的三个顶点。顶点表中的每一顶点除了带有位置、法向量、材质及纹理等基本信息外,还会指出有哪些骨骼影响了该顶点,影响权重又是多少。影响一个顶点的最大骨骼数一般取决于模型的设计和目标硬件平台的限制。比如,对于一个典型的人体骨架,一般只有在关节附近的顶点才会受到相邻几块骨骼的影响,而同时影响某一顶点的骨骼数也不会超过四块。骨骼信息包括全部骨骼的数量和每一根骨骼的具体信息。所有的骨骼按照亲子关系组织成一棵树。树根代表整个骨架,其余每一节点包括叶子节点代表一根骨骼。每一根骨骼包括该骨骼在父骨骼坐标系中的变换矩阵,通过该变换矩阵确定了该骨骼在父骨骼坐标系中的位置。图 2-16 表示右膝关节驱动虚拟网格人腿部运动。

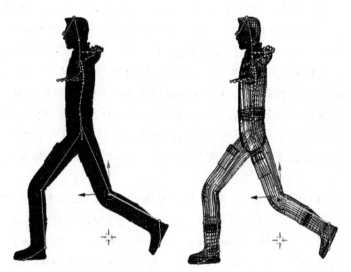

图 2-16　通过骨架控制虚拟网格人运动

虚拟人的骨架结构基本依据人体真实关节创建,或仅保留主要关节结构。关节的活动范围依据自然人的关节活动范围值进行定义,而不同人体尺寸的虚拟人可以通过线性缩放网格皮肤创建得到。采用基于骨骼驱动的虚拟建模技术,可创建各种特征化虚拟人模型,如航天员、士兵等,见图 2-17。

图 2-17　四种人物模型建模效果

2.5　虚拟人维修动作模型

正向运动学和反向运动学都能够对各关节角度变化进行插值,形成人体的运动。一些商业化的人体建模软件可提供比较成熟的正向和反向运动算法函数,例如 Jack 软件的 IKAN 算法,能够自然地控制人体各个关节的位姿。但是,对于大多数用户来说,运用基本的运动函数和反向运动的算法,达到对虚拟人体模型的运动或动作的控制,显然是比较烦琐和困难的。

考虑到正向运动学算法和反向运动学算法提供了很好的运动控制基础,为了便于用户在各自的应用领域利用虚拟人进行仿真,本书在关节运动函数基础上,建立更高层的动作模型。动作模型建模可以是组合一个或一组关节的运动形成,也可以由很多更小的动作单元组成,例如动素。动作模型主要根据虚拟人的应用领域来建立,这里主要讨论应用于虚拟维修仿真的虚拟人动作模型。

维修动作,即在维修作业过程中,维修人员使用的动作,例如,拧下螺栓和打开盖板等。John D. Lanni 认为 7 种基本活动就足以描述人的大部分作业,并把常见动作分为:虚拟人体的移动(Position),触摸一个物体(Touch),获得一个物体(Get),将物体移动到另一个位置(Put),观看某个地方(Look At),使用一个物体作用于另一个物体(Use Tool),对机器进行操作(Operate)。其中又将操作(Operate)活动具体分为 17 种。SRL 实验室在对拆卸过程进行描述时,将最基本的动作称为"操作(Operation)",并将操作具体分为:Grabbing(抓握)、Removing(移动)、Releasing(徒手操作释放)和 Unfastening(利用工具操作解开)。

根据维修动作的特点,本书将维修动作分为移动类动作和操作类动作。移动类动作指维修操作人员在维修过程中的位置移动和姿势变化与调整,操作类动作则指操作人员对物体的作用动作。维修动作建模将分别对移动类动作和操作类动作进行建模。

人因工程的动作分析方法将操作动作分解为动素,认为常见的操作动作可以由动素组成。借鉴其思路,提出维修动素(Maintenance Therblig)的概念,并将其定义为"是构成维修动作的基本动作单位",是对人的底层运动、动作的抽象与概括。常见的维修动作都可由一定数量的维修动素组成,不同维修动素可以组合为不同的维修动作,而维修动素为一个或者一组关节运动的结果,图 2-18 所示为维修动作的分解。

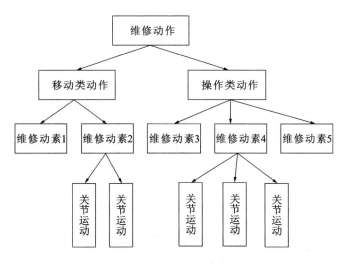

图 2-18   维修动作分解

可见,无论是建立移动类动作模型,还是操作类动作模型,关键是要对维修动作的动素组成、动素分类、动素定义以及动素参数的确定进行描述。

结合维修过程中的操作特点,可将维修动作分为两大类。

(1)移动类动作

移动类动作包括操作人员的方向和位置变换、姿势调整。它包含三种动素,即人的移动(Human_Move)、携物移动(Carry)、变化姿势(Pose)。

(2)操作类动作

操作类动作可以分为徒手操作和使用工具操作两种类型。对于徒手操作,一般符合:伸手抓握—操作—释放恢复姿势的结构,所以将抓取(Get)、拆装操作(Operate)、释放(Release_Resume)作为动素。使用工具进行操作时,其一般结构应是:工具定位—使用工具—恢复,则将使用工具(Use_Tool)作为动素,对于工具的定位,考虑到装配时会有零件或组件的定位,统称为定位(Position)。完成操作后需将手中物体或工具放下,放物(Place)也是一个动素。维修过程中会有人保持当前位姿的情况,故将保持(Hold)也作为一种动素。

此外,借鉴模特法的分类,精神作用也应作为一类动素来考虑,但目前尚未解决如何在虚拟环境下对精神作用进行仿真,所以下文中没有提及动素的"精神作用"。因此,可形成的维修动素及其分类见表 2-2。

表 2-2   维修动素及其定义

序号	动素类型	动素名称		动素定义
1		人的移动	Human_Move	人的方位变换
2	移动类	携物移动	Carry	人携带物体的方位变换
3		变化姿势	Pose	操作前调整到合适的操作姿势或移动前根据移动的类型调整当前姿势到相应的姿势

续表 2-2

序号	动素类型	动素名称		动素定义
4	操作类	抓取	Get	完成对目标对象的抓握;脚踩到或是眼睛注视、观察目标对象的某一位置
5		定位	Position	操作前,人控制工具或手中物体与目的物或目的点、线、面对齐
6		保持	Hold	人保持现有姿势不进行任何动作或控制物体使其不发生方位变化
7		放物	Place	完成操作后,人将工具或手中物体放下
8		释放	Release_Resume	操作完成后,人放开物体或使工具离开物体并恢复到初始姿势(指开始动作前的姿势)或习惯姿势
9		使用工具	Use_Tool	人使用工具对物体的操作
10		拆装操作	Operate	人对物体的拆装操作,如推、拉、抽、拧等

下面分别给出表 2-2 中各种维修动素的定义及其模型。

（1）人的移动（Human_Move）

指人的方向与位置变换。人的移动可以分为变换位置、转向两种。其中,变换位置指人的空间位置变换,即人移动支撑脚以及重心,徒手由空间位置 A 变换到空间位置 B 的动作;变换位置的方式见表 2-3。转向指人的身体方向的变换,即面向某零部件进行操作,由方向 A 转向方向 B 的动作。转向过程中人的基本姿势不变。

表 2-3　位置变换方式及其说明

动素名称		说　　明
走	walk	正常地走,指左右脚交替移动,并摆动双臂
弯腰走	bend_walk	腰部下弯一定度数时的走动,并摆动双臂
侧身走	sidle	侧身向身体一侧的移动,可分为左侧身走和右侧身走,不摆动双臂
跨步	stride	移动时脚抬动比正常走时的要高,以跨过障碍等
攀爬	climb	上下楼梯、台阶等的动作,重心升高或降低
跑	run	速度较快,双臂摆动,且摆动幅度较大
四肢着地爬	creep	四肢着地,但身体离开地面的移动
匍匐前进	crawl	身体着地的移动
仰泳式行进	wriggle	仰卧,依靠四肢及躯干运动的移动
跳跃	jump	双脚离开地面,向上或前上、侧上方等的运动
其他	move_others	其他特殊的变换位置方式

人的移动的详细动作细节和信息通过其函数参数来体现。例如,"走"可以定义为:

Walk(lhuman,pathpoint,speed,step,swingarms,start)

其中,lhuman 指执行 walk 的虚拟人;pathpoint 是 walk 的路径、目标或目标位置;speed 是 walk 的速度;step 是 walk 的步幅;swingarms 用来区分 walk 时是否摆臂;start 是动素的运行控制参数。

（2）携物移动（Carry）：人携带物体的方向与位置变换（不包括人的方向与位置不变时物体的移动）。携物移动（Carry）与人的移动（Human_Move）的区别在于是否有物体随动。携物移动时物体会随人的运动而运动，此时运动的主动体是人，物体只是从动体。携物移动的具体运动函数与人的移动相似，只是多了描述人所携带物体信息的输入参数。

（3）变化姿势（Pose）：人在操作前调整到合适的操作姿势或人在移动前根据移动的类型调整当前姿势到相应合适的移动姿势。变化姿势可分为变换姿势（change_pose）和调整姿势（adjust_pose）。变换姿势时只是变换到预定姿势，而不做其他动作。根据维修活动中人的常用姿势，可定义 11 种基本的操作姿势作为预定姿势：放松站、正直站、弯腰站、坐、蹲、双膝跪、单膝跪、爬、俯卧、仰卧、侧卧。调整姿势可分为：调整肩关节、调整腰部、调整胯关节、调整膝关节。

变换姿势可以定义为：

change_pose(lhuman, pose_name, anchor, anchor_type, duration, start)

其中 pose_name 指预定姿势名；anchor 为指定的支撑点；anchor_type 为支撑点的位置和方向控制选项，有"both"（保持支撑点的位置和方向不变）、"trans"（保持支撑点的位置不变）、"xyz"（保持支撑点的方向不变）3 个选项；duration 为动素消耗时间。

（4）抓取（Get）：完成手抓、脚踩或是眼睛注视、观察目标对象的某一位置。按照抓取（Get）的定义，将抓取（Get）分为用手抓取、脚踩、目光注视 3 类。用手抓取符合"观察作用物→调整手形→手伸向目的物→手与目的物精确定位→抓握"等过程。

手的抓握定义为：

hand_get(lhuman, goal, handshape, get_duration, jfrom, duration, poweight, type, start)

其中，goal 指目标物上的抓握点，此参数确定了手与目标物精确定位的位置与方向；handshape 是 hand_get 时手的基本形态，也是 grasp 动素的预手形；get_duration 指 hand_get 动作完成后终端效应器与目标点距离的控制值，默认为 0；jfrom 是运动的起始关节，即采用反向算法计算各关节运动量时从该关节开始计算，决定了动作涉及的人体关节范围，一般取值为肩"shoulder"或腰"waist"；duration 指 hand_get 动作过程的时间；poweight 指位置与方向之间的权值，0 为方向定位，1 为位置定位，默认为 0.5，即同时考虑方向与位置的定位；type 用来定义左右手臂，默认为右手的抓取动作。

（5）定位（Position）：操作前人控制工具或手中物体与目的物或目的点、线、面对齐的动作。定位与维修动素抓取相对应，抓取是徒手接近物体完成操作准备，定位是手持物体到达目标位置完成操作准备。定位应与放物相区别，定位是操作前的准备工作之一，对物体的末方位精度要求高，而放物是操作完成后所执行的动作，只要求将物体放置在一个区域，位置精度要求低，但对物体的方向有一定要求，也就是说，放物时必须保证物体的方向满足物理规律。

定位可以定义为：

Position(lhuman, obj, goal, duration, type, start)

其中，obj 指手中物体或工具的名称；goal 指目标位置；其他同前（下同）。

（6）保持（Hold）：人保持现有姿势而不进行任何动作或使其所控制的物体不发生方位变化，按动作目的不同可以分为保持人不动和保持物不动两类。保持人不动是指人保持现有方位和姿势，不进行任何动作，在维修中体现为等待、休息等；保持物不动是指人抓握物体后保持物体静止不动，此时会限制所抓握物体的自由度，会对样机运动，特别是机构的运动产生影响。

例如,保持物体不动可以定义为函数:

l_hold(lhuman,object,duration,start)

(7)放物(Place):完成操作后人将工具或手中物体放下的动作。放物是操作完成后的动作,目的是为了结束当前操作,为下一操作做准备。因为维修中要求工具、拆卸件有序放置,所以放物时需要指定物体要放置的平面以及基本位置。放物的输入参数与定位相同。

(8)释放(Release_Resume):操作完成后人手放开物体或使工具离开物体并恢复到初始姿势(指开始动作前的姿势)或习惯姿势的动作。松手是指手指离开物体以解脱触摸或抓握,即人手指各关节向外运动使手指张开到自然状态。恢复是指人恢复到初始姿势(指开始动作前的姿势)或习惯姿势的动作。手臂的恢复由肩部运动、肘部运动、腕部运动构成,与其他关节无关;又可以分为携带物体恢复和徒手恢复,此外腿部的恢复也归入此动素。

释放可以定义为:

Release_Resume(lhuman,rr_type,type,duration)

其中,rr_type指动作类型,及徒手、携物或腿部动作。

(9)使用工具(Use_Tool):人使用工具完成对物体的操作。一个完整的使用工具操作是动素定位—使用工具—释放的组合。同一类工具操作动作基本类似,故根据常用工具类别对Use_Tool动素进行分类(表2-4)。对于每一类工具,根据使用工具时动作类型的不同又可进行细分,如螺丝刀类工具又分为拧、撬。

表2-4　工具的使用及其运动特点

编号	工具类型	使用方式	运动描述
1	螺钉旋具	撬	以撬点为圆心的圆弧运动
		拧	绕螺丝刀自身纵轴的旋转
2	钳类	夹	绕钳子连接点的夹合运动
3	锤类	敲击	摆动
4	扳手	拧	以螺栓中点为圆心的圆周和圆弧运动
		敲击	摆动
5	冲具	冲	以螺栓中点为圆心的圆周和圆弧运动
6	撬具	撬	以撬点为圆心的圆弧运动
7	专用工具	—	—

以锤类的使用为例,可以定义为:

hammer(lhuman, obj, obj_work, direction, toolname, move_times, action_type, type, start)

其中,obj_work指物体上工具的作用点;direction为物体的运动参数;toolname指工具名;move_times表示工具作用的次数,如砸几下;action_type指工具的作用形式,锤类只有敲一种。

(10)拆装操作(Operate):人对物体的拆装操作。拆装操作是徒手操作的核心动素。拆装操作动素可以组合起来完成复杂的维修动作。完成拆装操作时,人的姿势位置都可能会发生改变。

拆装操作按操作动作的具体类型可以分为5类(表2-5)。

表 2-5 拆装操作动素的具体分类

序号	拆装操作		常见描述
1	旋转	object_rotate	旋转、拧、打开、关上、旋进、旋出
2	推	push	推、插入、顶入、塞
3	拉	pull	拉、抽出、拔出
4	提举	lift	提、举、搬起、抬起、拿起、拎
5	按压	press	按、压、拍

以推为例,可以将其定义为:

operate_push(lhuman, obj, object_site, move_qt, control_type, move_type, hand_type, duration, start)

其中,object_site 为物体运动时的参照点;move_qt 指运动量;control_type 是指对同一物体的操作还是对两个物体双手协同操作;move_type 表示平移、绕轴转动或复合运动,即"trans""rotate"或"complex";hand_type 用来定义左右手臂,取值为"right""left"或"both"。

通过以上维修动素的任意组合,可以形成各种维修动作。表 2-6 所示为某装备部件分解过程中,各维修动作的动素组合。

表 2-6 某装备维修作业中维修动作分解示例

维修作业	维修作业单元(维修动作)		维修动素
	序号	维修动作	
卸下身管	1	打开压弹机盖	抓取、旋转(打开)、释放
	2	松开身管固定栓	抓取、拉、旋转、释放
	3	抽出身管,放于指定位置	走、抓取、拉(抽出)、携物走、放物、释放
	4	将身管固定栓复位	走、抓取、提举(提起)、旋转、释放
	5	关上压弹机盖	抓取、旋转(关上)、释放
卸下炮尾	6	将自动机翻转 180°	走、调整姿势、抓取、旋转、释放
	7	取下别针	走、抓取、拉(抽出)、携物走、放物、释放
	8	抽出加速座轴	走、抓取、拉(抽出)、释放
	9	将加速座向前移动约 20mm	走、抓取、定位、使用锤敲击
	10	用铜锤打下炮尾	定位、使用锤敲击、放物、抓取、拉(抽出)、携物走、放物、释放
	11	将加速座复位	走、抓取、定位、使用锤敲击、携物走、放物、释放
	12	插上连接轴	走、抓取、推(插入)、释放
卸下多功能复进机	13	将自动机翻转 180°	走、调整姿势、抓取、旋转、释放
	14	打开压弹机盖	走、抓取、旋转(打开)、释放
	15	松开身管固定栓	抓取、拉、旋转、释放
	16	卸下排链器	走、抓取、提举(拿起)、携物走、放物、释放
	17	卸下多功能复进机	走、抓取、拉(抽出)、携物走、放物、释放

2.6　虚拟人维修运动与动作的模拟实现

为了实现虚拟人维修运动和动作的模拟,需要在分析各类动素特点的基础上,对具体的动素函数进行设计。动素的设计方法并不受实现平台的限制,具有通用性。本书基于 Jack 虚拟平台和脚本语言 Python,利用 Jack 软件的二次开发接口 Jack Script,开发基于维修动素的动作函数库。动作函数库与 Jack 软件实现了集成,可以通过 Jack 的 Python 控制台来调用函数。同时动作函数库是维修动作仿真模块的基础,为其提供动作控制。

动作库包含 12 个模块:10 个动素模块按动素类型组织,每类动素封装为一个单独的模块;1 个基础模块,包含一些通用的数值计算、约束管理等的函数;1 个接口模块,定义各个模块的调用关系及其外部接口。动作库实现时调用了 Jack Script 所提供的部分函数(图 2-19)。

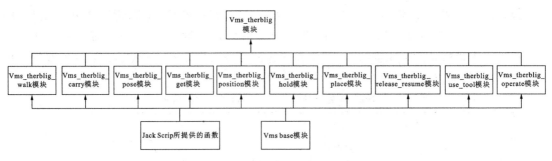

图 2-19　动作函数库的结构

2.6.1　人的移动

影响人的移动的主要因素有:移动的方式、距离、速度、移动路径、步长等,且移动方式不同,还会有不同的影响因素。在分析影响因素的基础上,采用分运动叠加的思想,将一个运动周期内人的动作分解为几个子动作,再将各个子动作分解为具体的关节运动,然后分别描述各个关节角的变化,即可得到对人的移动的仿真。

爬是一种较为复杂的移动方式,动作过程中涉及的人体部位和关节多,动作的设计方法具有代表性,故以此为例来具体介绍设计实现方法。影响爬行动作的主要因素有:距离、速度、移动路径、步长等。由于肩关节、肘关节、腰关节、骨盆关节、膝关节、踝关节等的运动值将会影响动作的幅度,不同的关节运动值可得到具有个性化的动作。取目标位置、速度、步长等为输入参数,将动作函数定义为:

crawl(lhuman,pathpoint,speed,step,start)

其中,lhuman 指虚拟人的名称;pathpoint 指路径或目标、目标位置,在仿真中通过路径控制界面来交互控制路径并自动记录;speed 指运动速度;step 指步幅长度;start 指开始动作的控制参数,start＝1 时开始动作,默认为 1。

动作仿真的基本流程见图 2-20。

假设虚拟人已经处于爬的姿势,确定了目标位置,且沿直线向前爬行。如果爬行路线为折线时,选取转折点为子目标,向各子目标点依次爬行(图 2-21)。

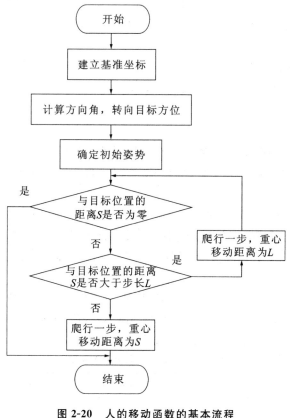

图 2-20   人的移动函数的基本流程

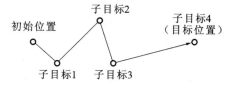

图 2-21   爬行路线为折线时的处理方法

（1）获取当前方位

获取虚拟人身体上基点的方位，根据基点方位确定虚拟人当前的基准坐标，即以基点为原点，使 XOZ 平面与虚拟人所在平面平行。其中，虚拟人面向的方向为 X 轴正方向，虚拟人右侧向为 Z 轴正方向。

（2）转向目标位置

设目标位置为点 S，计算旋转角，使得 OX 轴与 OS 轴重合，且 OZ 轴与虚拟人所在平面平行，即使虚拟人转向目标点，做好爬行的准备。

（3）确定初始姿势

根据虚拟人当前的姿势确定首先进行的动作，即先爬哪只脚。首先应获取双手、双脚的方位，计算哪一侧的手脚位置靠前，从而确定初始的爬行动作。

（4）爬行一步

以左臂右腿在前的情况为例，首先分析其动作过程。开始爬行后，虚拟人的左臂右腿着地位置不动，右臂左腿伸出，同时身体重心向目标方向移动一定距离，完成爬行的第一步，其后依次循环。动作过程中相关的运动关节包括：肩关节、肘关节、腕关节、胯关节和膝关节。各关节的运动要与身体重心的移动相配合才能实现动作的逼真和仿真。

（5）步幅的确定

步幅作为输入参数，由用户来定义，但移动距离不可能都是步幅的整数倍，如果到目标点的距离小于步幅，则采用虚拟人迈小步的方法解决。

2.6.2　变换姿势

变换姿势实现了当前姿势到 11 种基本操作姿势的任意转换，人员、姿势名是其影响因素。同时，在变换姿势过程中，通常会要求身体的某个部位保持静止，并应考虑支撑点。为此，将函数设计如下：

change_pose(lhuman, pose_name, anchor, anchor_type, duration, start)

其中，pose_name 为姿势名；anchor 为指定支撑点；anchor_type 为支撑点的位置和方向控制选项："both"为保持支撑点的位置和方向不变，"trans"为保持支撑点的位置不变，"xyz"为保持支撑点的方向不变。

在函数的实现过程中，采用了关键帧插值法，即定义姿势变换过程中的几个过程姿势，然后进行插值计算，得到对动作的仿真。在变换之前，首先应判断当前姿势接近于哪个基本姿势，才能调用相应的函数。其判断依据如表 2-7 所示。

表 2-7　当前姿势判断及其依据

序号	姿势名	判　断　依　据			
1	正直站	虚拟人铅垂轴（Z 轴）与水平面的夹角大于或等于 45°	小腿与水平面的夹角大于或等于 45°	臂部关节 Y 轴的值小于 20°	虚拟人腰关节角度的绝对值小于 5°	肘关节、膝关节小于 3°，手自然伸直
2	放松站					肘关节、膝关节大于或等于 3°，手略弯曲
3	弯腰站				虚拟人腰关节角度大于或等于 5°	
4	坐			臂部关节 Y 轴的值大于或等于 20°	臂部关节 Y 轴的值小于 100°	
5	蹲				臂部关节 Y 轴的值大于或等于 100°	
6	单膝跪		小腿与水平面的夹角小于 45°	只有 1 个小腿与水平面的夹角小于 45°		
7	双膝跪			两小腿与水平面所成夹角都小于 45°		
8	爬	虚拟人铅垂轴（Z 轴）与水平面的夹角小于 45°	虚拟人纵轴（X 轴）向下，且与水平面法线夹角的绝对值小于 45°	臂部关节 Y 轴的值大于或等于 20°		
9	俯卧			臂部关节 Y 轴的值小于 20°		
10	仰卧		虚拟人纵轴（X 轴）向上，且与水平面法线夹角的绝对值小于 45°			
11	侧卧		虚拟人纵轴（X 轴）与水平面所成夹角的绝对值大于或等于 45°			

2.6.3　抓取

常见的操作动作以手的动作为主体，而手的抓取动作较为复杂，因此以手的抓取为例来介绍设计实现方法。

用手抓取一般符合以下过程:观察作用物—调整手形—手伸向目的物—手与目的物精确定位—抓握。用手抓取的函数为:

hand_get(lhuman,goal,handshape,get_duration,jfrom,duration,poweight,type,start)

其中,goal 指目标物上的抓握点,此参数确定了手与目标物精确定位的位置与方向;handshape 是指 hand_get 时手的基本形态,也是 grasp 动素的预手形,根据作用物的类型可以将常用的 hand_get 手形分为 5 大类 21 种;get_duration 指 get 动作完成后终端效应器与目标点距离的控制值,默认为 0;jfrom 指运动的起始关节,即采用反向运动学算法计算各关节运动量时从该关节开始计算,决定了动作涉及的人体关节范围,一般取值为肩"shoulder"或腰"waist";duration 是指 hand_get 动作过程的时间;poweight 指位置与方向之间的权值,0 为方向定位,1 为位置定位,默认为 0.5,即同时考虑方向与位置的定位;type 是用来定义左右手臂的,默认为右手的抓取动作。

(1)基本假设

假设虚拟人已经到达合适的操作位置,并处于合适的操作姿势,因此动作设计时只考虑手臂链以及腰关节的运动,而不考虑人的方位、姿势的变化。

手臂模型:Jack 软件中人体的手臂模型由肩部、大臂、小臂、手部以及锁骨关节、肩关节、肘关节、腕关节、手部关节组成,共 29 个关节控制值。

人手模型:Jack 软件中人体的手部模型由 16 个段(segment)和 15 个关节(joint)组成,一共有 20 个关节控制值,其模型如图 2-22 所示。

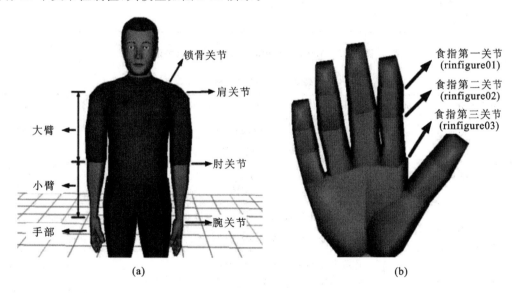

图 2-22　Jack 软件中的手臂模型和手的模型

(2)手形的分类和定义

瑞士洛桑大学的 Mark R. Cutkosky 提出了按抓握方式和物体特点进行手形分类的思路,其分类方法见图 2-23。

参考这种思路和分类方法,将操作手形分为 20 种,加初始手形共 21 种,其具体分类见表2-8。

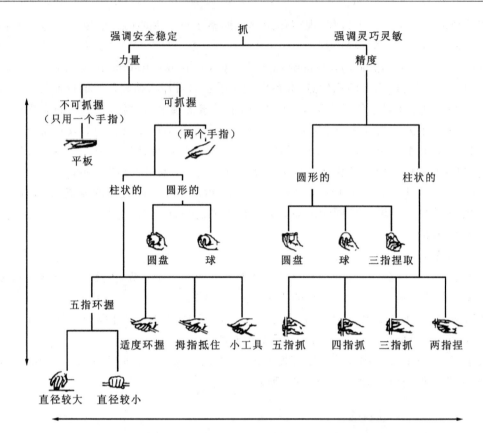

图 2-23　Mark R. Cutkosky 的手形分类方法

表 2-8　手形分类表

物体形状		种数	抓握手形描述	名称	例子
柱状(z)	粗柱(c)	1	双手合抱柱侧面,五指张开,拇指与四指相对	z-c	身管
	细柱(x)	2	与 z-c 抓握手形相似,只是因柱体较细,将拇指与四指稍合拢	z-x1	活塞
			五指张开,两手各扒住柱体一底平面	z-x2	
杆状(g)	长杆(c)	2	四指并拢包住杆侧面,拇指反扣搭在四指上	g-c1	锤子
			四指并拢包住杆侧面,拇指顺杆紧贴住	g-c2	
	短杆(d)	2	五指头并围出空间,揪住物体	g-d1	销子,小螺丝刀
			拇指扣住杆一端,另一端由食指或中指扣住,其余各指向掌心里合并住	g-d2	
	针状杆(z)	2	拇指、食指和中指轻轻揪住针头	g-z1	
			拇指和食指紧紧捏住	g-z2	
板状(b)		2	用手夹,四指伸平按住板下平面,拇指与四指相对,按住板上平面	b1	护盖
			五指放平张开,捧住板底面	b2	

物体形状		种数	抓握手形描述	名称	例子
球状（q）	大球（d）	1	五指最大限度地呈弧形张开，紧按住球体，掌心贴住球体	q-d	
	小球（x）	2	五指包夹整个球面	q-x1	钢珠
			用拇指、中指和食指轻捏球，余两指向掌心里合	q-x2	
块状（k）	大块（d）	1	五指最大限度地呈弧形张开，紧按住表面	k-d	大型炮闩
	小块（x）	2	五指包夹整个表面	k-x1	小型炮闩
			五指扣住物体棱角处	k-x2	
小零件（x）	插线口（c）	1	拇指和食指捏住口，其余三指顺势裹住线	x-c	缆线
	按钮（a）	2	拇指用劲按住	x-a1	按钮
			食指对准按住	x-a2	

（3）伸手动作的实现

手臂的运动，一般只定义手的运动，通过反向算法来控制。反向算法的基本思想是通过终端效应器的运动来推算其到起算关节之间各个关节角的值。在 Jack 软件中，reach_hold 函数可以实现基于反向算法对手臂运动的控制。通过在物体上定义抓握点，然后使手移动到该目标点并进行定位，采用反向算法控制手臂进行随动，可以实现对伸手动作的仿真。作为反向算法的重要控制参数，起始关节选择为肩部或腰部将影响动作效果。起始关节为肩时，动作相对要自然流畅，但此时手部的可达区域较小，可能会够不到目标物；起始关节为腰时，手部的可达区域较大，但有些动作会较为失真。因此，函数设计时将起始关节的默认值设为肩。

（4）物体上抓握点的定义

在维修过程中，物体的形状将影响其抓握位置和方式，也就是说，根据物体的几何外形以及其他性质，可以确定维修中在哪个部位采用什么手形进行抓握比较合适。基于这种思想，在样机上定义抓握点来实现与虚拟人的交互。

虚拟人的手形不同，在伸手时定位点就会不同。例如，在抓握较为精细的物体时，人的注意力会集中于手指，而抓握较粗的柱状物体时，重点是手掌与物体的贴合。为此，针对不同的手形，应该有不同的定位点，才能使手与物体的定位更为自然、精确。即在样机上定义抓握点时，不同手形会有不同的要求（表 2-9）。

表 2-9 手形及其定位点描述

手形名称	手上关键定位点	定义物体上定位点的要求
z-c、z-x2、g-c1、g-c2、q-d、q-x1、k-d、k-x1	palm	Z 轴沿手心方向，Y 轴沿中指方向
g-d1、g-d2、g-z1、g-z2、b1、q-x2、k-x2、x-c、x-a1	thumb0	Z 轴沿虎口向上，Y 轴沿拇指方向
z-x1	thumb2	X 轴沿拇指内侧方向，Y 轴沿拇指方向
x-a2	finger02	Z 轴沿食指内侧方向，Y 轴沿食指方向
b2	finger12	Z 轴沿中指内侧方向，Y 轴沿中指方向

（5）基于碰撞检测的握取动作的实现

握取是指手已经到达预定位置后，五指收拢实现对物体的抓握。基于碰撞检测实现握取的基本思想是：在手指抓拢的过程中，实时进行碰撞检测，使手上的某些段（segment）与物体贴合，其基本流程如图 2-24 所示。在函数实现时，调用 Collision Set 函数、采用 Gilbert&Johnson 算法进行碰撞检测，以右手为例介绍具体的实现方法。

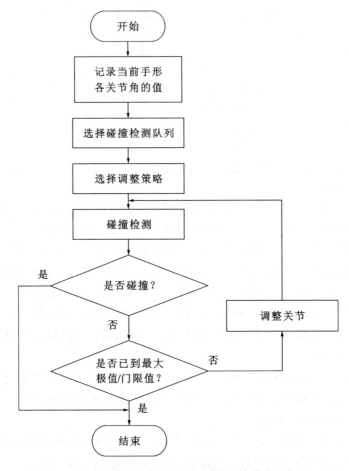

图 2-24　基于碰撞检测的握取动作的基本流程

检测队列：rthumb0、rthumb1、rthumb2、right_finger00、right_finger01、right_finger02、right_finger10、right_finger11、right_finger12、right_finger20、right_finger21、right_finger22、right_finger30、right_finger31、right_finger32 和所抓握物体 object。

需要调整的关节以及关节极值见表 2-10。

表 2-10　手上的关节及其关节极值

序号	关节	Jack 软件中的名称		关节极值
1	拇指第一关节	rthumb0	Z	0～40
			X	0～110
2	拇指第二关节	rthumb1	X	−45～5

序号	关节	Jack 软件中的名称		关节极值
3	拇指第三关节	rthumb2	X	$-75\sim10$
4	食指第一关节	right_finger00	Z	$-30\sim30$
			X	$-10\sim80$
5	食指第二关节	right_finger01	X	$-5\sim95$
6	食指第三关节	right_finger02	X	$0\sim60$
7	中指第一关节	right_finger10	Z	$-30\sim30$
			X	$-10\sim80$
8	中指第二关节	right_finger11	X	$-5\sim95$
9	中指第三关节	right_finger12	X	$0\sim60$
10	无名指第一关节	right_finger20	Z	$-30\sim30$
			X	$-10\sim80$
11	无名指第二关节	right_finger21	X	$-5\sim95$
12	无名指第三关节	right_finger22	X	$0\sim60$
13	小指第一关节	right_finger30	Z	$-30\sim30$
			X	$-10\sim80$
14	小指第二关节	right_finger31	X	$-5\sim95$
15	小指第三关节	right_finger32	X	$0\sim60$

【调整策略 1】　在当前角度值 x 的基础上增加步长 S,即手指再握拢 $S°$,然后进行检测,直到发生碰撞或达到最大极值为止。取步长为 $3°$,手指关节中变化幅度最大为 $90°$,则最多需要调整 30 次,消耗较大;但手指的运动过程与实际接近,动作较为真实。

【调整策略 2】　取最大极值 X 与当前关节值 x 的平均值 $(X+x)/2$ 进行检测,如果碰撞,取 $(X+x)/2$ 与 X 的平均值进行调整,否则取 $(X+x)/2$ 与 x 的平均值进行调整;依此法进行检测,直到关节变化小于门限值为止。同样取门限值为 $3°$,最多只需要调整 5 次,消耗大大减少,但手指的运动过程与实际过程相差较远,会出现穿越现象。

在实现中采用了第二种调整策略,但调整时需要引入手的 ghost(临时的手的模型)进行检测,用 ghost 得到的关节值来指导手的运动。

不同的物体对应有不同的手指的握取方式,如在握取球状物体时,五指关节是同时收拢的;而在握取板状物体时,第三关节首先收拢,其次才是第二关节、第一关节进行收拢。常见的握取方式有五种,应根据抓握对象来选择抓握方式。

【方式 1】　五指同时弯曲并收拢,即五指所有关节值同时调整,例如对杆状物体的握取。

【方式 2】　五指同时弯曲,即五指所有关节的 X 轴值同时调整,例如对较大的球状物体的握取。

【方式 3】　五指依次弯曲并收拢,即首先调整第三关节,其次调整第二关节、第一关节,例如对板状物体的握取。

【方式 4】　只对拇指、食指、中指进行调整，例如对较小物体的握取。

【方式 5】　只对拇指、食指进行调整，例如对细小物体的握取。

2.6.4　使用工具

维修中大部分的操作需要依托工具来实现，而使用工具的动作取决于工具的运动特征，所以将按使用工具类型以及作用形式来划分。一个完整的使用工具进行操作的过程一般包括：到达工具台取工具，走到操作位置，将工具定位到使用位置，使用工具对物体进行操作，然后释放工具；其动素组成为：走—抓取—携物走—工具定位—使用工具—释放—放物（放下工具）。工具的定位方式与工具类型和作用形式相关，因而在设计函数时，将工具定位—使用工具作为一个函数来封装。

以使用锤类工具"砸"的动作为例来详细介绍其设计方法，其函数如下：

therblig_hammer (lhuman, object, object_work, direction, toolname, move_time = 3, action_type = 'hammer', type = 'right')

其中，lhuman 是操作人员名；object 是操作对象名；object_work 是物体上工具的作用点；direction 是物体的运动参数；toolname 是工具名；move_time 是工具作用的次数，如砸几下；action_type 是工具的作用形式，锤类只有敲一种；type 是左手、右手或双手操作。

（1）定位方式

不同的工具定位方式不同，锤类工具定位时要求工具的作用面与操作部位接触且法线方向与物体的运动方向相反，即要求工具的作用面与物体上的操作平面共轴，但对平面上的方向没有特殊要求；而螺丝刀类则在共轴的基础上，还要求平面上共向，即螺丝刀的刀口应与螺钉的凹槽对齐。在设计函数时，在工具上定义作用点，在物体的操作部位处定义工具定位和作用的点，并约定了这些点的定义要求，这样，轴向定位就可归结为使工具的作用点与物体上的作用点位置相同，工具作用点的某一轴与物体上作用点的某一轴重合。

锤类工具作用点的约定如图 2-25 所示，定位时要求其 Z 轴与物体上作用点的 Z 轴重合。

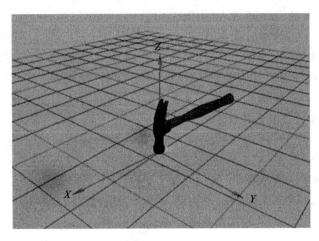

图 2-25　锤类工具作用点的定义

常见工具的定位方式以及定位要求见表 2-11。

表 2-11   工具的定位方式以及定位要求

定位方式	定位要求	适用的工具
轴向定位	工具的作用点与物体上的作用点位置相同,工具作用点的某一轴与物体上作用点的某一轴重合	冲具、锤类
共向定位	工具的作用点与物体上的作用点位置相同、方向重合	螺钉旋具、扳手
接触定位	工具的作用点与物体上的作用点位置相同	撬具类、钳类

（2）运动特征

工具的运动特征由工具的类型以及动作方式决定。砸物体时锤类工具的运动可以分解为两个运动的循环:转动—平动—平动—转动,即挥动锤子砸下,然后抬起锤子,依次进行;循环次数由参数 move_time 确定。工具到达被操作物体后,令物体随工具而运动,即物体被砸而运动。这里只进行运动学的仿真,而没有考虑动力学的问题,即只考虑了物体被锤子砸后的运动量,而没有依据实际情况对物体运动的速度、加速度进行仿真。

（3）仿真的基本流程

锤类工具定位函数的基本程序为:

■在工具与手之间建立依附(Attach)关系,即令工具依附于手;

■以工具的作用点为终端效应点,控制手臂链运动,使终端效应点到达物体上的作用点;

■解除 Attach 关系,在工具与手之间建立约束(Constrain)关系;

■以工具的作用点为基点,移动工具,使其基点的 Z 轴与物体上作用点的 Z 轴重合且两点位置一致;

■令工具运动到“砸”的预位置,开始执行循环,工具在运动的同时,被操作物体也依照运动量参数的值而运动。

冲具类型的工具,会有一只手拿冲具,另一只手使用锤子砸下的情况,在冲具与被操作的物体之间建立 Attach 关系,另外,冲具随物体而运动。

采用类似的思路,结合工具及其使用方式的分类,开发了螺钉旋具、钳类、锤类、扳手、冲具、撬具类等常用工具共 8 个使用工具的函数。

2.6.5   拆装操作

拆装操作动作不胜枚举,从人的动作本身看无法对其进行合理的描述。但在维修过程中,物体的运动首先受一定的约束,人对物体的控制必须在约束允许的范围内进行。例如:拉抽屉时,人对物体的操作只能是抽出。也就是说,从物体的角度出发,拆装操作其实是为了使物体按一定的路径进行运动,人所做的动作只是为了保证物体可以按预定路径运动。基于这种思路,将实际过程中人为主动体的动作在虚拟环境中抽象为物为主动体,这样拆装操作就比较容易进行参数化的描述。

从物体的运动出发,拆装操作无非是使物体平动、转动以及复合运动。物体的转动在世界坐标系中可以用 3 个角度值来描述,如果采用局部坐标系,且令局部坐标的一个轴与转轴重合时,描述更为简单。物体的平动可以分为两类:直线运动和依路径运动。无论如何平动,采用 3 个位置值即可描述其运动。复合运动需要用 6 个自由度来描述,相对复杂。这样归类的前提是知道物体的运动轨迹,而维修中的拆装操作,其物体的运动轨迹是可以描述的。因此将物体的运动量作为函数的输入参数,然后对物体的运动进行仿真;对人体的仿真主要通过反向算法来实现。

在实际维修中,往往用动词来描述拆装操作,如推、拉、提、举等,为了便于理解,在分类时,同样采用常见的动词来完成。对于旋转类的动素,归为一类,将其他动作分为推、拉、提举、按压四类。针对不同的类型,设计了不同的处理流程。但各类动素的输入参数、基本仿真思路一致。

以"推"的动作为例,定义动作函数如下:

operate_push(lhuman,object,object_site,move_qt,control_type,move_type,hand_type,duration,start)

动作考虑因素:object_site 是指物体运动时的参照点;move_qt 是指运动量;control_type 是指同一物体的操作和对两个物体双手协同操作("co""one");move_type 是指平移、绕轴转动、复合运动("trans""rotate""complex");hand_type 定义为左右手臂("right""left""both")。

首先要建立物体与手臂的联系,这样,物体和手臂的运动才能一致,在 Jack 软件中通过建立 Constrain 关系来实现。根据物体的运动量,"推"的动作可以分为三种情况:姿势、位置均不改变;改变姿势、不改变位置;位置、姿势均改变。动作完成后应解除约束。

其基本处理流程如图 2-26 所示。

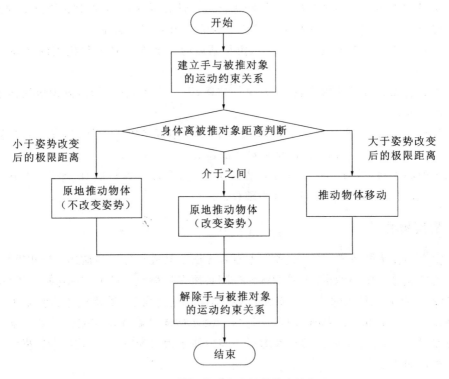

图 2-26　"推"的动作函数的基本流程

结合拆装操作动素的分类,开发了旋转、拧、推、拉、提举、按压、拍等动作函数。

参 考 文 献

[1] 孙善麟. 用于工效学领域的虚拟人体模型研究[D]. 杭州:杭州大学,1997.

[2] CAVAZZA M，EARNSHAW R，MAGNENAT T N，et al. Motion control of virtual humans[J]. IEEE Computer Graphics and Applications，1998，18 (5)：24-31.

[3] 李星新，郝建平. 虚拟维修仿真中维修动素的设计与实现[J]. 中国机械工程，2005,16 (2)：156-160.

[4] TOLANI D. Analytic inverse kinematics techniques for anthropometric limbs[D]. Philadelphia:University of Pennsylvania，1998.

[5] NORMAN I B. Automating Maintenance Instructions study[D]. Philadelphia:University of Pennsylvania,1998.

[6] NORMAN I B. Virtual humans for validating maintenance procedures. Communications of the ACM,2002,45(7):57-63.

[7] LANNI J D，VUJOSEVIC R. A taxonomy of motion models for simulation and analysis of maintenance tasks. Center for Computer Aided Design，The University of Iowa. Final report,1997.

[8] LANNI J D. A specification for human action representation[C]. Digital Human Modeling for Design and Engineering，International Conference and Exposition，The Hague，The Netherlands,1999.

[9] 柳辉. 维修活动仿真中人体运动控制方法及实例研究[D]. 石家庄:军械工程学院,2002.

[10] 李星新. 虚拟维修仿真中动作模型的设计与实现及其在维修性分析中的应用[D]. 石家庄:军械工程学院,2005.

③ 面向维修性的虚拟样机

3.1 概　述

3.1.1 虚拟维修样机的内涵

采用计算机仿真技术创建产品的模型,取代实物或样机进行产品设计研究,已发展成为一种成熟的技术,即虚拟样机技术。维修性设计与分析评价是产品设计中的重要活动之一。随着虚拟样机技术的发展,利用虚拟样机进行维修性设计与分析已成为工程上一种重要的技术手段。在产品研制过程中通过创建产品的虚拟样机,仿真其维修活动,利用仿真结果进行维修性分析评估,并对产品的维修性设计提出修改建议,以满足维修性设计要求。同时,还可以对产品进行维修核查、维修规程验证,或者用于维修训练。为了区别于一般虚拟样机,本书提出虚拟维修样机(Virtual Maintenance Prototype,VMP)的概念。

虚拟维修样机是一个产品实物的计算机仿真,它能够替代"真实产品",用于分析和考查产品与维修有关的各个方面,如维修性设计、分析、评估,维修检查与验证,维修训练等。虚拟维修样机在一定程度上具有与物理样机相似的几何与功能真实度,具有支持维修活动过程的空间、时间、自由度约束的运动特性和物理特性,包含了特定的维修作业信息。虚拟维修样机应用于维修相关领域,结合虚拟现实系统,可以实现与维修有关的活动或过程的模拟,即虚拟维修仿真,进行维修训练、维修性分析与评估等。

3.1.2 虚拟维修样机模型构成

虚拟维修样机模型构成如图 3-1 所示。其中产品模型包括部件的几何模型和装配信息(层次结构、部件、紧固件之间的配合关系,以及其他空间关系);维修拆卸过程模型,包含操作顺序、工具变换、部件移动方向等信息;人机交互模型,包含支持虚拟交互过程的所有交互信息;维修相关的应用模型,包括维修性分析评价模型、维修训练效果评价等。

虚拟维修样机建模所需的几何数据可以从装备的 CAD 设计数据中获取,例如零件的几何模型、材质、体积、质量、颜色等;样机组件的装配约束关系,需要利用 CAD 的装配信息进行推理,从而得到有关信息,例如零件的解脱方式、拆卸顺序、拆卸运动路径,这个过程部分可以由计算机自动进行,不能自动进行的部分,需要用户依据经验和类似装备或零部件的情况来确定,手工输入系统中;样机的维修性信息,如维修资源,维修技术要求等,则可以从相关设计数据和设计标准中获得。

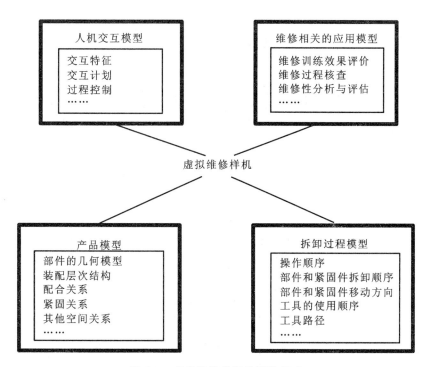

图 3-1 虚拟维修样机模型的组成

3.1.3 虚拟维修样机建模一般过程

通常,装备有各种不同的维修任务和过程,根据维修级别,某个维修任务一般只涉及装备的有限部分,如某个或某些设备、组件、分系统等。因此,建立虚拟维修样机几何模型时有必要根据仿真任务调整产品的装配层次结构;另一方面,从仿真实时性要求出发,需要针对特定的维修过程建立虚拟样机,以便控制样机的复杂程度。

为此,提出一种根据装备可能发生的维修任务,组织样机的结构,建立虚拟样机以支持虚拟维修仿真的方法,即所谓的"面向任务的虚拟维修样机建模"。这种建模方法从以下两个方面体现了装备维修的特点。

首先,虚拟维修样机与一个或多个维修任务相关,要求能够支持这些维修任务的虚拟仿真,但不一定需要建立整个装备的虚拟样机。特别是几何模型的组成及结构,可以重点描述装备维修的部位,而粗略表示其他辅助部分。

其次,虚拟维修样机支持的维修任务是与维修级别相关的,虚拟维修样机的基本元素是可更换单元,不一定是零件、组件。虚拟维修样机必须包含可更换单元的几何模型、装配关系、人机交互等信息,而其他零件、组件的信息可以适当从简。

如图 3-2 所示,虚拟维修样机的建模过程分为数据准备、初样机和样机成熟三个阶段。

1)虚拟样机建模数据准备阶段

主要是从 CAD 设计系统提取 CAD 几何模型数据、装配关系等信息。获取产品的各种维修任务,建立对应的维修任务及过程描述。

2)初样机阶段

根据需要仿真的维修任务,确定虚拟样机的几何模型组成结构,进行 CAD 几何数据转换

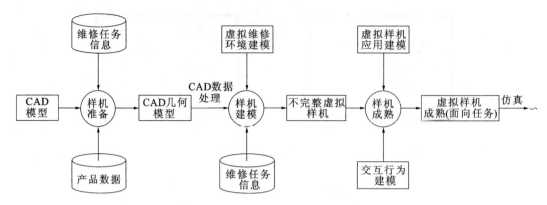

图 3-2　虚拟维修样机的建模过程

与简化处理,完成虚拟样机几何建模,这时生成的是不完整的虚拟维修样机。

3)成熟样机阶段

主要是进行维修拆卸过程建模、人机交互过程建模以及相关的应用模型建模,最后生成完整的面向维修任务的虚拟维修样机,输出到虚拟维修仿真系统。

3.2　虚拟维修样机几何建模

3.2.1　样机层次结构重组

在特定维修级别上,装备的最小描述单元是可更换单元(RU),如零件、部件、组件或设备。维修级别不同,装备的可更换单元划分也不同,从而决定了装备的层次结构描述也不一样。这种按可更换单元描述的装备层次结构通常比 CAD 设计表示的产品装配层次结构简单,有利于简化虚拟样机。所以,本书提出了装备—组件—交互对象这三层表示结构的层次模型(图 3-3)。组件相当于装备的一个子系统,交互对象是虚拟仿真中可能发生人机交互的所有虚拟物体(包含维修划分的可更换单元)。

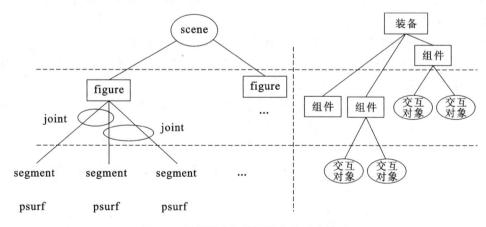

图 3-3　场景层次与装配层次的对应关系

虚拟维修样机的装配关系采用三层结构的层次模型表示,与虚拟环境中对象的模型结构相对应,便于组织复杂的场景,如 Alice、Jack 等虚拟建模环境采用了 scene、figure、segment 的层次结构模型。虚拟维修样机的层次结构与虚拟场景的层次结构对应关系见图 3-3。

以仿真虚拟人打开桌子的抽屉,从里面取出一把锤子的过程为例,场景的构成包括人、桌子、抽屉和锤子,它们是最顶层的 figure,是仿真中发生交互的对象。至于桌子是否还有其他结构,由于在仿真过程中不会对其进行单独操作,完全可以将桌子除了抽屉以外的部分视为一个 figure,在 CAD 几何模型中是一个装配体,对应一个几何文件。这样处理的好处是简化了场景的结构,减少了系统需要处理的几何数据量,从而有利于获得良好的仿真实时性。

为了将桌子的其余部分处理成一个装配体,必须在 CAD 系统中对桌子的几何模型的装配关系进行调整,生成新的装配体及其几何文件,然后将数据导入虚拟环境。这个过程称为产品装配层次结构的重组,其处理过程见图 3-4。

对于一个确定的维修任务,在建立虚拟维修环境时,场景中需要的组件都是确定的,如将要拆卸的零部件和 RU、产品的其他零部件、使用的工具设备等。场景中需要发生交互的交互对象(包括 RU),必须是一个 figure,它在 CAD 系统中就是一个装配体或处于装配体级别的零件,对应着一个几何文件。因此,对产品的装配层次的重组过程,与维修任务密切相关。

装配层次结构重组的一般原则归纳如下:

(1)RU 是交互对象,必须作为一个子装配体;

(2)需要拆装的零部件都是交互对象,应作为一个装配体;

(3)可以整体拆装的部件应进行合并,作为一个装配体;

(4)维修工具、设备等是独立的几何体,应作为一个装配体;

(5)维修仿真中可以忽略的零部件,应从装配层次关系中删除。

3.2.2　CAD 几何模型处理

CAD 系统是企业数据的主要来源,采用某种检索或转换工具,CAD 数据可以转换成 VR 系统所需要的形式。对 CAD 几何模型的处理过程如图 3-4 所示。

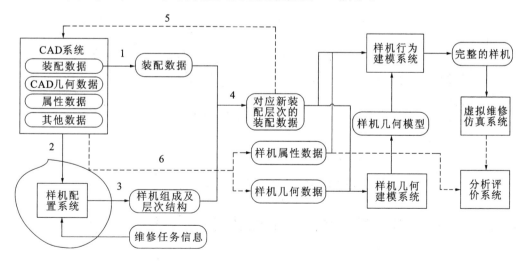

图 3-4　从 CAD 系统到虚拟维修样机建模的过程

在处理过程中有以下几个关键步骤:

1)从 CAD 系统输出产品的装配数据文件(包括装配层次文件即装配树,以及组件的配合关系文件),通常 CAD 系统的 API(应用程序编程接口)都能够完成这项工作。

2)将 CAD 系统输出的装配层次文件输入样机配置系统。

3)在样机配置系统中,根据维修任务提供的场景组成信息,手工对装配层次进行重组,生成新的装配层次文件。

4)根据装配数据和新生成的装配层次关系,建立新的装配数据文件,反馈给 CAD 系统。

5)使用 CAD 的 API 功能,根据新的装配数据文件,在 CAD 系统中建立对应的新的装配层次以及部件的配合关系。

6)从 CAD 系统输出对应的新的装配层次的几何文件和属性文件,作为虚拟维修样机的几何数据和属性数据,输入建模系统中。

3.2.3　数据格式转换

为了实时渲染图形,现代计算机图形硬件都是基于多边形渲染生成图形的,所以在 VR 中,产品几何模型以面片形式(如三角形面片模型)表示。采用面片形式的优点是模型显示和碰撞检测处理简单、计算量小,缺点是丢失了 CAD 模型中的拓扑信息和几何信息,如平面的法线、原点,柱面的半径、轴线等几何参数,因此需要间接地从 CAD 模型中获取,或重新定义。CAD系统一般用曲面与实体模型表示几何数据,其几何数据不能直接用于 VR 系统,必须把数据从自由曲面与实体模型表示转换成多边形表示,即经过“网格化”的处理转换成多边形数据。

这种转换通常会导致在计算输出的网格中出现边界处面片的不连续、错误的面法矢和一些空洞。基于多边形的数据格式转换在虚拟样机的几何建模是一件非常重要的工作,现在已有许多商业化工具可用。如图 3-5 所示,常用 CAD 软件创建的三维数据经过数据格式转换和简化,可转换成满足虚拟环境要求的一些较为通用的数据格式。

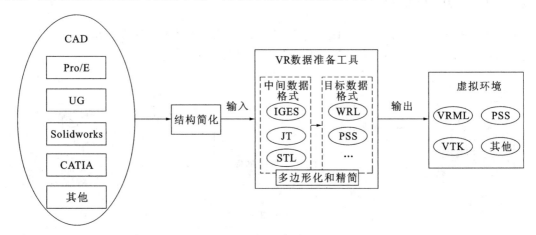

图 3-5　CAD 到虚拟环境的数据转换

3.3　虚拟维修样机特征建模与仿真

3.3.1　维修特征及主要描述

在产品尤其是武器装备的外形设计上,在维修性设计要求,特别是维修性设计准则的作用下,产品的外形设计有许多规范化的几何形体,考虑到便于使用、便于维修的要求,设计人员会有目的地为它设计一定形状或特殊功能的机构,如设计把柄、连接件、快速解脱结构等。这些结构或形体包含了特殊的维修工程信息和语义,故可称为维修特征。

维修特征是维修技师对产品及其零部件所关心的部分,即部件应该怎么拆装、怎么抓握、怎么分离。若要拆装,就要知道零部件之间的装配关系、连接紧固关系,拆装程序,使用的工具,拆装方法;怎么抓握,就是要知道工具应该怎样拿(手形),零部件自身有无明显的抓取特征,如手柄、拉手等,在无明显抓握特征的情况下,应该指定比较合理的抓取部位;怎么分离,就是要知道被解脱后零部件按照哪种路径从装配体上取下来。可见,维修特征是虚拟维修仿真需要的重要的维修知识信息,对完成虚拟维修仿真起着重要作用。

总结机械产品的维修活动,维修特征主要分为装配零件、工具、控制器、手柄等几大类,表3-1～表3-4分别给出了它们的特征描述。

表 3-1 装配零件类的维修特征描述

编号	零件类别	作用说明	拆/装方向	使用工具	拆装方法备注
1	螺栓、螺柱	连接、紧固	轴线方向	扳手	拧紧、拧松
2	螺母	连接、紧固	轴线方向	扳手	拧紧、拧松
3	螺钉	连接、紧固	轴线方向	起子、扳手	旋入、旋出
4	垫圈、垫片	支撑、调整	轴线方向	徒手	放入、取出
5	销钉	定位、夹紧	轴线方向	软锤、冲子或徒手	敲击、取出
6	弹簧	抗震、传力	轴线方向	钳子	伸缩处理
7	挡圈	定位、夹紧	轴线方向	挡圈钳	变形处理
8	铆钉	连接、紧固	轴线方向	硬锤、铆模	变形处理
9	轴承	支撑	轴线方向	软锤、钳子、套筒、拉力器	放入、取出
10	密封件	密封	准轴线方向	钳子、刀具	强制拆/装
11	键	连接、定位	指定	软锤、冲子	敲击、取出
12	卡紧件	卡紧/定位	指定	钳子/刀具	强制拆/装

表 3-2 工具类的维修特征描述

编号	类别	工具描述	使用描述	运动描述
1	手	空手(或戴手套)		人控制移动
2	旋具	一字槽螺钉旋具	撬、拧	绕某点转动、绕轴线旋转
2	旋具	十字槽螺钉旋具	撬、拧	绕某点转动、绕轴线旋转
2	旋具	电动螺丝刀	拧	旋转
3	钳类	尖嘴钳	夹	铰点的夹合运动
3	钳类	剪钳	夹	铰点的夹合运动
3	钳类	扁嘴钳	剪	铰点的夹合运动
4	锤类	扁头锤	敲击	摆动
4	锤类	尖头锤	敲击	摆动

续表 3-2

编号	类别	工具描述	使用描述	运动描述
5	扳手类	固定扳手	拧	绕中心点旋转
		力矩扳手	拧	绕中心点旋转
		套筒扳手	拧	绕中心点旋转
		棘轮扳手	拧	绕中心点旋转
		梅花扳手	拧	绕中心点旋转
		其他扳手	拧	绕中心点旋转
6	器械设备	钻孔机	钻	旋转
		刀	划	人控制移动
		烙铁	焊	人控制移动
		计量器、检测仪		人控制移动
		吊车		人控制移动
		清洁工具		人控制移动
		照明设备		人控制移动
7	专用工具			
...				

表 3-3　常见控制器的维修特征描述

运动形式	控制器举例	人的动作	运动形式	控制器举例	人的动作
转动	曲柄	抓、所致	按压	钢丝脱扣器	手触
	手轮	抓、握		按钮	手触、脚掌或脚跟踏上
	旋塞	抓		按键	手触、脚掌或脚跟踏上
	旋扭	抓		键盘	手触
	钥匙	抓	滑动	手闸	手触、抓、握
摆动	开关杆	抓		指拨滑块（形状决定）	手触、抓
	调节杆	抓		指拨滑块（摩擦决定）	手触
	杠杆电键	手触、抓	牵拉	拉环	握
	拨动式开关	手触、抓		拉手	握
	摆动式开关	手触		拉圈	手触、抓
	脚档	全脚踏上		钮	抓

表 3-4　常见手柄的维修特征

编号	手柄类别	形状特征	定位点	抓握方式
1	球形手柄	终端为球形	球的中心	五指并拢包络球部
2	拉环	终端为环状	环上	手指并拢包络环部
3	拉手	终端为柱状	圆柱的中部	手指包络圆柱
4	扣手	向物体内部凹进去	面上	手指扣住

在仿真维修时,虚拟人操作工具、搬运物体时都必须先抓握住物体。抓握手形是支持虚拟维修仿真的另一个重要的维修特征。各种手形的分类和定义见 2.6.3 节。

3.3.2　虚拟维修样机交互特征模型

如图 3-1 所示,在虚拟维修样机的模型组成中除了产品几何模型外,人机交互模型是支持虚拟维修仿真比较关键的组成部分,包含了支持虚拟人机交互行为的重要信息。本书采用特征建模方法表示虚拟维修样机的交互特征。所谓交互特征,是对象的所有组件、运动和交互信息的一个描述。不仅按钮、工具被看作一个对象的交互特征,而且它的运动、目的、操控细节等也被当作其交互特征,可见维修特征是对象的重要交互特征之一。虚拟维修样机的交互特征包含以下几类。

(1)对象属性。对象的设计属性,比如几何形状,物理属性。

(2)维修特征。一组反映相关零件间装配类型、配合关系、拆装操作方式及维修资源的信息集。如确定交互的零件(如手柄或按钮),拆装方式(工具使用、运动方向),特殊的控制信息(手形、接近的方向、手或工具的定位点),装配约束关系(作业发生的状态条件及产生的后果)。维修特征是对象的重要交互特征之一。

(3)对象行为。描述对象对每一个交互的反应及行为目的,如产生动作或发生状态改变。对象可以有各种不同的行为,行为的执行需要依据对象的状态条件触发。比如房门的开与关要根据它的开关状态来确定,并在触发条件满足后执行。

(4)虚拟人的行为。描述与对象的每个行为相关联的虚拟人的部分交互行为信息,如操作或使用工具的命令。给出虚拟人的交互行为,对进行非沉浸式仿真有重要作用,它可以将行为意图告诉虚拟人,让虚拟人知道当前应执行什么操作。例如在打开抽屉时,要给虚拟人一个拉开抽屉的命令,虚拟人应该采取什么姿势,视点应落在哪里等。虚拟人的动作建模已经在第 2 章中做过详细讨论。

以上四类信息构成了基于特征的虚拟维修样机交互特征模型。表 3-5 给出了虚拟维修样机包含的主要交互特征。

表 3-5　虚拟维修样机的交互特征

特征	类别	包含的数据
描述	对象属性	对象的文字性说明,由不同类型组成:语义属性,设计意图,功能及其他常规信息
零件	对象属性	描述了对象每个组成零件的 B 样条表示、它们的层次关系及其他信息,如质量、质心和相对于样机根坐标的定位点或者局部坐标位置
定位点	维修特征	指定交互所需要的一般位置点,如人的抓握点、工具或手指的作用点等

续表 3-5

特征	类别	包含的数据
手	维修特征	指明使用左、右手,双手,以及手形
工具	维修特征	交互时使用工具信息,徒手操作还是使用其他工具,并包含工具的使用方法
运动	对象行为	对象在一定状态下的运动,包括运动的参数、路径、开始和终止条件
行为目的	对象行为	表示对象一组运动的结果,并与一个特殊零件相关联。例如,抽屉的平移运动是对象的行为属性,它被构建成一个参数化动作模型。而"打开"和"关上"是行为目的,与抽屉上的把柄相关联
约束关系	对象行为	对象间的约束关系通常使用在行为规划中,专门用于定义对象的状态。对象的状态在对象功能描述中是一个关键信息,它要和行为规划一起作用
人的动作	虚拟人的部分行为	姿势、视点和操作命令都要在此给出,这些信息可能在行为规划中被引用

　　虚拟维修样机的所有交互特征一起构成了其交互特征模型。模型定义如图 3-6 所示。

　　采用面向对象建模的方法定义虚拟维修样机交互特征模型,对交互特征进行参数化描述,虚拟维修样机交互特征模型的参数化定义见图 3-7。

对象:object 名称
几何文件:名称
根坐标系:名称
几何属性:多边形数
物理属性:质心
应用条件:布尔表达
开始:状态/时间
结束:状态/时间
参与对象:[agent:人体模型 / object:对象列表]
运动:[运动方式:平移/转动 / 运动时间:数值]
速度:[匀速:数值 / 加速:数值]
路径:[方向:方向 / 开始:位置 / 结束:位置 / 距离:长度值]
虚拟人手形:名称
虚拟人姿势:名称
虚拟人视点:名称
抓握点:名称列表
作用点:名称列表
使用工具:名称
持续时间:时间值
前一动作:名称
当前动作:名称
下一动作:名称

```
Class Interaction Feature:
  Type object representation =
    (object name:string;
    geometry data:data;
    coordinate-system:sites;
    polygon number:integer;
    mass:integer;
    mass center:site)

  Type maintenance feature: =
    (function:string;
    tools:sequence tool;
    grasp-sites:sequence site;
    act on-sites:sequence site;
    hand:hands)

  Type object-action: =
    (actions:sequence parameterized action)

  Type human-action: =
    (posture:posture;
    view site:site;
    manipulates:manipulate command)

  Type site =
    (position:real vector;
    orientation:real vector)

  Type tool: =
    (name:string;
    size:string)

  Type action: =
    (purpose:string;
    motions:sequence motion;
    constraint:sequence constraint)
```

图 3-6　虚拟维修样机交互特征模型　　　　　图 3-7　交互特征类的定义

其中有关类的定义如下。

Object：虚拟人直接操作的虚拟对象，可以是虚拟维修样机的一个组件或者是维修工具、设备等，它的所有交互特征用一个层次关系数据结构描述。虚拟场景中某个虚拟对象是该类的一个实例，并与其几何模型相关联，当场景加载该对象时，同时读入了它的交互特征。

Action：对象的行为，包含行为的描述参数与行为约束条件。

Purpose：虚拟对象的行为目的，例如房门绕轴转一定角度，目的是打开或关上房门，并向虚拟人给出其应该采取打开或关上房门行为的信号。

Constraint：虚拟对象的约束状态，虚拟对象在某一时刻受到的约束条件，决定了它的自由度及能够发生的交互行为，例如某个部件被螺栓紧固在基体上，要想拆下该部件，必须先松开螺栓，解除其紧固约束。虚拟样机的装配关系是推理其组件之间约束关系的重要信息，利用这些信息可以规划出拆装虚拟样机的一个序列，这是产品拆装规划的问题，需要采用拆卸规划技术解决。在虚拟维修仿真中，如果装备的维修步骤可以获得，就可以作为一个拆卸序列，否则需要进行拆卸规划。关于拆装规划技术讨论见 3.4 节。

3.3.3　基于 Pat-Net 的交互行为建模与仿真

在虚拟维修样机交互特征模型定义中，对象的约束状态是触发和控制仿真过程的重要信息。虚拟环境的状态是指每个实体运动的状态及实体之间的约束关系。运动的定义包括物体的初始位置，目标位置，运动方式（如平移、转动或复合运动），以及运动的速度或运动持续时间。约束关系用实体之间的连接关系表示，连接关系的改变一般发生在物体运动的前后。物体的约束关系与其交互行为相关联，是交互行为发生的条件，一旦条件满足，物体就被激发产生相应的运动。而行为执行后，将会影响或改变环境的状态，这就是系统交互行为仿真的一般过程。通常虚拟样机的交互行为可能有多个，根据描述分别用一段仿真程序表示。约束状态触发了适当的交互行为后，仿真系统就运行该仿真程序，执行它的每一个动作指令，见图 3-8。

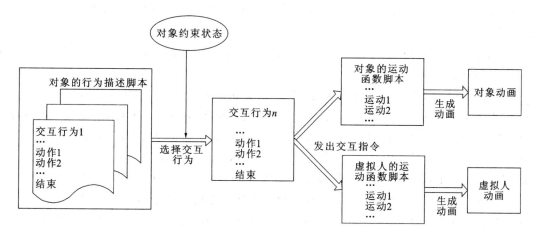

图 3-8　交互行为仿真的过程

Pat-Net 是仿真状态模型的主要方法，虚拟对象的行为和状态之间的关联关系用 Pat-Net 网中的节点和弧描述，节点表示对象的行为或活动，弧表示状态和行为之间的约束条件。当约束关系满足一定条件时,对象的行为就被激发,于是在 Pat-Net 网中,就从满足条件的弧流向其所指的节点,如图 3-9 所示。

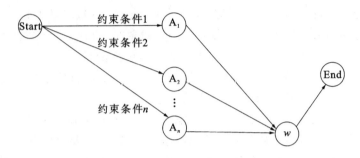

图 3-9　基于 Pat-Net 的对象交互行为模型

图中节点 A_1,A_2,$\cdots$,A_n 分别表示虚拟对象定义的所有交互行为,从"Start"分别到 A_1,A_2,$\cdots$,A_n 的弧表示对应的交互行为触发的约束状态条件,节点 w 表示系统等待交互行为执行完毕,然后更新系统的约束状态。

将图 3-10 定义为虚拟维修样机的一个交互行为单元,交互行为单元表示了组件的一组基本或复杂的交互行为。如果已知虚拟维修样机某个维修任务的拆卸顺序,通过拆卸顺序可以确定在虚拟维修仿真中,虚拟维修样机交互行为的执行步骤。如果所有交互行为单元按照拆卸顺序连接起来,就可以通过约束条件控制虚拟维修样机的交互行为仿真。另外,Pat-Net 具有串、并联的特性,能够表示虚拟维修样机的串行或并行交互行为。根据事件的发生情况,可以细分成以下几种交互行为关系。

(1)串行(Sequential),行为一个接一个地发生、完成。

(2)并行(Parallel),行为在一段时间内是同时进行的。

(3)联合并行(Jointly Parallel),行为是并行的,在所有并行行为完成之前,其他行为不能发生。

(4)独立并行(Independently Parallel),行为是并行的,一旦其中某个行为完成时,其他行为都将停止。

(5)条件并行(While Parallel),主行为运行时,从属行为才能运行,一旦主行为完成时,从属行为立刻停止。

一个完整的维修事件或维修任务的虚拟人机交互 Pat-Net 过程如图 3-10 所示。

图 3-11 示例了用 Pat-Net 描述虚拟对象交互行为的流程(图左)和创建 Pat-Net 仿真程序描述(图右)。首先描述虚拟对象的运动,在给出运动参数及人机交互时的连接关系后,在为该对象申明的 Pat-Net 子网中,增加一个碰撞检测节点,一条判断弧和一个对象运动执行节点。在碰撞检测节点上,检测连接关系描述中所涉及的对象之间的碰撞关系,将这些关系记录下来。在判断弧上,依次检查碰撞关系所反映的对象间的连接关系是否与预定义的对象发生运动时的连接关系都一致,如果一致,则表示满足对象运动发生的条件,弧所指的对象运动将被执行;否则,对象不能执行该运动。

下面以某机构上的舱口盖为例,说明基于 Pat-Net 的交互行为仿真过程。该舱口盖为铰链结构,绕其轴转动能够打开或关闭舱口盖,首先给出舱口盖的交互行为参数定义,如图 3-12 所示。

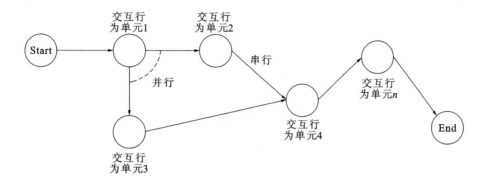

图 3-10 基于 Pat-Net 的维修任务仿真过程

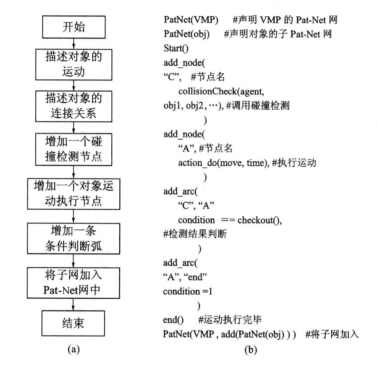

| (a) | (b) |

图 3-11 虚拟对象交互行为的 Pat-Net 描述流程

对舱口盖定义了两个交互行为"open"和"close",分别对应了舱口盖在打开和关闭两种状态下的行为。假设有一个虚拟人(用 agent 表示)先伸手抓住舱口盖的手柄,然后对其进行操作。使用 Pat-Net 仿真舱口盖的交互行为如图 3-13 所示。

这里不研究虚拟人的行为表示,故图中人抓把柄的"Reach"行为用虚线表示。之后在"Check state"节点,系统通过碰撞检测检查虚拟人、舱口盖和机构本体三者之间的连接关系,直到连接关系为"101"为止,这时表示虚拟人已经抓住了舱口盖手柄,可以进行下一步操作了。至于是执行"打开"操作还是"关闭"操作,需要检查舱口盖的状态变量,如果变量是"close",表示应该执行打开操作;如果变量是"open",则表示应该执行关闭操作。确定操作方式后,系统等待舱口盖执行其交互行为,并再次进行碰撞检测,当连接关系变为"001"时,表示虚拟人松开了手,舱口盖的交互行为执行完毕,Pat-Net 到达结束点。

open (agent, hatch) =
 (purpose: open;
  applicability: close;
  motion: =
    (name: turn-out;
     angel: 80deg;
     duration: t1
     constraint: =
       (purpose: open;
       contactObj: {agent, hatch, machine};
       EEObjRelStart: 101;
       EEObjRelEnd: 001
)
)
)

close (agent, hatch) =
 (purpose: close;
  applicability: open;
  motion: =
    (name: turn-in;
     angel: -80deg;
     duration: t2
     constraint: =
       (purpose: close;
       contactObj: {agent, hatch, machine};
       EEObjRelStart: 101;
       EEObjRelEnd: 001
)
)
)

图 3-12　舱口盖的交互行为参数定义

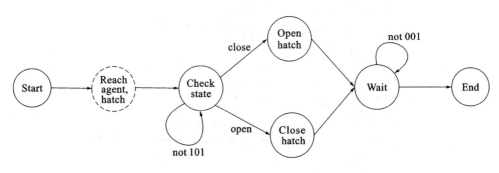

图 3-13　舱口盖的开、关行为仿真

3.4　虚拟维修样机拆装规划

3.4.1　基于层次关系和关联关系的维修拆卸序列规划

通常维修必须按规定的程序进行,而产品的拆装顺序是关键问题之一,也是虚拟维修仿真的重要输入,必须提前规划好。现有的面向装配的设计(DFA)和面向拆卸的设计(DFD)研究,与维修中的拆卸与装配问题存在许多共性的地方,但因拆卸与装配的目的不同,在拆装(拆卸、装配)方法、拆装形式等方面都存在明显的不同,主要体现在以下几个方面。

(1)从拆装对产品结构的影响上看,维修中的拆装目的是为接近维修部位,确保维修任务顺利完成而解除必要的约束,需要对目标零部件进行无破坏性的拆卸过程,并使其可以重新装配。

(2)从拆装形式上看,对应于不同的维修类型,采取不同的拆装形式,即目标拆装和整体拆装。整体拆装是指预防性维修中的定时保养、拆修或大修,要求对装备系统或装备的局部进行完全分解与结合;目标拆装对应于修复性维修中故障件的修复或更换,拆卸过程中尽量不移动或少移动其他零部件。

(3)从拆装深度上看,通常停止于某一维修级别上不需继续分解的维修单元(如基层级维修停止于现场可更换单元)。

因此,本书借鉴现有的 DFA、DFD 方法,提出一种基于层次关系和关联关系的维修拆卸序列规划方法。维修中的拆卸从形式上可分为两种拆卸,即整体拆卸和目标拆卸。下面具体来介绍目标拆卸。

3.4.1.1 目标拆卸顺序规划

维修中的目标拆卸常常以故障件为拆卸目标件,考虑到尽量减少拆卸工作量的拆卸原则,即不需要拆卸的零部件尽量保留,目标拆卸可以不严格遵循由总成→部件→组件→零件的拆卸顺序。对于目标拆卸规划,目的是得到为获取目标零部件所必须解除的拆卸约束关系及顺序,而不是需要拆卸零部件的顺序。实际维修过程中就存在这样的情况,当对某一个拆装单元进行目标拆卸时,并不需要将其父节点先拆卸下来,甚至其父节点的父节点也不需要解体,仅需要解除部分约束,便可直接从其所在的拆装层次的上一级或更高级层次上拆卸下来,这种情况就是前面提到的跳跃拆卸路径的问题。当然,目标件如果不存在跳跃路径,则从树模型中搜索拆卸路径。目标拆卸的拆卸顺序规划推理过程如下:

(1)由用户指定目标拆卸单元;

(2)判断拆卸目标的父节点是否为根节点;

(3)如果是,则根据层次模型中Ⅰ级拆装基准层对应的关联关系模型调用目标拆卸算法(在下文介绍),对目标单元进行拆卸规划;

(4)如果不是,按层次关系模型搜索拆卸路径;

(5)判断步骤(4)得到的拆卸路径上的各节点是否具有跳跃拆卸路径;

(6)如果有,给出考虑跳跃拆卸路径后目标单元的拆卸路径;

(7)将被跳跃的中间节点进行还原,得到还原后的拆装结构模型;

(8)按步骤(6)中拆卸路径上各节点的先后顺序,根据各节点所在层次对应的关联关系模型,调用目标拆卸算法,分别对各节点对应的拆装单元进行目标拆卸规划,从而得到目标单元的拆卸顺序;

(9)如果没有得到目标单元的拆卸顺序,按步骤(4)中拆卸路径上各节点的先后顺序,根据各节点所在层次对应的关联关系模型,调用目标拆卸算法,分别对相应的拆装单元进行目标拆卸规划。

目标拆卸顺序规划流程如图 3-14 所示。

3.4.1.2 基于关联关系模型的目标拆卸算法

首先建立目标拆装单元拆卸序列信息(S),信息中包含待拆卸约束组列表(TL)、已拆卸约束组列表(L)和目标拆装单元列表(OL)。待拆卸约束组列表用来存储需要拆卸的约束组信息,当某个待拆卸约束组可以解除约束时(即弧线弧尾对应的节点没有入弧且弧线没有虚前置约束),将该待拆卸约束组加入已拆卸约束组列表中。

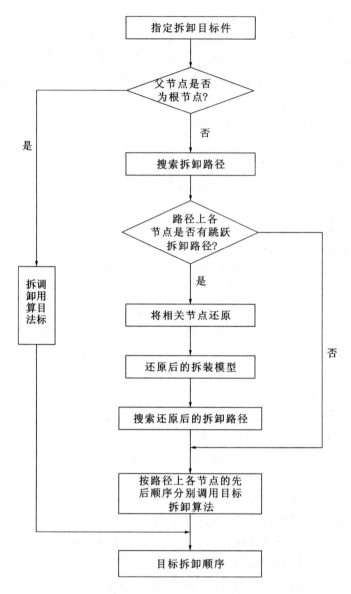

图 3-14　目标拆卸规划流程

(1)由用户指定局部拆卸目标,建立一个初始化的 S,其中 TL、L 为空,将用户指定的局部拆卸目标单元对应的节点加入到 OL 中。

(2)从 OL 中弹出一个节点作为目标拆卸节点,判断该节点涉及的待拆卸约束组信息是否存在于 TL 中,若不存在,则将其加入 TL 中。

(3)判断 TL 中是否存在目前无法拆卸的约束组,如果没有,则将加入 TL 中的拆卸约束组加入 L 中;如果有,则将该分组中弧线的弧尾节点加入 OL 中,返回步骤(2)。

(4)按加入 L 中的约束组顺序的逆进行排序,从而得到拆卸约束的拆卸顺序信息(S)。

3.4.1.3　整体拆卸顺序规划

对于整体拆卸,采用基于拆卸树模型的拆卸顺序递归算法。图 3-15 为一拆装组件的层次模型。根节点 P 为拆装组件,叶节点 P_{121},P_{122},…,P_{12j} 为基本拆装单元,中间节点 P_1,P_2,…,

P_n 为子拆装组件。生成拆卸顺序的算法包括以下几个方面。

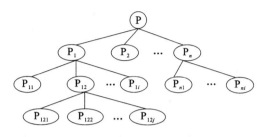

图 3-15 层次模型

（1）确定形成各拆装层次上拆装节点对应的拆装单元，如拆装节点 P 经拆卸分解形成节点 P_1，P_2，$\cdots$，P_n；拆装节点 P_{12} 经拆卸分解形成节点 P_{121}，P_{122}，$\cdots$，P_{12j}；考虑到父节点优先于子节点拆卸的优先关系，根节点 P 优先于中间节点 P_1、P_{11} 拆卸，中间节点 P_{12} 优先于叶节点 P_{121} 拆卸。

（2）确定各拆装层次上拆装节点对应的拆装单元的拆卸顺序，如确定将拆装节点 P_{12} 分解成拆装单元 P_{121}，P_{122}，$\cdots$，P_{12j} 的拆卸顺序。

（3）由拆装层次模型的顶层开始，逐层向叶节点逼近，递归形成拆装组件的拆卸顺序。

不难看出，在进行整体拆卸时规划算法遵循拆装层次关系，通常不考虑零部件的跳跃拆卸路径。图中产品 P 在递归算法下的拆卸顺序为：

$(P_1,P_2,\cdots,P_n) \rightarrow (P_{11},P_{12},\cdots,P_{1i}) \rightarrow (P_{n1},P_{n2},\cdots,P_{ni}) \rightarrow (P_{121},P_{122},\cdots,P_{12j})$。当然 $(P_{11}$，$P_{12},\cdots,P_{1i})$ 和 $(P_{n1},P_{n2},\cdots,P_{ni})$ 的先后关系不是绝对的，可依据具体的情况来定。

上面的算法不仅给出了部分拆卸顺序，而且给出了同一拆装层次上的拆装单元，如 P_1，P_2，$\cdots$，P_n；P_{11}，P_{12}，$\cdots$，P_{1i}；P_{n1}，P_{n2}，$\cdots$，P_{ni}；它们之间的拆卸顺序仍然根据各拆装层次对应的关联图模型，调用多个目标拆卸算法。这里的多个目标拆卸算法与前面的基于关联图模型的目标拆卸算法基本一致，只是用户指定的目标件由一个变为多个。

3.4.2 基于维修拆卸结构关系模型的拆卸序列规划

3.4.2.1 维修拆卸结构关系的邻接矩阵表示

为了便于进行拆卸顺序的计算或推理，这里引入与结构关系对应的矩阵表示方法，其中最直接的一种叫作邻接矩阵（Adjacency Matrix）。邻接矩阵表示各邻接单元的直接关系，是一个布尔矩阵，其中的元素只能是 0 或 1。

在一般情况下，如果系统 S 有 n 个单元，即：

$$S = [S_1,S_2,\cdots,S_n]$$

则邻接矩阵

$$\boldsymbol{A} = \begin{array}{c} \\ S_1 \\ S_2 \\ \vdots \\ S_n \end{array} \begin{array}{cccc} S_1 & S_2 & \cdots & S_n \end{array} \begin{bmatrix} a_{11} & a_{12} & \cdots & a_{1n} \\ a_{21} & a_{22} & \cdots & a_{2n} \\ \vdots & \vdots & & \vdots \\ a_{n1} & a_{n2} & \cdots & a_{nn} \end{bmatrix} \tag{3-1}$$

其中

$$a_{ij} = \begin{cases} 1, & \text{当 } S_i \text{ 对 } S_j \text{ 有影响时} \\ 0, & \text{当 } S_i \text{ 对 } S_j \text{ 无影响时} \end{cases}$$

在产品结构关系图中,如果有 S_i 到 S_j 的箭头,即认为存在关系 $R(S_i, S_j)$,则 a_{ij} 为 1,否则为 0。

由于邻接矩阵是布尔矩阵,它应满足布尔矩阵的运算法则。即如果 A 与 B 都是 $n \times n$ 矩阵,那么 A 与 B 的逻辑和与逻辑乘分别计算如下:

$$A \bigcup B = C$$

C 是 $n \times n$ 矩阵,C 的各元素 c_{ij} 与 A、B 各元素 a_{ij}、b_{ij} 的关系为:

$$c_{ij} \overset{\triangle}{=} a_{ij} \bigcup b_{ij} \overset{\triangle}{=} \max\{a_{ij}, b_{ij}\} \tag{3-2}$$

$$A \bigcap B = C$$

C 是 $n \times n$ 矩阵,C 的各元素 c_{ij} 与 A、B 各元素 a_{ij}、b_{ij} 的关系为:

$$c_{ij} \overset{\triangle}{=} a_{ij} \bigcap b_{ij} \overset{\triangle}{=} \min\{a_{ij}, b_{ij}\} \tag{3-3}$$

邻接矩阵具有以下性质:

(1)邻接矩阵与系统结构模型图是一一对应的,有了结构图,就可以唯一确定邻接矩阵;反之亦然。但在产品结构图与邻接矩阵之间则不存在这种一一对应关系。首先,有了产品结构关系图,可以唯一确定邻接矩阵,但由于邻接矩阵只表示关系的有无,不能表示关系的类型,故不能由邻接矩阵确定定性结构图的所有信息。

(2)在邻接矩阵中,如果有一列元素(例如第 i 列)全为 0,则 S_i 是系统的源点;如果有一行元素(例如第 k 行)全为 0,则 S_k 是系统的汇点。对于本书的研究对象而言,源点实际上与可以直接拆卸的零部件对应,而汇点则应该与最后一个可以到达的零部件对应。

确定产品拆卸顺序的实质是在产品中找到这样一条路径,沿该路径可以通过由外向里的逐步拆卸步骤来到达目标部件,实际上是考察零部件之间的通达关系。因此,下面引入可达矩阵的概念。

3.4.2.2 产品结构关系的可达矩阵表示

在邻接矩阵中,如果从 S_i 出发,经过 K 段支路到达 S_j,就说 S_i 与 S_j 间有"长度"为 K 的通路存在。计算 A^K 得出的 $n \times n$ 矩阵中各元素表示的便是相应各单元间有无"长度"为 K 的通路存在。

如果我们需要知道从某一单元 S_i 出发可能到达哪些单元,则可以把 $A, A^2, \cdots, A^n$ 结合在一起来研究,有:

$$R = A \bigcup A^2 \bigcup A^3 \bigcup \cdots \bigcup A^n \tag{3-4}$$

为了方便起见,也可以认为 S_i 可以到达它本身,这样,应该再加一单位矩阵,有:

$$R = I \bigcup A \bigcup A^2 \bigcup A^3 \bigcup \cdots \bigcup A^n \tag{3-5}$$

把 R 叫作系统的可达矩阵(Reachability Matrix)。R 也是 $n \times n$ 矩阵,它的每个元素表明 S_i 能否到达(不论路径有多长)S_j,如果 $a_{ij} = 1$,则认为可以由 S_i 到达 S_j;否则,S_i 与 S_j 之间不存在通达路径。

根据上式计算可达矩阵 R 是很麻烦的,尤其利用计算机计算时,$A, A^2, A^3, \cdots, A^n$ 都需要保存,要占用许多存储单元。为了计算简便,对上式进行如下处理。

考虑到

$$(I \cup A)^2 = [I(I \cup A)] \cup [A(I \cup A)] = I \cup A \cup A^2$$

依次类推,有:

$$(I \cup A)^n = I \cup A \cup A^2 \cup \cdots \cup A^n = \boldsymbol{R} \qquad (3\text{-}6)$$

这样,可达矩阵的计算就变得简单了。

另外,如果产品结构关系图中存在双向连接关系,那么在可达矩阵中就会在相应的行和列形成回路,把这种连接称为强连接。后面将介绍如何处理这种情况。

3.4.2.3 结构关系的级别划分

可达矩阵可以反映由单元 S_i 出发能否到达单元 S_j,但并没有说明通达路径的长度,即经过多少个零件才能将结构关系传递给 S_j,而目标件的拆卸实际上就是沿这种关系传递路径逐步解除这些关系。关系传递层次的确定,可以采用结构关系的级别划分方法,这里的级别与关系传递层次对应。

对于系统的组成单元 S_i,把 S_i 可以到达的单元汇集成一个集合,称为 S_i 的可达集(或后果集)$R(S_i)$;把所有可能到达 S_i 的单元汇成一个集合,称为 S_i 的前因集 $A(S_i)$,即:

$$\left.\begin{aligned} R(S_i) &= \{S_j \in S \mid r_{ij} = 1\} \\ A(S_i) &= \{S_j \in S \mid r_{ji} = 1\} \end{aligned}\right\} \qquad (3\text{-}7)$$

其中,S 是全部单元的集合,r_{ij} 是可达矩阵的元素。

从可达矩阵很容易得到这两个集合,顺着 S_i 这一行横看过去,凡是元素为 1 的列所对应的元素都在 $R(S_i)$ 之内;再顺着可达矩阵这一列竖看下来,凡是元素为 1 的行所对应的单元都在 $A(S_i)$ 之内。

在一个多级结构的最上一级的单元,没有更高的级可以到达,所以它的可达集 $R(S_i)$ 中只能包含它本身和与它同级的某些强连接单元。最上一级单元的前因集 $A(S_i)$ 则包括它自己、可以到达它的下级各单元,以及它上面的强连接单元。这样,对最上一级来说,$R(S_i)$ 和 $A(S_i)$ 的交集与 $R(S_i)$ 是相同的,如果不是最上级单元,它的可达集中还包含其上一级的单元,而上一级单元不可能出现在其可达集与前因集的交集之内。所以,我们可以得到 S_i 为最上级单元的条件为:

$$R(S_i) = R(S_i) \bigcap A(S_i) \qquad (3\text{-}8)$$

得出最顶层单元之后,把它们暂时去掉,再用同样方法便可求得下一级,这样一直重复下去,便可将各单元划分开。如果用 $L_1, \cdots, L_k$ 表示从上到下的各级,级别划分可以用下式表示:

$$\Pi(S) = \{L_1, L_2, \cdots, L_k\} \qquad (3\text{-}9)$$

为了表达方便起见,再引入第零级 L_0,它是一个空集,则各级中元素的迭代求法可以表示为:

$$L_j = \{S_i \in S - L_0 - L_1 - \cdots - L_{j-1} \mid R_{j-1}(S_i) = R_{j-1}(S_i) \bigcap A_{j-1}(S_i)\} \qquad (3\text{-}10)$$

其中,$R_{j-1}(S_i)$ 与 $A_{j-1}(S_i)$ 分别是从 $(S - L_0 - L_1 - \cdots - L_{j-1})$ 子集中求得的 S_i 的可达集与前因集。

根据前因集与可达集的定义,可以得出这样的结论:如果 S_i 与 S_j 位于同一级,且 S_i 与 S_j 之间具有一定的结构关系,那么这种关系一定是双向关系,即 S_i 与 S_j 之间存在强连接;反之,如果两个单元存在双向关系,它们一定位于同一级别上。同时也可以得出这样的结论:存在单向关系的单元一定位于不同的级别上。

前面介绍了产品结构关系的图形描述、矩阵表达、结构关系的传递以及分级,这些方法能够用于邻接关系十分清楚的系统。

3.4.2.4　分解序列的计算

可以按照以下步骤确定产品或系统分解需要按顺序处理的零部件。这里假定分解时,一次只拆卸一个零部件。

(1)根据设计信息,利用前面提出的几种结构关系进行分析,并建立关于产品的结构关系模型,即给出结构关系图;

(2)根据建立的产品结构关系图,确定邻接矩阵 A ,其中矩阵元素表述各零部件之间有无结构上的约束关系以及这种结构关系的流向。

根据确定的邻接矩阵 A ,利用下式计算可达矩阵 R :

$$R = (I \bigcup A)^n \tag{3-11}$$

根据可达矩阵对系统进行分级,分级结果为 $\Pi(S) = \{L_1, L_2, \cdots, L_k\}$ 。

其中

$$L_j = \{S_i \in S - L_0 - L_1 - \cdots - L_{j-1} \mid R_{j-1}(S_i) = R_{j-1}(S_i) \bigcap A_{j-1}(S_i)\}$$
$$j = 1, 2, \cdots, k \tag{3-12}$$

由于系统的分级是按照零部件之间邻接关系的传递顺序来确定的,因此,分级结果可以反映系统分解所需要按顺序处理的所有零部件。其中,处于最低级 L_k 中的单元就是直接可达,即可以直接拆除的零部件。这里需要指出的是,中间级别中也可能包含在当前状态下可以直接拆除的零部件,条件是该级别相邻下一级中不包含该零件的前因集。

分级结果反映的是分解由所有分析对象组成的装配体(可以是部件、组件、单元体或装置)所需要处理的零部件。而维修时的拆卸活动则是针对具体的故障件进行的,因此,其涉及的零部件应该是该装配体的一个子集,而且往往要比装配体所包含的零部件数目少许多。这样,就有必要进一步明确拆卸给定零部件时涉及的零部件,具体方法和步骤如下:

①对所有的级别进行搜索,找出包含目标件的级别 L_i 。由于拆卸活动的目标是解除其他零部件对目标件的约束,拆卸目标件所涉及的零部件一定全部包含在比 L_i 更低的级别中。

②通过对邻接矩阵进行搜索,确定 L_{i+1} 级别中与目标件有直接邻接关系的零部件,并将这些零部件形成的集合记作 L'_{i+1} 。对邻接矩阵的搜索方法如下:假定目标件为 C_i ,检索所有的 $a_{ji}(j \neq i)$ 。如果 $a_{ji} = 1$ 且 $a_{ij} = 0$,那么零件 C_j 就属于 L'_{i+1} 。另外,如果在 L_{i+1} 中,单元 C_l 与 C_j 存在双向关系($j \neq l \neq i$),那么 C_l 也属于 L'_{i+1} 。在这里需要注意,之所以要求 $a_{ji} = 1$ 与 $a_{ij} = 1$ 不能同时存在,是因为该种情况表示 C_i 与 C_j 存在强连接,按照级别划分方法, C_j 应该位于上一级别。

③将 L'_{i+1} 中的零部件作为当前的目标件,重复步骤②,一直分析到级别 L_k 。这样就形成了多个零部件集合,即 $L'_{i+1}, L'_{i+2}, \cdots, L'_k$,这些集合中所包含的零部件正是拆卸目标件 C_i 所需要处理的零部件,同时集合对应级别的顺序也能从一定程度上反映零部件的处理顺序。如果此时再将这些集合之间的关系以图形形式表示,可以发现它实际上是对整个装配体结构关系模型的剪裁。

④选择可行的分解序列。前面三个步骤确定了拆卸目标件需要处理的所有零部件,而在实际的维修拆卸活动中,往往并不一定需要将所有这些零部件全部拆除,尤其是存在多个拆卸方向时,更容易发生这种情况。选择可行的分解序列就是要确定一个有一定顺序的零部件的集合,不仅可以反映零部件之间关系的传递,而且也可以使目标件脱离装配体。

下面结合图 3-16 来说明如何确定和选择一条可行的分解序列或路径。

① 确定初始状态时的所有直接可达零部件。首先位于最低级别中的零部件属于直接可达零部件,另外中间级别中也可能存在直接可达零部件,条件是在其相邻下一级中不存在该零部件的前因集。

② 确定直接可达零部件可以到达目标件的路径。由直接可达零部件出发,确定能将结构关系传递到目标件的路径,这里确定的是关系的通达路径。由一个直接可达件出发,可能会有多条可达路径存在,另外也存在路径相互独立的情况,即除目标件之外,路径之间不再包含相同的零部件。需要指出的是,如果在某一级别中存在两个具有双向联系的零部件,且同时向上传递约束关系,那么在选择路径时将避免两个零部件出现在同一路径中,这样处理主要是为了避免不必要的路径增长。在图 3-16 中,对于图 3-16(a),只存在一条路径,即"D→C→B→A";对于图 3-16(b),存在两条独立的路径,"E→D→B→A"和"G→F→A";而对于图 3-16(c),则存在更多的关系可达路径,包括"I→B→A""F→D→B→A""F→E→C→A"以及"H→G→A"。

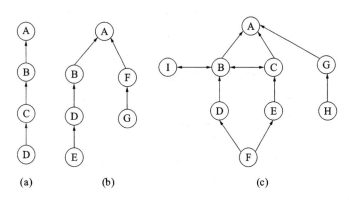

图 3-16 处理以后的零部件结构关系示意图

③ 确定可行路径或路径组合。这里的可行路径是指如果某路径是可行的,那么当沿该路径顺序拆卸其中的零部件以后,就可以使目标件脱离装配体;同时,这里的可行路径还具有优化的含义,即既要能顺利拆卸目标件,又要尽可能地使需要拆卸的零部件数目最少或较少。为此,我们分三种情况来讨论如何确定可行路径。首先,如果只有一条路径存在,那么该路径就应该是可行路径;其次,是存在多条相互独立的路径的情况,即除目标件之外,这些路径没有交叉,这时需要对这些路径进行分别的可行性分析。如果这些独立的路径中存在可行路径,选取较短的路径,否则,分析这些路径的组合,即从不同方向接近目标件之后才能将其拆卸下来;第三种情况是存在多条路径,且这些路径之间还具有交叉的情况[图 3-16(c)]。如果形成这些路径的零部件之间不存在虚拟接触关系,而完全由物理接触或连接实现关系的传递,则所有这些路径的组合形成可行路径。如果存在虚拟接触,即存在"遮挡"关系,就需要对这些路径进行分别的分析,直到能确定一条可行的路径。

④ 对可行路径进行处理,形成分解序列。上一步确定的可行路径或路径组合形成了基本的分解序列,这里对路径组合情况的处理进行简单的说明。如果是两条独立的路径组合,那么沿这两条路径没有绝对的优先顺序,可以先完成一条路径的分解,再处理另一条路径。如果是有交叉的路径的组合,那么就有可能在拆卸某一零部件之后面临多个当前状态直接可达的零部件,可认为这些零部件之间也没有拆卸的优先顺序。

到此为止,就完成了分解序列的确定。由上面的讨论可以看出,这里并没有给出一个绝对的分解顺序,原因是在实际的维修操作过程中,产品的分解往往会有多种可能的方案,因此,这里只给出每一步需要处理的零部件,而不确定这些零部件的绝对顺序也是符合实际情况的。

3.4.2.5 分解序列的处理

前面讨论了产品分解序列的生成方法,并假定产品的分解过程中,一次只拆卸一个零部件。但在实际的维修作业过程中,常常发生一次操作就将多个相邻的零部件从装配休上拆卸下来,而不需要将所有零部件都分离的情况。这就需要对前面生成的分解序列进行进一步的处理,生成更加接近实际情况的拆卸顺序。这样我们确定如下处理原则。

操作步骤最少原则:按照此原则,能在一次操作中拆卸下来的零部件,尽量不在多次操作步骤中完成,即要尽可能减少需要处理的约束关系的数量。

作业空间最有利原则:按照此原则,确定的当前拆卸作业应该是在当前状况下作业空间最有利的,或者能为下一次拆卸作业提供尽可能有利的操作空间。

按照这两条原则,对步骤④中确定的面向目标件的分解序列进行处理。分析当前状态直接可达的零部件,如果这些零部件之间具有一定的物理接触或连接,而且从结构上讲也允许同时把它们拆卸下来,又不违反人素要求(这里考虑的主要是力量要求与安全要求),则考虑将它们同时拆卸下来。实际上,具有这种情况的零部件之间一定存在双向关系,即体现为强连接。这是从横向上对一些序列的处理,同样,从纵向上也需要一定的处理。考察分解序列中相邻步骤的零部件,确定是否可以在一次操作中将它们拆卸下来,同样也应该从结构以及操作安全等方面来分析这种可能性与可行性;如果可以,就将它们合并在一个分解步骤中,这样,拆卸时需要处理的连接关系减少,从而节省作业时间。如果在一个拆卸步骤中拆卸下来的多个零部件中包含有目标件,那么就可以脱离主体进行操作了,此时又满足了空间最有利原则;否则可以不再对其进行处理,这样又节省了作业时间。

3.4.2.6 确定拆卸顺序的完整过程

前面讨论的是位于产品同一层次中零部件之间拆卸顺序的确定方法,而实际的维修操作可能会涉及多个产品层次,这里讨论如何确定完整的拆卸顺序。按照上面的方法,可以分三个阶段来确定产品零部件的拆卸顺序:

阶段一:建立一个产品部件、组件列表 LS,LS 中元素的顺序反映由低到高的产品结构层次。假定 LS 中的元素由 SA_i 来表示,那么,元素 SA_i 的数目可以反映拆卸某零部件需要处理的结构层次。如果用 SA_0 表示我们所关心的最终目标件,那么 SA_1 与目标件 SA_0 就是直接的"父子"关系,即目标件 SA_0 属于 SA_1;同样,SA_2 与 SA_1 也是直接的"父子"关系,依次类推,LS 的最后一个元素是此次分析的最高层次。

阶段二:确定 LS 中 SA_i 的所有组成,这些组成与 SA_i 是"子与父"的关系,与 SA_{i-1} 位于产品的同一结构层次,属于"兄弟"关系。当 $i=1$ 时,SA_1 的组成包括目标件。通过前面介绍的结构关系,建立各个结构层次上的结构关系模型,并计算在 SA_i 层次上拆卸 SA_{i-1} 所需要的拆卸顺序 $DS_i(i>1)$,$i=1$ 时,计算拆卸目标件的顺序。

阶段三:综合所有的拆卸顺序 DS_i,得到完整的目标件拆卸顺序。

由上面确定的基本思路或过程可以看出,确定产品拆卸顺序的关键是在第二阶段如何确定同一产品层次上零部件的拆卸顺序。由于在确定目标零部件的拆卸顺序时,是分别对各个产品层次进行分析的,而且前面介绍的方法还对同一层次上的组成进行了过滤,即去掉那些不影响目标件拆卸的零部件。因此,在确定每一个产品层次的拆卸顺序时,分析对象的数目得到了控制,使得前面所介绍的方法具有一定的实用性。

3.5 产品维修性信息模型

3.5.1 产品维修性信息描述的层次

维修性一般定义为"产品在规定的条件下和规定的时间内,按规定的程序和方法进行维修时,保持或恢复到规定状态的能力"。

由维修性的定义可以看出,产品维修性属性的完整描述并不是孤立的,而是具有一定的约束和边界条件,即规定的条件、规定的程序、规定的方法、规定的人员等。在这些规定的约束条件下,产品的维修性将主要取决于其性能、结构、布局等自身特征。借鉴广义特征,这里提出广义维修特征的概念,并将其定义为:广义维修特征是产品生命周期中关于维修信息的载体,它包含产品生命周期内各种维修相关活动的全部特征信息。根据维修性定义的特点,可以将广义维修特征分为两大类,即产品设计特征、产品维修特征。

需要指出的是,广义维修特征与产品广义特征并不矛盾,它是为全面描述、解决产品的维修问题而提出的,可以说,广义维修特征是从维修角度对广义特征所进行的重组与补充。

与产品的一般描述方法相同,产品的维修性描述也是在产品的不同层次进行的,比如,在维修性功能层次图模型中,就是按照《产品层次、产品互换性、样机及有关术语》(GJB 431—1988)进行产品层次划分,并标注有关维修的信息,如图 3-17 所示。

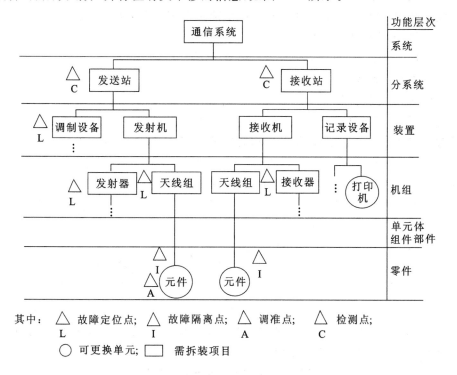

图 3-17 维修性功能层次图

但从该图也可以看出,功能层次图存在部分局限,其中的信息非常有限,主要包含了关于故障定位、隔离、检测的信息,而且这些信息与产品的层次关系并不密切。事实上,在描述产品维修性信息时,根据具体应用或需要,不同层次有不同的侧重点。

为了方便讨论,首先明确几个概念,并且以基层级维修为基本背景。

(1)产品:产品的含义不同于《产品层次、产品互换性、样机及有关术语》(GJB 431—1988)对产品的定义,这里专指最终成品,是指能够实现规定使用功能或作战功能的装备,如火炮、装甲车、作战飞机等。

(2)分系统:在产品(系统)中执行一定使用功能的各种设备、机组的组合,并且是产品的一个重要组成部分,如电源、火力、雷达等分系统。

(3)组件:由多个零件、多个分组件或它们之间的任意组合组成的,能够完成某一特定功能,并能拆装的组合体。

(4)分组件:由两个或多个零件组成,是组件的一个组成部分。可以整体更换,也可以分别更换一个或多个零件。

(5)可更换单元(LRU):在规定的维修级别上可以整体更换的项目,可以是组件、零件等。

(6)外场可更换单元(SRU):为使一个产品恢复到可使用状态,在外场(现场)拆卸和更换的单元。

3.5.1.1　产品(系统)层的信息

在装备或产品层,通常从宏观层来描述其维修及维修性信息,见图 3-18。维修性信息主要包括定量和定性信息,定量信息主要指量化的维修性属性,如平均修复时间、平均维修时间、维修工时等。定性信息则主要与结构简化、可达性、人素、标准化与互换性等相关因素有关,根据维修性设计技术手册,可以初步确定在产品层能从以下方面进行描述:

- 连接件、紧固件类型和数量;
- 常拆件、易损件拆装口盖、通道、空间;
- 互换性与标准化;
- 测试点可达性、布局;
- 调校、调整复杂性;
- 维修操作中的特殊姿势、特殊操作力要求。

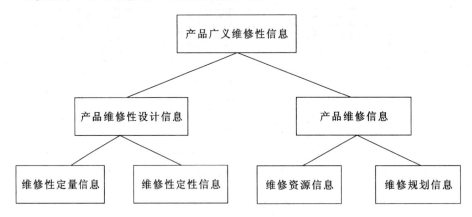

图 3-18　产品层广义维修性信息

维修信息主要以维修方案的形式表示。维修方案一般被定义为:是从总体上对装备维修工作的概要性说明,是关于装备维修保障的总体规划。其内容包括:维修类型(如计划维修、非计划维修)、维修原则、维修级别划分及其任务、维修策略、预计的主要维修资源和维修活动约束条件等。在本书中,维修方案在范围上是一致的,但在具体内容上则要更加详细,具体内容主要有:

- 维修类型;
- 维修级别划分;
- 维修策略;
- 维修级别的维修任务;
- 维修频数与时间;
- 维修程序(规程);
- 人员要求;
- 维修资源、设备、工具;
- 备件。

3.5.1.2　分系统/组件层的信息

由于是从级层次维修的角度来分析维修性信息的层次性,因此,这里讲的分系统、组件位于 LRU 层次之上,如果某组件是一个 LRU,那么其维修性信息主要应反映 LRU 的特点;如果分系统相对独立,那么其维修性信息与产品所包含的维修性信息基本一致,但维修信息相对要少。

3.5.1.3　LRU 层的信息

按照 LRU 的定义,LRU 是基层级维修的主要对象,也应该是在基层级进行产品维修性、维修信息描述的主要对象。LRU 的维修性信息也分两大类,一类是关于维修性的定量信息和定性信息;另一类是关于维修操作的维修信息,见图 3-19。

关于维修性的定量信息主要包括:

- 该 LRU 故障后,产品恢复故障的时间。
- 该 LRU 故障后,如果是可修复单元,自身修复所需的时间。

关于维修性的定性信息主要包括:

- LRU 的安装、连接、固定信息;
- LRU 的故障检测、隔离、定位方案;
- LRU 互换性、标准化;
- LRU 重量、体积;
- LRU 维修操作特征,如把手、提把等。

关于 LRU 的维修信息主要包括:

- 维修策略;
- 维修程序/规程;
- 维修资源,包括工具、设备等;
- (如果是基层级可修复单元)LRU 的修理、修复技术。

3.5.1.4　紧固件、连接件信息

在一般的产品描述信息研究中,紧固件、连接件并不作为主要对象,但从维修性或维修的角度来研究产品,则紧固件、连接件是不可忽略的重要对象。一方面,在基层级维修中,紧固件、连接件的拆除与安装是主要的活动,而且其拆装所需时间在基层级维修时间中占有很大的

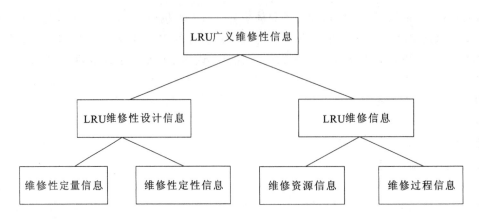

图 3-19　LRU 维修性信息

比例;另一方面,基层级维修所需的修理工具多数与紧固件有关。由于紧固件、连接件通常并不单指一个零件,因此,这里采用紧固件系统的概念。紧固件系统包括了参与实现紧固、连接功能的所有零件。

从维修角度来看,对紧固件描述应该包括的信息至少有:

● 作用形式;

● 解脱特征;

● 扳拧特征等。

以螺纹紧固件系统为例,其描述模型如表 3-6 所示。

表 3-6　紧固件系统描述模型

紧固件系统	
外螺纹成员:	内螺纹成员:
材　　料:	材　　料:
螺　　纹:	螺　　纹:
头部形状:	头部形状:
杆部形式:	扳拧特征:
扳拧特征:	尺　　寸:
尺　　寸:	
附件:	

3.5.2　产品维修性集成信息模型

产品维修性信息模型主要包括两个相互关联的部分:产品本身的信息模型及其相关的管理和存取方法;基于维修特征的信息模型,即产品及其组成部分包含的与维修操作过程相关的各种维修信息和维修性设计信息,这些信息是创建虚拟维修仿真过程的基础。

产品信息模型一般根据抽象程度分层组织,常见的主要有产品装配层次模型、零部件特征信息模型和面向装配的信息模型。装配层次模型按照产品的装配层次关系,表示子装配体与零部件的相对位置和配合关系。因为模型的应用领域是产品的设计制造,所以这种分层结构并不适用于产品的维修信息描述。根据维修性建模理论,装备的不同层次、不同维修级别所对应的维修性模型是不同的。例如维修性分配按系统、分系统逐级进行,LRU 是根据不同维修级别划分的。因此,将产品维修性信息模型分为三个层次进行描述:产品层、子装配体层和LRU 层。其中,LRU 在这里是根据基层级维修划分的。LRU 既可能是产品的一个子装配体,也可能是单元零部件。这三个层次所包含的维修性信息和维修活动信息有较大的差别,针对这三个层次,分别建立了它们的维修特征信息模型,以满足系统不同层次的需求。

(1)产品(系统)层信息模型(图 3-20)

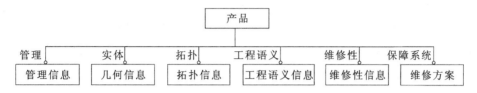

图 3-20 产品层信息模型

产品的管理信息、几何信息、拓扑信息等是产品设计的基本信息。工程语义是与产品维修性和维修操作相关的对象,根据内容可以划分为以下三类:①面向几何形状的语义,例如它包括几何形状分类和它们的关系;②面向功能的语义,它包括与不同零部件的特征之间的功能上的关联;③面向维修操作的语义,它包含维修动作、运动路径的分类与表示。维修性信息是虚拟维修用得上的一些信息,例如平均维修时间、可靠性数据、人素工程要求、维修性定性要求信息等。维修方案仅指基层级维修确定的维修任务,以及所需的备件、保障设备、人员及技能、技术资料等。

(2)子装配(分系统)层信息模型

图 3-21 中装配工艺信息是与组件装/拆工艺过程及其具体操作相关的信息,包括各组件的装配顺序、装配路径、装配夹具的利用、装配工具等信息。它们主要为拆/装过程仿真服务。

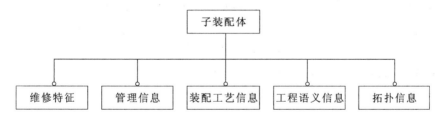

图 3-21 子装配层信息模型

(3)LRU 层信息模型(图 3-22)

图 3-22 LRU 层信息模型

LRU 层信息包括拆装程序、时间、可靠性、维修特征和维修方案等。其中维修特征包含与形状特征相关的维修信息,如零部件拆卸方法,工具的介入、操作和退出等信息。LRU 的维修方案除了包含完成修理所需的备件、保障设备、人员及技能、技术资料外,还必须先确定零部件是可更换单元还是可修复单元,从而决定排除故障的措施。可见维修特征是 LRU 支持虚拟维修仿真的重要信息,下面主要讨论维修特征信息模型的建模问题。

3.5.3　产品维修特征信息模型建模

3.5.3.1　特征建模概述

特征建模技术已经在 CAD/CAM 中发展成熟。特征是一种综合概念,包含了丰富的工程语义,如设计制造等过程所需要的一些非几何信息,包括材料信息、尺寸、形状公差信息、热处理及表面粗糙度信息和刀具信息等。依据模型应用功能的不同,特征描述的内容也不同,被赋予不同的语义信息,例如设计特征、制造特征。特征一般定义为:一组具有确定约束关系的几何实体,它同时包含某种特定的语义信息。其表达式为:

$$产品特征＝形状特征＋工程语义信息$$

其中,形状特征是具有一定拓扑关系的一组几何元素构成的形状实体,它对应零件的一个或多个功能,并能通过一定的加工方式所形成。形状特征在不同的应用领域也有不同的分类。语义信息包括三类属性信息,即静态信息——描述特征形状位置属性的数据;规则和方法——确定特征功能和行为;特征关系——描述特征间相互约束关系。

为了能对特征在整个产品开发过程中的本质进行系统化、理论化的描述,有人从广义设计空间理论出发,提出了广义设计特征的概念。广义特征是产品生命周期中信息的载体,它包含产品生命周期内各种活动的全部。

按照定义,广义特征模型应该是产品整个生命周期中信息的载体,但是其中的维修工程活动没有被专门考虑,有的信息分散在模型之中,还许多却没有被包括进来。为了专门研究产品的维修性与维修工程,本书试图建立产品维修特征信息模型,用于虚拟维修的领域。

3.5.3.2　产品维修特征信息模型

将产品管理、几何、拓扑、工程语义、维修性、可靠性六个方面的信息有机组合起来,即可形成一种在一定程度上支撑虚拟维修过程的集成化产品维修性信息模型,其总体结构用 EX-PRESS-G 描述,如图 3-23 所示。基本图形符号含义说明如下。

⟨ENTITY⟩:模型的实体,可以是概念或物理对象的定义。

————○:一般属性关系。其中小圆圈与所强调的属性对应。例如, B———○ A 表示 A 具有属性 B,以下类似。

————○:超类子类属性关系。

--------○:可选属性关系。

管理信息和拓扑信息为产品定义最基本的内容,也是 CAD 设计的主要内容,它是产品维修性集成信息模型构造的基础。

装配元件(零件或子装配体)是产品构造的基本要素。考虑产品维修性,装配元件也可能是 LRU,因此装配元件是一个抽象的概念,它具有的维修信息是一种顶层的抽象,而零部件、子装配体与 LRU 除了继承它的维修信息,又分别具有各自的维修特征。从维修性设计分析应用的角度出发,产品分为三个层次:装配体、LRU、零件,应分别研究它们的维修特征。

零件的维修特征是产品最底层的构造单位,有关维修特征之外的其他产品的广义特征的内容不在此模型中考虑。

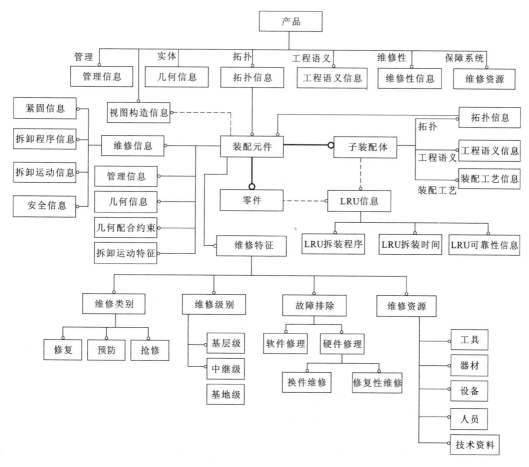

图 3-23 产品维修特征信息模型

在维修特征的属性集中包括三方面的属性：

参数属性,描述特征形状构成及其他非几何信息的定义属性;

约束属性,描述特征成员本身的约束及特征成员之间的约束关系属性;

关联属性,描述本特征与其他特征之间、形状特征与低层几何元素或其他非几何信息描述之间的相互约束或相互引用关系的属性。

根据特征和特征联系的定义,产品的维修特征模型结构分为零件层、特征层和几何层三层。将零件的几何信息按层次展开,以便于根据不同的需要提取信息。零件层主要反映零件总体信息,为关于零件模型的索引指针或地址等管理信息;特征层包含维修特征各子模型的组合及其之间的相互关系,并形成特征图或树结构,特征层是零件维修特征信息模型的核心,各特征子模型间的联系反映出特征间的语义关系,使特征成为构造零件的基本单元,具有高层次工程含义。

由于零件维修特征与其形状特征的关系比较复杂,内容很多,尚待深入研究,因此并没有在模型中给出特征层与几何层之间的相互关系。

下面分别对产品维修特征信息集成模型的总体框架中几个重要信息模型进行分析与建模。几何配合约束是拓扑信息的重要组成部分,也是推理拆卸程序的重要依据,它的信息模型的描述如图 3-24 所示。

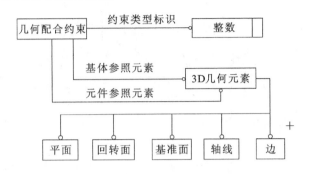

图 3-24　几何配合约束模型

图中的"＋"表示由于研究问题的局限性,未能在图中列举可能存在的关系。约束类型标识是一些特定整数,代表对应的各约束类型,如配合、对齐等。

管理信息是定义产品最基本的内容,管理信息模型的结构如图 3-25 所示,图中虚线框表示用户自定义数据类型。

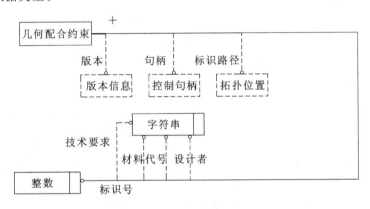

图 3-25　管理信息模型

图 3-26 是零件的维修特征信息模型。零件是维修操作中的具体对象,它所具有的维修特征偏重于维修操作信息,如零件如何被解脱、使用什么工具、怎么操作等,这些特征与零件设计的几何形状特征关系紧密,例如轴盘特征的零件,它的拆卸运动方式一般是转动。与零件的工程语义信息也密切相关,如螺钉、螺母,就要使用扳手拧开。零件的维修性特征主要是零件的拆卸时间、可视性与可达性等。

另外,LRU 的维修特征信息模型的结构与此模型的结构差不多,因此不再赘述。

工程语义是描述维修特征的重要信息,它的获取主要是在现有的 CAD 实体模型上手动输入,如表 3-7 所列的元件类别及相关属性。另有一些信息则由系统推理与自动捕捉,如元件的标识路径、孔的轴线、平面法线等。

表 3-7　若干元件的工程语义信息

编号	元件类别	含义	作用说明	装/拆方向	备注
1	Bolts	螺栓、螺钉、螺柱	联结/紧固	轴线方向	
2	Nuts	螺帽	联结/紧固	轴线方向	
3	Pins	销钉	定位/加紧	轴线方向	

表 3-7

编号	元件类别	含义	作用说明	装/拆方向	备注
4	Keys	键(限平键)	连接/定位	指定	
5	Clips	卡紧件	卡紧	指定	强制装/拆
6	Washers	垫圈、垫片	支撑/调整	轴线方向	
7	Bearings	轴承	支撑	轴线方向	
8	Seals	密封件	密封	准轴线方向	强制装/拆
9	Springs	弹簧(限圆柱)	抗震/传力	轴线方向	伸缩处理
10	Cadres	骨干件(基本结构件)	结构形成	不定或指定	

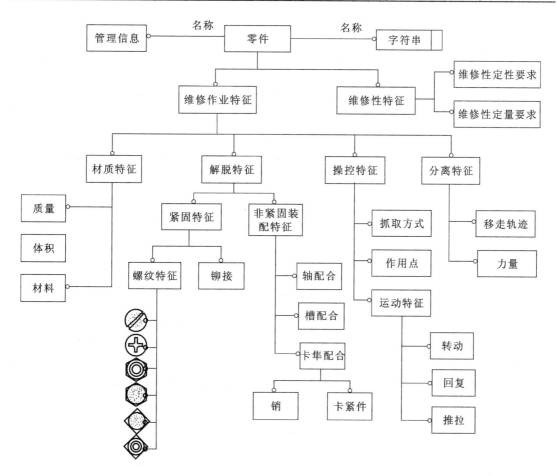

图 3-26　零件维修特征信息模型

3.5.3.3　产品维修特征信息模型建模过程

要建立零件的特征信息模型,一般有三种途径:一是交互式输入工艺信息;二是从已有的 CAD 信息模型中用某种方式识别或提取高层次的特征信息,这就是所谓的特征识别与提取;三是特征参与 CAD 系统本身的造型过程,这就是用特征进行设计,即所谓的特征造型(图 3-27)。

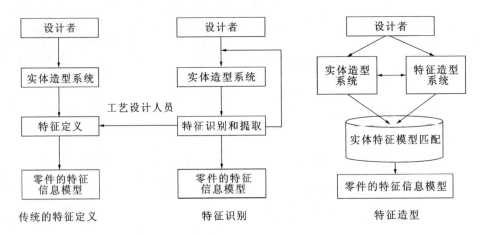

图 3-27　特征建模的方法

　　建立特征模型主要依靠前两种方法,交互式输入虚拟维修所需要的零部件信息,输入信息完全由设计者的经验和推理而定,缺点是费时、易出错,但经济实用。在 CAD 系统生成的几何模型的基础上,由计算机抽取特征,进行特征识别与提取,但由于几何模型很复杂时,识别过程中会存在二义性,所以只限于简单特征的识别,如孔特征、螺纹特征、槽特征等。结合这两种方法,基本可以建立样机的维修特征信息模型。

　　前面已经讨论了一般特征建模的方法,在此根据 STEP 标准,利用 EXPRESS 语言描述基于特征的产品维修性集成信息模型。建模过程如图 3-28 所示。

图 3-28　特征建模过程

　　目前,对产品 CAD 数据的维修特征识别处理主要依赖于维修性分析人员,从外部加入系统中。将来可以考虑在设计产品的阶段,将特征造型方法与 CAD 系统结合,用维修特征进行设计,因此需要开发产品的维修特征造型系统。而如果能够实现特征造型,那么维修特征建模的过程将能在计算机上实现自动化。但是构建这样的特征造型系统非常困难,也不经济。因此,在维修特征建模时可以将特征设计与特征提取结合起来,充分利用现有 CAD 系统的特征造型功能,通过有关内部数据库直接提取特征;若还有不够的部分,再通过交互输入补充。

参 考 文 献

[1] 李伯虎,柴旭东. 复杂产品虚拟样机工程[J]. 计算机集成制造系统——CIMS,2002,8(9):678-684.

[2] KIM Y J,UMA J,et al. CAD model assembly hierarchy reorganization application in virtual assembly——a hybrid approach using the CAD system and a visualization tool[A]. Proceedings of DETC′03, ASME 2003 Design Engineering Technical Conferences and Computers and Information in Engineering Conference Chicago,2003:428-433.

[3] KALLMAN M. Object interaction in real time virtual environments[D]. Lausanne:

Swiss Federal Institute of Technology,2001.

[4] 刘振宇,谭建荣,张树友. 虚拟环境中基于约束动态解除的产品拆卸技术研究[J]. 计算机辅助设计与图形学学报,2003,15(7):812-835.

[5] 王松山. 虚拟维修样机技术研究与系统实现[D]. 石家庄:军械工程学院,2006.

[6] MARCELINO L,MURRAY N,FERNANDO T. A constraint manager to support virtual maintainability[J]. Computers & Graphics,2003(27):19-26.

[7] FERNANDO T MARCELINO, WIMALARATNE P L. Constraint-based immersive virtual environment for supporting assembly and maintenance task[A]. Proceedings of Human Computer Interaction International 2001. New Orleans,2001.

[8] 高明君. 面向维修 DFA/DFD 理论与方法研究[D]. 石家庄:军械工程学院,2005.

[9] 王众托. 系统工程引论[M]. 3 版. 北京:电子工业出版社,2006.

4 基于运动规划和沉浸式控制的维修仿真

4.1 概　　述

维修过程实际上是人-产品-工具/设备三者之间发生相互作用的过程,其中人是主体,工具和产品是客体。作为施动者,人将支配或驱动产品零部件与工具的运动;作为客体,产品和工具又对人的行为具有一定的约束,亦即人的行为必须服从由于产品结构、装配特点,以及工具使用特点所产生的客观约束条件。第3章论述了如何通过面向维修性的虚拟样机定义这些约束,那么在一定约束条件下的人的运动与行为仿真便成为虚拟维修过程仿真技术的研究重点。维修过程中,人会有各种各样的行为,包括肢体的、表情的、智力的行为等,本章主要考虑有目标驱动的人的运动仿真。

4.1.1 常见的仿真技术途径

维修过程实质上是一个人机系统运动的过程。对维修过程的仿真,主要是对仿真场景中的虚拟人的运动、操作动作以及虚拟人与虚拟样机之间的交互作用的仿真。虚拟人的运动控制是一个多学科交叉问题,控制理论、生物力学、机器人学、人工智能和计算机动画等都从不同的视角对该问题进行了研究。在以往的研究中提出了多种运动控制方法,如关键帧、运动捕捉、运动变形和融合、运动学方法、运动模型(行走模型、抓取模型等)、动力学方法和运动规划等。任何一种单一的运动控制方法都不能够很好地实现虚拟人运动仿真,只有采用多种方法的结合和融合才能达到灵活而满意的仿真结果。

依据直接用于运动控制的信息的属性可将运动控制方法分为:几何方法(运动由局部来控制,通过坐标、角度、速度或加速度的形式来定义)、物理方法(由动画制作者提供物理数据,通过解算动力学等式来获得运动)和行为方法(通过提供代表明确行为的高层指令来驱动自治人体的行为)。

虽然在虚拟人仿真中采用的运动控制方法存在很大的差别,但在计算机图形和虚拟环境中,基本上采用以下技术来生成/合成虚拟人的运动:基于关键帧和运动学的动画、基于运动捕获的运动回放、基于物理的仿真和高层行为控制(high-level behavior control)(如自治人体的任务/运动规划、铰接物体的控制、基于运动捕获数据的高层行为学习等)。由于虚拟维修仿真中主要考虑对运动(拆卸、安装运动和维修人员运动)的仿真,所使用的仿真技术也不例外,主要有关键帧仿真、运动学仿真、动力学仿真(亦称基于物理的仿真)、基于运动捕获数据的仿真和任务或运动规划仿真。

(1)关键帧方法

通过定义仿真过程中关键时刻的仿真数据值(如转动角度、位移等),利用数据插值来实现整个仿真过程。关键帧仿真是一个非常耗时的过程,而且仿真者必须具有相当的艺术修养才能保障仿真的效果,它只适用于仿真动画的生成,不适用于实时交互仿真。

(2)运动学方法

仅考虑运动的几何问题,而不考虑物理实现(即仅考虑物体的位置、速度和加速度)。运动学方法分为前向运动方法和反向运动方法两类。前向运动方法给定关节随时间变化的函数,而反向运动方法是在指定目标效应器位置的前提下,求解出前向运动的值。采用运动学方法和关键帧技术相结合,利用反向运动方法来生成关键帧可以在很大程度上提高关键帧方法的效率。但采用反向算法本身并不能够保证生成的姿势是无碰撞的,它更适于解决姿势的生成而不是动画的生成问题。

(3)动力学方法

它是基于牛顿运动定律,在考虑物体质量的情况下,将产生运动的原因和物体的加速度相关联的一种方法,能够从根本上提高仿真的逼真性。动力学仿真技术适用于仿真无意识的运动(如仿真物体的下落、衣服、头发、烟、风、水和其他自然现象),然而仿真结果基本上只依赖于初始条件,不能通过指定所期望的仿真结果来进行仿真,它面临着在真实性和可控性上寻找一个折中点的问题。如果仿真者希望获得完全的控制(如基于关键帧的运动仿真),就必须牺牲物理上的真实性。相反,如果仿真者希望得到物理的真实性就必须牺牲可控性。同时,动力学仿真方法具有很大的计算开销,且不适于对有意识运动的仿真。

(4)基于运动捕获数据的方法

该方法是指利用运动捕捉技术对物体的运动进行记录,将其直接或作相应处理之后用于运动的生成。在只对运动捕获数据进行少量编辑的情况下,它能够提供非常真实的运动,但运动捕获数据本身不具有灵活性,即使仿真环境中其他物体、人的相对位置或者初始条件只发生很小的变化时,也可能需要重新获取运动捕获数据。基于运动捕获数据的运动变形、融合、信号处理算法和重定向(retarget)方法极大地提高了运动捕获数据的灵活性。在实际应用中,只适合于处理环境或初始条件发生较小改变的情形。

(5)任务/运动规划方法

该方法是机器人研究中提出的一个概念,即在考虑各种约束(物理的、几何的、时间的)的影响下,在初始姿态和目标姿态之间找到一条无碰撞的路径。它包含三方面内容:路径规划、控制规划和轨迹生成。常用的运动规划方法可以分为局部法和全局法两类。局部法(最典型的如势能场方法)没有考虑全局因素,因此规划出的路径通常不是最佳路径且容易陷入局部最小值中,适合于处理环境未知或部分未知的情形。全局方法又可以分为完全方法和概率方法两类。完全方法(如以 agent 为中心的 A^* 搜索法和 A^* 搜索法的变形 D^* 方法等)为了能够在连续空间中进行搜索,需要对环境进行离散化,故必须在高分辨率和大存储需求之间寻找一个折中点,而且研究表明,随着规划 agent 维数的增加,规划时间将呈指数级增长。概率方法可以分为路线图法(Roadmap)(如 Probabilistic Roadmap 方法,PRM)和增量法(如 Rapidly Exploring Random Tree 方法,RRT),这两类方法适合于解决高维状态空间的仿真问题。采用运动规划进行仿真最大的难点是使生成的运动具有感官上的真实性。

可以从仿真的交互性、可重用性、速度、通用性和质量五个维度对 3D 虚拟人仿真方法进行划分。以上分析表明,不同的仿真技术具有不同的适用范围,适合于解决特定类型的问题。

任何一种单一的技术都不能够很好地实现对虚拟维修仿真中的样机和维修人员运动的仿真，只有采用多种方法的结合和融合才能达到灵活而满意的仿真结果。

4.1.2　面向维修过程仿真的维修分解

虚拟维修仿真是实际维修过程在虚拟环境下的再现或预演，必须对维修过程有一个合理的描述来指导仿真。维修过程的描述首先应该包括维修活动中的先后次序信息，从纵向按时序表达各项维修工作、活动的关系，即必须包括产品进入维修时起直到完成最后一项维修职能，使产品恢复或保持其规定状态所进行的所有活动的流程；其次应该有详细、完整的人的运动和动作信息、人机交互信息，通过这些信息，可以直接指导仿真。维修过程的描述还应该具有一定的层次关系，一方面符合实际维修的组织过程，另一方面也有利于从不同层次描述维修性的优劣或存在的维修性问题，便于问题的定位和解决。如在描述更换发动机时发现的维修问题可能是吊装时间过长、管路拆卸不方便，而在描述管路拆卸时存在的维修问题可能就具体到操作人员看不见紧固件，只能凭感觉进行操作。显然，后者对设计修改更具有直接意义。

因此，维修过程的描述应满足以下要求：

(1)可以反映维修活动的先后次序；

(2)有一定的层次关系；

(3)包含的信息可以直接指导仿真。

要完成对维修过程的描述，必须对其有一个合理的分解。维修过程分解是维修描述的前提，也是基于虚拟维修仿真的维修性分析必须解决的一个问题。

1)已有的维修过程分解方法

维修性工程理论将产品维修分为维修事件、维修作业、基本维修作业三个层次。维修事件是指由于故障、虚警或按预定的维修计划进行的一种或多种维修活动或维修作业，如故障定位、隔离、修理和功能检查等。维修作业是按给定的意图进行的一系列基本维修作业。基本维修作业是一项维修作业可以分解的工作单元，如拧螺钉、装垫片等，它是维修分解的最低层次。

很多研究单位在进行维修拆卸仿真时提出了多种支持仿真的维修描述方法。比较典型的是爱荷华大学计算机辅助设计中心提出的维修任务的四层次分解结构，即维修任务层，拆卸顺序层，拆卸步骤层，宏运动(Macro Motion)层。佐治亚理工学院的 SRL(System Realization Laboratory)将拆卸分为作业(task)和操作(operation)，作业又分为三个层次，包括作业层次 3 (task level 3)，作业层次 2(task level 2)，作业层次 1(task level1)。

2)添加动素层的维修过程分解方法

本书在维修过程的描述中引入维修作业单元(Elementary Maintenance Activity)和维修动素的概念。维修作业单元是一个完整的过程，具有一定的职能，一系列的维修作业单元可以完整描述维修人员以及产品在维修过程中所经历的各种事件或状态。维修作业单元是一个或多个维修动作的有序组合，而常见的维修动作可以分为移动类动作和操作类动作，移动类动作指维修操作人员在维修过程中的位置移动和姿势变化与调整，操作类动作则指操作人员对物体的操作动作。维修过程可以采用四层结构来描述，即维修事件层、维修作业层、维修作业单元层和维修动素层。

维修过程分解的详细程度与虚拟维修仿真的模式及技术途径有关,沉浸式维修仿真与实际维修非常相似,不需要进行专门的分解;非沉浸式维修仿真需要一个详细的维修过程描述来指导仿真的生成,其详细程度与仿真的自动化水平直接相关。

4.1.3 维修过程仿真的基本思路

实现虚拟维修过程仿真的方式可以分为沉浸式和非沉浸式两种。由于所采用的基本方法不同,使得采用两种方式来实现维修过程仿真的基本思路也有很大的不同。

4.1.3.1 沉浸式

沉浸式虚拟维修过程仿真中,利用运动捕获设备实时获取操作人员或用户的运动用于控制虚拟环境中人体模型的运动;采用立体输出设备对场景进行立体显示,提高仿真的沉浸感;同时,由于在基于虚拟外设的维修仿真中,操作人员完全沉浸在虚拟环境中进行维修操作,系统必须提供直接的交互手段用于对场景中对象的选取、操作和运动控制。故其研究的重点在于虚拟人运动控制和交互技术的研究,4.4节将针对这两种技术进行详细论述。

4.1.3.2 非沉浸式

1) 虚拟维修过程仿真对维修人员仿真的要求

虚拟维修仿真中维修过程仿真的目的是用于维修性分析、辅助维修训练和维修规程的核查与确认。虚拟维修人员仿真的真实性将直接影响仿真的维修性分析结果的准确性、维修训练的效果、维修规程核查与确认的正确性,因此在对维修过程中维修人员的运动进行仿真时必须要满足真实性要求。同时,为了减少用户的操作及对用户的要求,节约生成仿真的时间,提高仿真的效率,系统必须满足简便性的要求。

真实性是指仿真中虚拟维修人员的运动必须与真实维修人员的运动相一致,需要满足虚拟维修人员自身以及由于产品结构、装配特点以及工具使用特点所产生的客观约束。只有当虚拟维修人员的维修运动和真实维修人员的维修运动相一致或基本一致,才可以将仿真过程输出的数据用于维修性分析、辅助维修训练,并进行维修规程的检查与确认。这也是人体仿真研究中一直没有得到很好解决的一个问题。

简便性是指在对虚拟维修人员的运动仿真中尽量减少用户的操作,节约完成仿真的操作时间。需要从较高的层次上实现对虚拟维修人员的仿真,提高虚拟人的智能程度。同时,对于简便性,还需要提供易于理解的、友好的人机界面,以便于用户使用。

如上所述,虚拟维修人员运动仿真的真实性要求可以体现到虚拟维修人员自身以及由于产品结构、装配特点以及工具使用特点所产生的客观约束上,可以概括为四类约束:自然性和逼真性约束、附加空间约束、样机行为约束和任务约束。

(1) 自然性和逼真性约束

维修人员的运动仿真必须满足自然性和逼真性的要求,即要使生成的运动看上去是自然的、逼真的,符合人体日常的运动方式。这是虚拟人运动仿真最基本,同时也是最难以满足的一个要求。人体是一个高度冗余的系统,怎样克服多余的自由度从而引导手或脚到达某一给定的目标还是一个需要进一步研究的问题。

(2) 附加空间约束

考虑到装备或产品的某些特殊要求,虚拟维修人员的活动区域受到了限制,如维修人员不能处于某些位置(如不允许站立的区域等),或者肢体不能穿过某些危险区域(如高温、带电区域等)等,该类约束并不一定和实体障碍那样占有一定的空间。

(3)样机行为约束

由于产品自身的结构和装配特点而使得在完成对其零部件的拆装操作时,该零部件只能沿某一确定的路径或轨迹运动,因而对虚拟维修人员的运动产生限制;或者由于工具的使用特点(如螺丝刀只能绕其轴转动等)而限制了虚拟维修人员的运动。

(4)任务约束

维修过程中,某些零部件由于某种特殊的原因,如内部有液体等,其运动具有一定的方位限制,从而使虚拟维修人员的运动受到一定的限制。它与机械系统中关节的转动角度范围不是一个概念,不能够通过定义关节的活动范围、判断关节角度是否处于其活动范围内的方式来检验。

2)过程仿真的实现方式

仿真运动的自然性和逼真性可以通过两种途径来实现,即利用运动捕获数据驱动虚拟人仿真或者利用仿真模型驱动虚拟人仿真。第 2 章对虚拟人的维修动作进行了分析,将维修动作划分为 10 类维修动素,由这 10 类维修动素可以组合成常见的维修动作。基于动作模型的虚拟维修过程仿真方式采用参数化的方式来控制生成运动的特征,从而达到快速生成所需运动的目的,可以增强仿真的通用性。本章采用两种方式来实现基于动作模型的虚拟维修过程仿真,即基于运动学的动作模型和基于运动规划的动作模型。

基于运动学的动作模型已经成功用于生成人体行走运动的研究中,如 Bruderlin 和 Calvert 提出了一个以目标为指导的方法,在给定运动参数如速度、步长和步频的情况下可以生成所需的行走运动,Boulic 等人采用生物力学数据来表现人体内在的动力学行为。这种方式的优点是采用参数化的方式来控制动作模型的执行,生成仿真的速度较快,而且现有人体仿真软件如 Jack 等都提供了基于运动学的人体模型控制函数,基于这些函数能够很方便地实现各种维修动素模型函数。第 2 章已经详细地介绍了利用 Jack 系统所提供的关节运动与控制函数实现了各类动素的参数化模型,这里不再重复论述。

基于运动规划的动作模型将运动规划方法引入虚拟人运动仿真中,将运动规划技术和动作模型方法相结合,通过运动规划在给定的初始值和目标值之间寻找出一条满足运动约束的路径并将其转化为运动轨迹,由动作模型来驱动虚拟人沿给定轨迹的运动,从而实现对维修人员动作的仿真。由于在基于运动规划的动作模型中,不需要采用参数化的方式来描述人体运动的特征,只需给定人体的初始姿势和目标姿势即可,故从移动和操作两个大的层面上来进行分析。

4.2　虚拟维修人员移动仿真

维修人员在维修场景中有目的地移动,并将所有维修操作串联起来,使其成为一个完整的维修过程,因此维修人员的移动仿真是进行维修仿真必须研究的一个问题。可以采用基于运动捕获数据与路径规划相结合的方法来实现对维修人员移动的仿真。在给定虚拟维修人员移动的起始点和目标点的前提下,移动仿真方法能够生成一条连接起始点和目标点的无碰撞路径,并驱动虚拟维修人员采用自然的姿势实现从起始点到目标点的移动。

4.2.1　维修人员移动的分类及研究方法分析

4.2.1.1　维修人员移动的分类

实际维修中,维修人员的移动都是为了达到某一具体操作位置而发生的人体运动。维修人员的移动既包括简单的平整地面上的移动,图 4-1 所示的虚拟维修人员从当前位置 A 移动到操作位置 B 的运动;同时,还包括从某一维修通道或维修口盖移动到维修操作位置的复杂运动或攀爬等,图 4-2 所示的虚拟维修人员的攀爬。在定义维修仿真中人体的移动时,可以按照人体不同的移动方式将虚拟维修人员的移动分为:走、弯腰走、侧身走、跨步、攀爬、跑、四肢着地爬、匍匐前进、仰泳式行进、跳跃等多种方式。如前所述,这里将人体的移动按照运动的复杂程度(或运动的精确度)分为如下两类。

（1）平面移动

平面移动是指在平坦地面上采用一般的移动方式,如走、弯腰走、侧身走等人体运动,其主要的特征是在移动过程中对人的脚和手的作用位置没有严格的限制,如图 4-1 所示,对虚拟维修人员移动中脚的位置并没有严格的限制。该类移动适用于采用路径规划方法来确定虚拟维修人员的移动路径,采用如基于运动学或动力学的人体移动模型来驱动虚拟维修人员沿规划出的路径移动。

（2）复杂移动

复杂移动是指除平面移动以外的人体移动方式,其主要特征是在移动过程中对人的脚和（或）手的作用位置具有严格的限制,如图 4-2 所示,在攀爬梯子时虚拟人的脚和手必须位于梯子的横梁上。由于该类移动对人的脚和手的作用位置具有严格的限定,则更适用于采用关键帧、运动编辑和运动捕获等方法来实现。

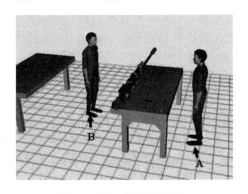

图 4-1　平整地面上的移动

图 4-2　虚拟维修人员的攀爬

4.2.1.2　人体移动的主要方法

计算机图形、机器人和虚拟现实等领域的研究人员都对人体移动仿真进行了大量的研究。计算机图形领域和机器人领域从两个互补的角度对虚拟人的仿真进行了研究:计算机图形领域主要将研究的重点放在运动表现的真实性上;而机器人领域的研究人员则倾向于使虚拟人具有动作规划(action planning)能力,主要是运动规划(motion planning)能力。以往的研究已经提出了多种人体移动仿真方法,其中最常用的三种方法的对比分析如表 4-1 所示。

表 4-1　人体移动仿真方法分析

方法	优点	缺点
基于运动学和动力学的方法	采用参数化方式来控制人体模型运动的执行，生成仿真的速度较快，而且现有人体仿真软件（如 Jack 软件）都提供了基于运动学的人体模型控制函数	基于运动学和/或动力学的方法大多没有考虑环境对虚拟人移动的影响，不能实现对障碍的规避，因而会引起相互间的穿越现象。并且运动学方法没有考虑人体运动仿真的自然性和逼真性要求，从而影响仿真的可信性
基于运动捕获数据的方法	利用捕获数据的回放来仿真虚拟人的移动是最简单、最有效的方法。基于运动捕获数据方法最大的优势是其能很好地体现人体运动特征，生成的运动能够满足仿真的自然性和逼真性的要求	由于人体运动的多样性，基本上不适于直接采用运动捕获数据来进行仿真。大多数的研究集中在运动的编辑和重用问题。虽然基于运动捕获数据的编辑和重用方法在一定程度上解决了仿真灵活性差的问题，但并不能解决环境发生较大变化时的运动重用问题
基于运动规划的方法	很好地实现了运动的灵活性问题	仿真的真实性没有得到很好的解决。同时维修仿真中维修人员的移动具有多种移动姿势，如直立行走、弯腰行走和爬行等，但已有的方法很少考虑人体移动过程中的姿势变化问题，即虚拟人在姿势间的变化

　　为了同时解决仿真的灵活性和真实性问题，研究者提出了基于多种技术的复合方法。Ulien Pettré 等人将虚拟人移动分为两个步骤来实现：首先，采用随机运动规划方法规划出一条无碰撞的路径，并将运动路径转化为轨迹；然后，采用运动控制器实现虚拟人沿规划轨迹的运动，同时利用变形技术对虚拟人上身关节进行微小的调整，在保证无碰撞的前提下，尽可能保持仿真运动的真实性。Ming 等人采用随机路径规划和层次转移图相结合的方法，通过组合运动片断库中的运动片断来实现虚拟人的自然移动仿真。

4.2.2　维修人员平面移动仿真方法

　　虚拟人移动仿真中最简单的似乎只考虑直立行走这一种移动方式，然而在实际维修过程中，维修人员为了到达某一特定的操作位置，通常需要采用诸如直立行走、弯腰行走、侧身行走、爬行等多种移动方式。结合上述方法分析，可以采用路径规划与运动捕获数据相结合的方式实现对维修人员平面移动的仿真。

　　维修人员平面移动仿真的基本流程如图 4-3 所示，可以分为四个阶段：初始化、路径规划、路径跟随和运动优化，各个阶段的功能如下所示。

　　（1）初始化阶段。主要完成虚拟维修环境的建立、任务定义、准备用于运动跟随过程中的运动捕获数据。

　　（2）路径规划阶段。规划出一条从初始位置到目标位置的无碰撞路径，在规划出的路径中，虚拟维修人员采用最为自然的移动方式通过某一区域。

　　（3）路径跟随阶段。利用运动捕获数据驱动虚拟维修人员沿规划出的路径移动，生成沿路径移动的虚拟维修人员姿势。可以采用基于低层比例微分（proportional derivative）控制的运动跟随方法实现对路径的跟随，对于路径中出现虚拟维修人员移动方式变化的情况，采用直接

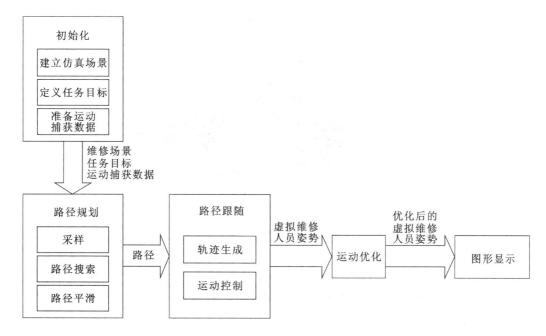

图 4-3 维修人员平面移动仿真流程

的线性插值来实现两种移动方式间的姿势变换。

(4)运动优化阶段。主要是为了解决在路径规划阶段由于对人体模型进行了简化,从而可能导致在移动过程中虚拟维修人员的四肢与环境发生碰撞的问题,采用运动变形技术实现对人体四肢可能发生的碰撞的规避处理,从而实现对运动的优化。

4.2.2.1 初始化

初始化阶段主要完成三个任务:建立仿真场景、定义任务目标和准备用于运动跟随过程中的运动捕获数据。

1)建立仿真场景

在维修人员的平面移动仿真中,直接采用基于交互特征的虚拟维修样机建模方法来建立仿真所用场景。虚拟维修人员平面移动仿真中的附加空间约束可以采用两种不同的方式来实现。

(1)在虚拟环境建模时,依据危险区域的大小建立相应的人工障碍物体,从而使虚拟维修人员的路径不能经过该区域。该方法简单实用,但是当危险区域的形状复杂或数量较多时,单纯采用手工的方式生成人工障碍物体是一个耗时耗力的过程。

(2)在仿真虚拟维修人员的移动时,仿真用户一般都知道虚拟维修人员大致的移动路径。因而可以充分利用仿真用户的智能优势,通过在虚拟环境中定义虚拟人的某些必经路径点的方式来使规划出的虚拟维修人员路径避开危险区域。

采用第一种方式时,需要在虚拟环境建模过程中的高温或带电区域生成所需的人工障碍物。以图 4-4 为例,当高温区域不存在时,虚拟维修人员能够通过"路径 1"到达目标位置;通过在高温区域建立与该区域相应的人工障碍物,虚拟维修人员只能经过"路径 2"到达目标位置。

采用第二种方式时,相当于采用手工的方式建立规划的子目标。还是以图 4-4 为例,通过建立子目标的方式将整个规划过程分为两个或多个子规划过程来实现对路径的规划。

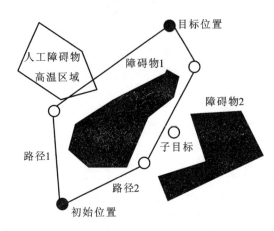

图 4-4　人工障碍物的生成和子目标定义

2）定义任务目标

虚拟维修人员平面移动的任务目标可以由用户直接定义，或者从虚拟维修样机模型的操作零部件交互特征中直接获取虚拟维修人员的操作位置来定义。

3）运动捕获数据的准备

在虚拟维修人员平面移动仿真中需要准备多种移动形式的数据，如直立行走、弯腰行走、侧身走、爬行等。可以利用运动捕获设备来采集用户沿直线运动时各种移动方式的运动参数，将其映射到 Jack 系统中人体模型上以获取人体关节的运动角度和人体根节点的运动速度，生成用于运动跟随过程的循环运动数据。图 4-5 为人体直立行走和爬行时的截图，以帧的形式分别记录手臂、腿各个关节的角度和胯部的位置；其数据结构如图 4-6 所示，关节角度和位置按照移动方式的不同分别记录，图中的关节角度和位置的数值为初始帧时的各个关节角度值和位置。

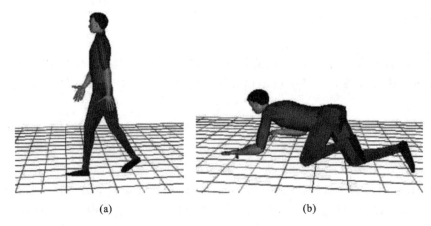

(a)　　　　　　　　　　(b)

图 4-5　人体直立行走和爬行时的截图

4.2.2.2　路径规划

考虑虚拟维修人员多种移动方式的情况下，以 SBL（Single-Query Bi-Directional PRM Planner with Lazy Collision Checking）方法为基础实现对移动路径的规划。路径规划可以分为两个阶段：路径的搜索和路径的平滑。该方法将 Roadmap 的生成和路径搜索结合起来，在生成 Roadmap 中新节点的同时进行路径的搜索，尽量减少搜索的空间。

arm_angles=[[0,0,0.048564999999999997,0,0,−0.028565,0.12857099999999999,
　　　　0.10000000000000001],……];
forw_angles=[[0,0.0779279999999999997,0.014520999999999999,−0.014678999999999999,
　　　　−0.113458,0.0058690000000000001,0.0255200000000000001,
　　　　　0.22561300000000001,0.86723600000000001,0.35067500000000001,
　　　　−0.0043179999999999998,0.0277470000000000001,0.273059,
　　　　−0.0058700000000000002,−0.040592999999999997,0.088914999999999994,
　　　　−1.5707960000000001,−0.0099480000000000002,−1.5730649999999999],……];
side_angles=[[0,0,−0.011558000000000001,0.0557399999999999998,0.25239800000000001,
　　　　0.0094409999999999997,−0.049369000000000003,0.23210900000000001,
　　　　0.324901,0.29417100000000002,0.0053410000000000003,−0.026765000000000001,
　　　　0.123627,−0.0082889999999999995,0.023209,0.10946500000000001,
　　　　−1.5707960000000001,0,0],……];
lower_torso_prox_frwd=[[1.3819999999999999,79.449600000000004,298.76740000000001],
　　　　……];
lower_torso_prox_side=[[0,0,10.077199999999999],……]

图 4-6　运动捕获设备采集数据的数据结构

　　另一个值得关注的问题是虚拟维修人员运动控制自由度的简化问题。由于虚拟维修人员是一个具有高自由度的铰接物体,虽然随机规划方法能够处理高维路径规划问题,但会显著延长规划的时间。在简单地对 SBL 方法进行介绍之后,从虚拟维修人员规划自由度的简化、Roadmap 生成和路径搜索、路径平滑等几个方面对路径规划进行详细的说明。

　　SBL 方法以 PRM 为基础,其基本思想如图 4-7 所示,包括三个主要的函数:EXPAND_TREE、CONNECT_TREE 和 TEST_PATH。通过对 PRM 方法进行改进,通过搜索最少的形位空间来减少规划所用时间,主要表现在以下几个方面:

　　(1)用单向查询代替 PRM 方法的预处理,根据查询的起始点和目标点来搜索尽可能少的空间,而不是通过预处理来建立覆盖整个 c_{free} 空间的 Roadmap;

　　(2)采用双向搜索的形式,同时以起始点和目标点作为根节点建立两个树状 Roadmap,对规划对象的 c_{free} 空间进行搜索;

　　(3)采用自适应搜索法,即在 c_{free} 空间的开阔区域采用较大的步长,而在密集区域采用较小的步长;

　　(4)尽量减少碰撞检测次数,对于 Roadmap 中的边,只有在用到的时候才对其进行碰撞检测。

　　1)虚拟维修人员规划自由度的简化

　　在虚拟维修人员的移动仿真中,人体的四肢和躯干是仿真需要控制的主要关节,而对手指、脸部和脚趾等位置的关节则基本不需要考虑。考虑到在真实人体移动运动中,人体胯部的运动将直接影响身体其他部分(如躯干、上肢等)的全局运动,同时人体躯干和头颈部的弯曲度

SBL 方法（q_{init},q_{goal}）

① 将 q_{init},q_{goal} 分别置为 T_{init},T_{goal} 的根节点

② 循环 s 次

    a) EXPAND_TREE

    b) $\tau \leftarrow$ CONNECT_TREE

    c) if $\tau \neq$ nil，return τ

③ return failure

EXPAND_TREE:

① 从 T_{init},T_{goal} 中以 1/2 的概率选择树 T

② 重复直到生成一个新的节点 q

    a) 以概率 $\pi(m)$ 在 T 中随机地选择一个节点 m

    b) for $i = 0,1,2,\cdots$ 直到生成一个新节点 q

        i. 在 $B(m,\rho/i)$ 内随机生成一个形位 q

        ii. 如果 q 是无碰撞的，将其作为 m 的子节点加入 T

CONNECT_TREE:

① $m \leftarrow$ 最近生成的节点

② $m \leftarrow$ 不包含 m 的树中与 m 最近的节点

③ if $d(m,m') < \rho$,then

    a) 用桥 ω 连接 m,m'

    b) $\tau \leftarrow$ 连接 q_{init},q_{goal} 的路径

    c) return TEST_PATH(τ)

④ return nil

TEST_PATH:(τ)

① if U 不为空:

    a) $u \leftarrow$ extract(U);

    b) if TEST_SEGMENT(u)=collision then

        i. 从 Roadmap 中删除 u

        ii. return nil

    c) 如果 u 没有标记为 safe，将其重新插回到 U 中

② return τ

TEST_SEGMENT(u):

① $j \leftarrow \kappa(u)$

② for every $q \in \sigma(u,j+1) \backslash \sigma(u,j)$, if q in collision return collision

③ if $2^{-(j+1)}\lambda(u) < \varepsilon$ then mark u safe ,else $\kappa(u) \leftarrow j+1$

图 4-7　SBL 方法

将影响在移动过程中所采用的移动方式,可以将运动规划的自由度限制在胯部的自由度、躯干和头颈部的弯曲度上,即只采用运动规划方法来控制胯部的自由度与躯干和头颈部的弯曲度,而采用初始化阶段所准备的运动捕获数据来驱动人体其他关节的运动(图 4-8)。

平面移动情况下,虚拟人采用直立行走方式时,其胯部位置在水平高度上的变化几乎可以忽略不计。这样可以将运动规划的自由度减少到三个,即人体模型基准点在移动平面上的位置和人体相对于移动平面的转动角度,如图 4-9 所示。虚拟维修人员的每一位置可以采用 (x,y,θ) 来表示。当需要考虑人体的弯腰、低头等运动形式时,可以用三个自由度来表示躯干

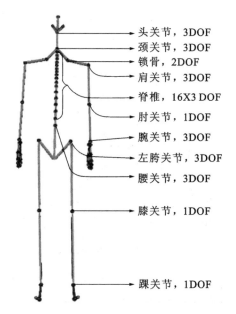

图 4-8 Jack 软件中的主要关节及其自由度

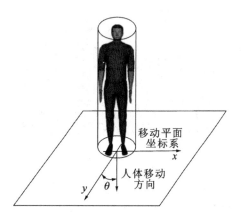

图 4-9 描述虚拟维修人员移动的自由度

的弯曲度 θ_1、侧向挠度 θ_2 和扭曲度 θ_3，其中躯干的侧向挠度和扭曲度平均分配到脊椎的各个关节上。而根据日常经验可知，人体躯干的弯曲度主要分布在腰关节上，因而将躯干的弯曲度主要作用在腰关节上；相应的头部的运动也可以采用两个自由度，即用头部的俯仰角 θ_4 和偏转角 θ_5 来描述。当采用低头行走、弯腰行走和侧身走等移动方式时，可以采用 8 个自由度来描述人体的运动。当人体胯部位置需要发生垂直方向上的改变，如发生下蹲等运动时，需要增加一个自由度即胯部的垂直位置 z 来描述人体胯部在垂直面上的位置。所以，当人体移动过程中需要采用不同的移动方式时，可以采用 9 个自由度 $(x,y,z,\theta,\theta_1,\theta_2,\theta_3,\theta_4,\theta_5)$ 来描述需要进行规划的人体运动。

将人体模型分为三段来分别考虑，包括臀部及下肢、躯干和头部。为了降低规划过程中碰撞检测的开销，采用能够包围人体各个段的椭圆柱体来表示规划中人体模型的各个段，如图 4-10 所示。

2）Roadmap 生成和路径的搜索

在仿真虚拟维修人员移动的过程中，能够使用不同的移动方式来实现某一移动目标，故在对虚拟人体的形位空间进行随机采样时需要考虑人体在多种姿势间的变换问题。由于采用随机方法的原因，可能产生类似于图 4-11 所示的情形，即虚拟维修人员在通过某些开阔区域时也采用弯腰、爬行等不自然的姿势。由日常经验可知：人体在移动过程中，只需要低头就能够通

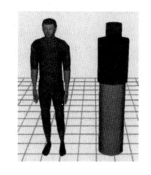

图 4-10 虚拟维修人员移动
规划中的人体模型

过的位置，一般不会采用弯腰的姿势；同样，只需要弯腰就能通过的位置，一般不会爬行通过。

可以采用基于状态转移图的虚拟人姿势变换方式来解决虚拟维修人员移动过程中姿势变换的自然性问题，确保虚拟维修人员采用比较自然的姿势通过某一区域，满足虚拟维修人员运动仿真中对移动的自然性约束要求。如图 4-12 所示，虚拟人的姿势变换遵循图中箭头所指的

方向,其中箭头线条的粗细表示在姿势转移过程中优先级的高低。以直立行走为例,姿态变换的优先级按照从高到低的顺序为:直立行走、低头行走、弯腰行走和爬行。

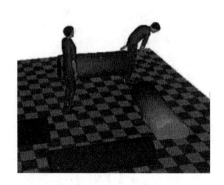

图 4-11 错误的人体移动姿势

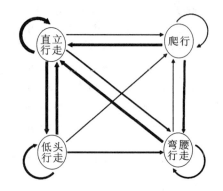

图 4-12 虚拟维修人员姿态转移图

为了使仿真结果正确体现姿态转移图中的姿态转移方式,采用分阶段的虚拟维修人员形位空间采样方式,确保在每一个采样点上虚拟维修人员都采用最为自然的移动方式。在 SBL 的节点中加入人体模型的姿势信息,即采用 $(x,y,z,\theta,\theta_1,\theta_2,\theta_3,\theta_4,\theta_5,\text{pose})$ 的形式来描述虚拟维修人员需要规划的自由度,其中"pose"为虚拟维修人员的姿势信息。如前所述,当虚拟维修人员处于各种移动方式时,所需要进行采样的变量也是各不相同的。当采用直立行走时只需对 (x,y,θ) 进行采样;采用低头行走时只需对 $(x,y,\theta,\theta_4,\theta_5)$ 进行采样;弯腰行走时只需对 $(x,y,\theta,\theta_1,\theta_2,\theta_3,\theta_4,\theta_5)$ 进行采样;当采用爬行方式时则需要对整个 $(x,y,z,\theta,\theta_1,\theta_2,\theta_3,\theta_4,\theta_5)$ 进行采样。在对各种移动方式进行采样时,不需要进行采样的变量的值,直接从采样数据中获取。先后对直立行走、低头行走、弯腰行走和爬行等移动方式进行采样,通过对采样点形位的碰撞检测来确定该节点的姿势,当在某一种姿势下不发生碰撞时,该姿势即为该节点的姿势。

对 SBL 中的 TEST_SEGMET 函数进行改进,使其能够满足虚拟维修人员移动过程的姿势变换问题,如图 4-13 所示。当在某一个形位 q 发生碰撞时,按照虚拟维修人员姿态转移图中的姿势变换优先顺序,改变虚拟人的姿势;当变换到某一姿势不再发生碰撞时,将该形位作为新的节点插入 Roadmap 和路径 τ 中;同时将 segment u 分为 segment $u1,u2$,分别对其进行检测。

3)路径平滑

由于 SBL 方法是一个随机采样方法,规划出的虚拟维修人员移动路径(用 P 表示)并不是一条真实的可执行路径,必须对其进行平滑处理。可以采用增量线性化方法来实现路径 P 的平滑处理。

首先假设 q_1、q_2、q_3 是 P 上连续的三个形位,对 q_1、q_3 进行插值处理生成新的形位 $q=\text{inter}(q_1,q_3,t)$,其中 $t\in[0,1]$,其值的大小由三个形位间的相对距离来确定。如果局部路径 q_1、q 和 q、q_3 都为有效路径,则用 q 代替 q_2。

同时,在路径平滑处理中,为了使虚拟维修人员在移动过程中的姿势满足自然性约束,应对路径中的节点进行相应的处理,以避免虚拟维修人员频繁地改变其运动形式。采用的基本准则是:

TEST _ SEGMENT(u):

① $j \leftarrow \kappa(u)$

② for every $q \in \sigma(u, j+1) \backslash \sigma(u, j)$, if q in collision

  a) for $i = 0, 1, 2$：

   i. 变换人体模型，if q not in collision，then 将 q 加入 Roadmap 和 τ 中，将

    segment u 分为 segment $u1$, $u2$, TEST _ SEGMENT$(u1)$, TEST _ SEGMENT$(u2)$

  b) return collision

③ if $2^{-(j+1)}\lambda(u) < \varepsilon$ then mark u safe，else $\kappa(u) \leftarrow j+1$

图 4-13　改进之后的 TEST_SEGMENT 函数

当路径中两相邻节点间的距离小于给定值 d 时，将两个节点合并，依据虚拟人姿势转移的优先顺序取较低级别的姿势为该节点姿势信息。

4.2.2.3　仿真结果与分析

在人体建模软件 Jack 的基础上，采用 Python 和 C＋＋结合的方式开发虚拟维修人员移动路径规划程序。采用图 4-14 所示的环境对方法的适用性进行验证，场景中虚拟人所处的位置为规划的初始位置和目标位置，场景中的小圆球表示进行采样之后形成的 Roadmap 中的节点，生成的路径必须要经过一个较狭窄的通道才能到达目标位置。图中①②③④⑤为经过路径平滑之后的路径节点，其中①④⑤节点的虚拟维修人员姿势为直立行走，②③为弯腰行走。

采用该方法生成的虚拟维修人员移动路径，在路径的任一点上虚拟维修人员和环境中其他物体间具有一定的距离，并且在移动过程中采用了最为合适的移动方式。同时，由于该规划方法采用了单向查询的方式，即对每一个规划任务建立一个新的 Roadmap 来进行路径搜索，所以当仿真环境中的物体位置发生变化时，能够采用该方法快速生成新的移动路径。

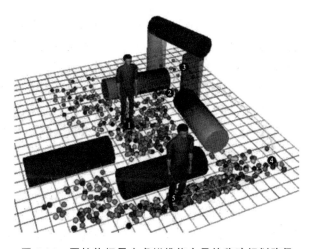

图 4-14　圆柱体场景中虚拟维修人员的移动规划路径

　　以图 4-15 所示的虚拟环境对该方法的性能进行测试,对完成路径规划所用的时间和
Roadmap 中所生成的节点数量进行统计,如表 4-2 所示。其中多边形数为场景中所有需要进
行碰撞规避的物体的多边形数(人体模型多边形数为采用简化之后的圆柱体或椭圆柱体的多
边形数),Roadmap 中生成的节点数、采样和路径搜索时间、路径平滑时间为对每一个规划目
标重复进行 100 次规划所用时间的平均值,单位为秒。表 4-2 中所记录的数据是在采用 Win-
dows XP 为操作系统,CPU 为奔腾Ⅱ450,内存为 128M 的微机上进行测试所得的数据;而在
另一台同样采用 Windows XP 为操作系统,CPU 为奔腾Ⅳ1.7G,内存为 258M 的微机上进行
规划时所消耗的时间基本为表 4-2 中值的 1/4。

表 4-2　性能统计数据

场景	多边形数	节点数	采样、搜索时间(s)	平滑时间(s)
圆柱体场景	160	1234	21	10
维修场景	450	560	10	4

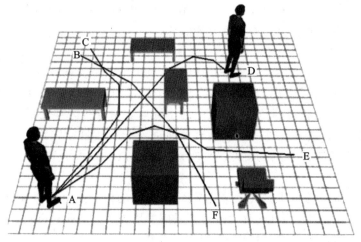

图 4-15　维修场景中的移动路径规划结果

4.2.2.4　运动优化

　　由于在路径规划过程中采用圆柱体或椭圆柱体来近似表示人体模型,且在人体移动方式
发生转变时采用线性插值的方式来实现姿势间的转换,故不可避免地会出现人体的头部或上
肢和环境中其他物体的碰撞,如图 4-16(a)所示。由于在路径跟随之后生成的虚拟维修人员移
动姿势或形位是采用帧的形式来表示的,可以采用基于运动变形的方式来实现运动的优化,以
消除人体的头部或上肢与环境中其他物体的碰撞现象,可以分为三个步骤来实现。

　　(1)将虚拟维修人员和环境中物体发生碰撞的帧抽取出来生成一个集合 CF($CF=\{f_1,$
$f_2,\cdots,f_n\}$,其中 n 为发生碰撞帧的数量),同时将发生碰撞的前 2 帧和后 2 帧同时置于该集合
中,目的是增加运动的连续性;

　　(2)针对发生碰撞的每一帧 $f\in CF$,对发生碰撞的链接如左上肢、右上肢等进行随机采
样,直到生成的采样不再发生碰撞为止,生成帧的集合用 F 表示,如图 4-16(b)所示;

　　(3)在集合 CF 和 F 中的每一对应帧之间进行插值处理,生成新的帧使其和 CF 中对应帧
之间的距离最近,生成帧的集合(用 F_{new} 表示)即为优化后的结果,如图 4-16(c)所示。

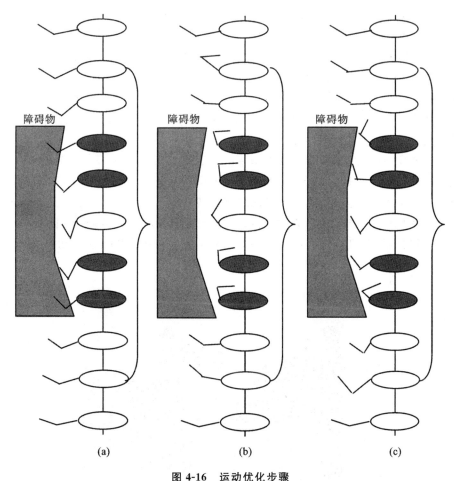

图 4-16 运动优化步骤

(a)优化前;(b)随机采样;(c)优化后

4.3 虚拟维修操作仿真

实际维修过程中,任何维修任务的实现最终都要由维修人员对装备的操作来完成,操作是维修中最为核心的内容。维修操作仿真的结果将直接影响维修性分析的准确性、辅助维修训练的效果和维修规程验证与检验的有效性。在机器人和计算机动画两个领域,对机器人或三维虚拟人的操作已经进行了大量的研究。根据维修操作运动的特点,可将维修操作中的虚拟维修人员运动分为以人为中心的运动和以操作对象为中心的运动两类,分别采用不同的方法实现对这两类维修操作运动的仿真。

4.3.1 维修操作的仿真方法

4.3.1.1 维修操作运动的分类

虚拟维修人员的维修操作可以由趋近、抓取、拆装操作、转移和恢复等几个基本动作的有序组合来描述。以仿真维修人员打开检查口盖为例,可以将其分为以下四个阶段来实现。

(1)趋近,即虚拟维修人员伸手到达检查口盖的把手处;

（2）抓取，即虚拟维修人员实现对检查口盖把手的抓握；

（3）拆装操作，即虚拟维修人员将检查口盖打开到一定角度；

（4）恢复，即虚拟维修人员放开检查口盖把手，恢复到起始或中立姿势。

在完成趋近、恢复和无任务约束的转移过程中，维修人员在运动过程中不与环境中的物体发生接触，被操作对象对虚拟维修人员运动的影响主要是不能与其发生穿越现象。通过对虚拟维修人员形位空间的采样点进行有效性检验，就能很好地解决该问题；而拆装操作和有任务约束的转移过程中的情况却有明显的不同。

在拆装操作中，由于产品本身的结构和装配特点或工具的使用特点，被操作零部件、使用工具的运动形式或运动轨迹是固定的，维修人员的操作必须满足被操作零部件自身的运动形式或者符合工具的使用特点（如螺丝刀只能绕其轴转动等）。以图 4-17 中打开压弹机盖为例，压弹机盖的运动轨迹是固定的（只能绕轴转动），并且具有转动角度的限制，维修人员的手和压弹机盖发生直接接触，并且维修人员手臂的运动必须要服从压弹机盖的运动方式，即只能绕其轴转动。

图 4-17　拆装操作实例

对于具有任务约束的转移过程，维修人员的运动也必须满足被操作对象的运动形式，受到被操作对象运动形式的制约。以有任务约束的转移过程为例，当被操作对象为装满液体的开口器皿时，由于其不能发生偏转，从而限制了维修人员的运动。

这里将维修操作中维修人员的运动分为两类：以人为中心的运动和以被操作对象为中心的运动。

（1）以人为中心的运动，主要是指维修操作过程中，操作人员的运动不需要特意去满足操作对象的运动形式的运动。在仿真该类运动时只需要考虑自然性和逼真性约束与附加空间约束。

（2）以被操作对象为中心的运动，是指在维修操作过程中，操作人员的运动需要特意去满足操作对象的运动形式的运动。在仿真该类运动时需要同时考虑自然性和逼真性约束、附加空间约束、样机运动约束和任务约束。

在维修操作的五个基本动作——趋近、抓取、转移、拆装操作和恢复中，拆装操作和有任务约束的转移为以被操作对象为中心的运动，而趋近、抓取、恢复和无任务约束的转移为以人为中心的运动。

4.3.1.2　仿真方法分析

维修操作运动本身更关注于运动控制的精确性和运动的正确性问题,且当虚拟环境中物体的位置和形状发生变化时,操作运动本身也可能需要做出极大的调整。如果只采用数据驱动方法来仿真虚拟维修人员的维修操作运动,那么运动捕获数据的重用将是一个难于解决的问题,因此在不使用虚拟外设直接获取维修人员运动数据进行维修仿真的情况下,很难直接采用运动捕获数据来进行维修操作的仿真。而运动规划技术特别适于在障碍物中寻找无碰撞路径的问题,运动规划方法更适于解决虚拟维修人员的维修操作仿真问题。

维修操作规划过程中,需要规划虚拟维修人员模型的躯干和上肢的运动。人体本身具有200个以上的自由度,为了正确体现人体运动的特点,虚拟维修人员模型的躯干和上肢具有多个自由度。例如,即使不考虑手的自由度,Jack 软件中人体模型的躯干和上肢具有 62 个自由度,因此虚拟维修人员维修操作运动规划是一个高维运动规划问题。由于受 PSPACE 难度(Polynomial Space Hard)限制,使得采用基于穷举搜索的方法来解决具有多自由度问题的运动规划基本上是不可取的。而基于采样的运动规划方法正是为了解决高维运动规划问题而提出的,可采用基于采样的运动规划方法解决对虚拟维修人员维修操作的仿真问题。

4.3.1.3　基本假设和运动规划的输入信息

假定虚拟维修人员的脚固定在操作位置上,不考虑操作过程中人体发生脚移动的行为。为了能够实现对虚拟维修人员趋近、转移和恢复运动的规划,需要用户定义或从虚拟环境中获取一系列信息。

对于趋近运动规划,需要定义以下信息:

(1)人手的抓握约束,即人手的抓握点、手形;

(2)虚拟维修人员的操作位置;

(3)环境的几何数据;

(4)虚拟维修人员的目标形位。

对于转移运动规划,需要定义以下信息:

(1)被操作物体的起始位置和目标位置;

(2)虚拟维修人员的操作位置;

(3)虚拟维修人员的初始姿势和目标姿势;

(4)环境的几何数据。

对于拆装操作,需要定义的输入为:

(1)被操作物体的运动参数或运动轨迹,当需要使用工具时,工具的运动形式和初始位置及目标位置必须进行定义;

(2)人手的抓握约束,人手的抓握点、手形等;

(3)虚拟维修人员的操作位置;

(4)环境的几何数据。

维修操作仿真中,还有一个不能回避的问题就是操作零部件的运动路径规划问题,可以采用基于人机交互的零部件运动路径规划方法。

4.3.2　基于 PRM 和经验数据的维修操作仿真

在以往的研究中,绝大多数基于 PRM 方法的人体趋近或操作仿真都是针对特定的虚拟环境预先生成人体单臂、双臂或全身操作形位的 Roadmap,因此当虚拟环境发生变化或虚拟人的站立位置发生改变时,预先建立起来的 Roadmap 可能不再有效,需要生成新的 Roadmap 或对其进行更新。Lazy PRM 方法的主要思想是在建立 Roadmap 时并不对局部路径进行碰撞检测,以检验其有效性,只有当某一局部路径作为规划路径结果中的一部分时才对其进行有效性验证。本书采用一种新的虚拟维修人员操作仿真方法:即基于 PRM 和经验数据的虚拟维修人员操作规划方法,其基本思想如下所述。

(1)建立 Roadmap。在不考虑环境影响的情况下对虚拟维修人员操作形位空间进行采样,建立相应的 Roadmap。

(2)路径搜索和 Roadmap 更新。基于步骤(1)中建立的 Roadmap,寻找连接给定初始形位和目标形位的最短路径,并进行路径有效性验证,如不发生碰撞,则该路径为最优路径,如果有碰撞发生,则对发生碰撞的节点或边进行相应的处理(如从 Roadmap 中删除该节点或边等),并重新寻找最短路径直到生成无碰撞路径为止。

该算法如图 4-18 所示。下面分别从虚拟维修人员模型、采样、Roadmap 的构建、路径查询、实现与试验结果等几个方面对该方法进行详细的说明。

```
roadmap = Build_Roadmap (human, initial, node_Number)
repeat {
        path = Find_Path (roadmap, initial, goal)
        if Test_Path (environment, path) = collision
                roadmap = Edit_Roadmap (roadmap, collision_node or collision_edge)
        else
                return
        }
```

图 4-18　基于 PRM 的虚拟维修人员操作规划基本算法

4.3.2.1　虚拟维修人员模型

在虚拟维修人员操作规划中,同样以 Jack 系统提供的人体模型为研究的基础。Jack 软件中人体模型的躯干由 17 个关节组成,每个关节具有 3 个自由度,如图 4-19 所示。为了降低规划的维度,对其躯干的自由度进行简化,由 3 个自由度 θ_1、θ_2 和 θ_3 来表示,分别用 7 个自由度来控制左右两个上肢的运动,如图 4-19 所示。在该结构中,17 个自由度描述了在人体处于原地不动时上身的主要运动。

4.3.2.2　采样

(1)形位的定义

采用的人体模型如图 4-19 所示,正是由于躯干结构的复杂性,对其自由度进行了简化,只用 3 个自由度来分别控制躯干的弯曲度、侧向挠度和扭曲度。在现实生活中,人体的侧向挠度和扭曲度基本都是平均分配到躯干的各个关节的,而躯干的弯曲度则基本上都集中于腰关节上。为了使生成的采样能够更好地与现实中的人体动作一致,同样将躯干的侧向挠度和扭曲度平均分配到躯干的各个关节,而使躯干的弯曲度主要作用在腰关节上。

进行规划的前提是虚拟维修人员脚的站立位置是固定不动的,但是其身体可以实现下蹲或踮脚的情形,以便于扩大其操作范围。人体在实现下蹲和踮脚动作时,主要体现在盆骨位置的变化上,因此用一个自由度即盆骨上下的移动距离来控制人体的下蹲和踮脚等行为,并采用反向运动算法来控制下肢关节的运动,从而达到降低规划空间维数的目的。

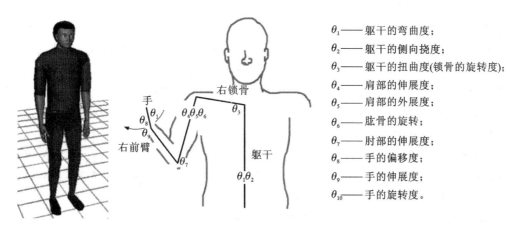

图 4-19 用于操作规划的虚拟维修人员模型

右侧标注说明：

θ_1——躯干的弯曲度；
θ_2——躯干的侧向挠度；
θ_3——躯干的扭曲度(锁骨的旋转度)；
θ_4——肩部的伸展度；
θ_5——肩部的外展度；
θ_6——肱骨的旋转；
θ_7——肘部的伸展度；
θ_8——手的偏移度；
θ_9——手的伸展度；
θ_{10}——手的旋转度。

当虚拟维修人员脚的位置固定不变时，其运动可以用 18 个自由度的形位空间来描述，即用$(\theta_1,\theta_2,\cdots,\theta_{17},d)$表示(其中，$\theta_1,\theta_2,\cdots,\theta_{17}$为各个关节的转动角度，而 d 为盆骨的上下运动距离)。考虑到人体各个关节的运动都具有一定范围限制，需对每一个关节的运动范围进行定义。以人体建模软件 Jack 中的人体模型为例，其各个关节的运动范围如图 4-20 所示，其中，躯干的运动范围为各个关节运动范围的简单求和。

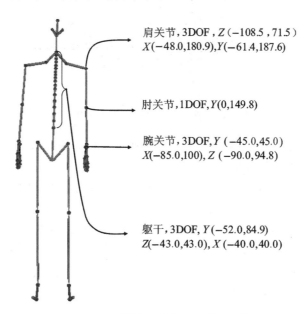

肩关节，3DOF，$Z(-108.5,71.5)$
$X(-48.0,180.9)$，$Y(-61.4,187.6)$

肘关节，1DOF，$Y(0,149.8)$

腕关节，3DOF，$Y(-45.0,45.0)$
$X(-85.0,100)$，$Z(-90.0,94.8)$

躯干，3DOF，$Y(-52.0,84.9)$
$Z(-43.0,43.0)$，$X(-40.0,40.0)$

图 4-20 Jack 软件中人体关节的运动范围

(2)采样策略

Kallmann 在对具有 22 个自由度的人体形位空间进行采样时，提出了有偏向的采样策略，其基本思想是：将人体的姿势分为两类，常态姿势和远距离姿势，以不同的概率对两类姿势进行采样，以生成适于和抓取运动相连接的姿势。其在采样过程中以 60% 的概率生成常用姿势，以 40% 的概率生成远距离姿势，并且在远距离姿势中有 66% 是基于右手的姿势。特别是在生成远距离姿势时,提出了基于关联的采样策略,并取得了极好的效果。

维修操作仿真可采用相同的方式来实现对人体形位空间的采样。同时采用躯干的转动与手臂伸展方向和距离相关联的方式来实现对采样空间的缩减,并提高姿势的自然性。

由于在该方法中,采样是与环境无关的,所以对采样点的有效性验证则只需要验证虚拟维修人员是否是平衡的,且是否和其自身发生碰撞。对于姿势的平衡问题,可以采用支撑多边形的方法来验证,即将人体的重心位置映射到支撑面上。如果重心处于人体支撑多边形中,则该姿势为平衡姿势,否则为非平衡姿势。

由于人体模型本身具有多个体节,如 Jack 模型软件中的人体模型就具有 70 个体节,对其自身的碰撞检测将占用大量的计算时间,可基于人体自身运动学特性进行碰撞对的删减,通过预定义虚拟维修人员自身碰撞检测对的方式来加快碰撞检测的速度。

(3)躯干转动与手臂伸展方向和距离相关联的策略

研究表明,对于虚拟人身体的转动,只有在所有体节都尽量伸展之后还不能够到达目标时才会移动身体,如只有当手臂向侧面伸出超过一定角度时才会转动身体。试验表明,转动的开始角度与伸出距离相关,如图 4-21 所示。通过拟合分析,可以得到胸部与盆骨转动角度和伸出方向间的一个线性关系,在表 4-3 中,胸部的转动角度=够取方向×斜率+截距。

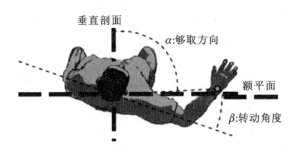

图 4-21   够取方向和身体的转动角度

这种方法是将躯干的转动与手臂的伸展方向和距离相关联起来,不直接对躯干的扭曲度进行采样,而在手臂的伸展方向和距离已知的情况下,采用经验公式来确定躯干的扭曲度,从而将采样形位空间的维数降低到 17 个自由度,而且可以获得更自然的人体姿势来满足仿真对自然性和逼真性的要求。

表 4-3   胸部的转动与手臂的伸展方向间的关系

够取距离(cm)	斜率	截距	开始角度(°)
75	0.50	−26.7	53
85	0.45	−18.9	42

(4)人体模型自身的碰撞检测

在不考虑相邻两个体节间发生碰撞的前提下,对于一个有 N 个体节的人体模型,需要进行碰撞检测的体节对数为 P,有:

$$P = \left(\sum_{i=1}^{N-1} \right) - (N-1) = \sum_{i=1}^{N-2} i = \frac{N^2 - 3N + 2}{2}$$

当采用 Jack 软件中的人体模型时,其需要进行的碰撞检测对数最大为 2346 对。可以通过将人体的手部作为一个整体来进行碰撞检测,还是以 Jack 软件中人体模型为例,可以减少30 个体节,从而将其自身的碰撞检测对数降为 741 对。即使如此,其自身的碰撞检测将还是一个极其耗时的过程。

由人体模型本身的运动学特性,即每一个关节都具有一定的活动范围,可知人体模型中的某些体节间是不可能发生碰撞的,例如:头部和颈部是不能和躯干发生碰撞的,而下肢与躯干和头颈部也基本上不会发生碰撞。还是以 Jack 软件中的人体模型为例,通过对碰撞对的删减,可以将需要用来做碰撞检测的体节对数从 741 对降为 430 对。通过采用预先建立人体自身碰撞检测对的方式来减少碰撞检测的对数,可以达到提高碰撞检测速度的目的。

4.3.2.3   Roadmap 的构建

（1）距离函数和插值函数

通常意义上,采用位于铰接结构外表上的相应顶点间的欧几里得距离作为距离函数能够获得较好的结果。以 Jack 系统中的人体模型为例,可以采用 12 个点间的欧几里得距离的平均值来定义距离函数,所选取的点如图 4-22 所示（以人体模型的左臂为例,右臂上点的选取和左臂上点的选取相同）。可以采用简单的线性插值来生成两形位间的中间形位。

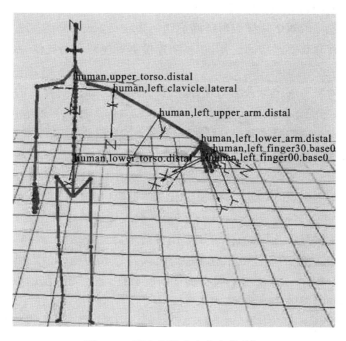

图 4-22   距离函数定义中点的选择

（2）Roadmap 的生成

生成 Roadmap 的算法如图 4-23 所示,它同 RRT 方法中构建 Roadmap 的方法非常相似。由于所采用的方法在生成 Roadmap 时不考虑环境的影响,因此只要采样的形位是有效的（即人体模型处于该形位时不发生自碰撞,且是平衡姿势）,且其与 Roadmap 中最近点的距离小于 RRT 方法中的增量步长,则在该形位和其距离最近的形位间建立连接。同时,为了增加 Roadmap 的连通性,在生成新采样点的同时在该采样点和 Roadmap 中与该采样点间的距离小于固定值 r 的采样点间建立连接。

```
Function Built_roadmap(q_init,nodeNum)
    T ← q_init;
    while times<nodeNum do
        q_target ← RandomState( );
        q_near ← Nearest Neighbor(T,q_target,r)
        if dist(q_near,q_target)<d_max then
            ADDBRANCH(T,q_near,q_target);
        else
            q_target ← Generate New Node(q_near,q_target);
            ADDBRANCH(T,q,q_target);
        end
        Q ← Nearest Neighbors(T,q_target,r);
        for all q∈Q
            ADDBRANCH(T,q,q_target);
        end
        times+=1;
    end
```

图 4-23　Roadmap 的构建

（3）Roadmap 中连接的消耗和加权的确定

可以采用构成连接的两个采样点形位间的距离来定义 Roadmap 中每一个连接的消耗,为了使其能够反映单臂和双臂运动的消耗,在一个连接上对应两个消耗值:基于单臂的消耗和基于双臂的消耗。

在利用运动规划来生成虚拟人运动时,最主要的问题是如何用有效的算法来生成自然的运动。Kuffner 建议将美学标准参数化处理之后,作为一个搜索标准应用到运动规划中去,或对规划出的运动做相应处理来提高仿真在视觉上的逼真性。以目标姿势与虚拟人初始姿势间的距离来衡量该姿势的舒适度,并将其作为 Roadmap 中连接的加权,以便在路径搜索过程中选取具有较好舒适性的路径。

从生物力学的角度来说,如果能够明确定义身体资源(如能量、力量等内部要素)和身体所受的约束(如关节的边界、障碍等),就可以生成逼真的人体运动。研究表明,当人体运动时,其趋向于在一个舒适的区域(由肌肉的力量和工作负荷来定义)来进行操作,当上肢处于习惯的位置时,其施力能力和舒适的程度会相应增加。可以考虑利用施力的大小来衡量姿势的舒适程度。依据 Mital 和 Pandya 在上臂力量方面的研究数据,通过对数据的拟合形成了描述肩关节角度和施力大小间关系的经验公式,如下所示:

$$S_H(\alpha)\begin{cases}65+0.33\times\alpha, & \text{if}-60°\leqslant\alpha\leqslant 0°\\65-0.23\times\alpha, & \text{if}\ 0°\leqslant\alpha\leqslant 90°\\54-0.11\times\alpha, & \text{if}\ 90°\leqslant\alpha\leqslant 180°\end{cases}$$

$$S_V(\beta)=\begin{cases}56.666+0.793\times\beta, & \text{if}-60°\leqslant\beta\leqslant-30°\\65.752+1.096\times\beta, & \text{if}-30°\leqslant\beta\leqslant 0°\\65.752-0.51383\times\beta+1.1058\times 10^{-3}\times\beta^2, & \text{if}\ 0°\leqslant\beta\leqslant 180°\end{cases}$$

其中,α 为肩关节在水平面上的转动角;β 为肩关节在矢状面上的转动角;$S_H(\alpha)$ 和 $S_V(\beta)$ 为施力的大小。

以肩关节施力的大小来对 Roadmap 中连接的消耗进行加权。以 $S_H(\text{mid})$、$S_V(\text{mid})$ 表示 Roadmap 中一个连接的中间点处肩关节施力的大小;以 SL_H、SL_V 表示上臂外摆/内收、上摆/

下摆时可以接受的力量值;$S_H\min$、$S_V\min$ 表示上臂在水平面和矢状面上施力的最小值,加权值的大小由下式所示:

$$
w = \begin{cases}
1, & \text{if } S_H(\mathrm{mid}) \geqslant SL_H \quad \text{and} \quad S_V(\mathrm{mid}) \geqslant SL_V; \\[2mm]
\dfrac{SL_H - S_H\min}{SL_H - S_H(\mathrm{mid})}, & \text{if } S_H(\mathrm{mid}) < SL_H \quad \text{and} \quad S_V(\mathrm{mid}) \geqslant SL_V; \\[2mm]
\dfrac{SL_V - S_V\min}{SL_V - S_V(\mathrm{mid})}, & \text{if } S_H(\mathrm{mid}) \geqslant SL_H \quad \text{and} \quad S_V(\mathrm{mid}) < SL_V; \\[2mm]
\dfrac{SL_H - S_H\min}{SL_H - S_H(\mathrm{mid})} + \dfrac{SL_V - S_V\min}{SL_V - S_V(\mathrm{mid})} - \dfrac{SL_H - S_H\min}{SL_H - S_H(\mathrm{mid})} \times \dfrac{SL_V - S_V\min}{SL_V - S_V(\mathrm{mid})}, \\
\quad \text{if } S_H(\mathrm{mid}) < SL_H \quad \text{and} \quad S_V(\mathrm{mid}) < SL_V
\end{cases}
$$

对 Roadmap 中的连接进行加权的主要思想是:当上臂施力的能力大于可接受值时,最短路径只由路径的距离决定;而当上臂的施力能力有一个或两个都小于可接受值时,则路径的加权值大于1,在两条路径的距离相同的情况下,选择加权值较小的路径作为最短路径。

4.3.2.4 路径的查询

路径的查询即在给定初始形位 q_{init} 和目标形位 q_{goal} 的情况下,从 Roadmap 中找出一条连接这两个形位的最短路径。可以分为两个大的步骤:

(1)将 q_{init} 和 q_{goal} 连接到 Roadmap 中。在 Roadmap 中分别找出与 q_{init} 和 q_{goal} 最近的有效形位 $N(q_{\mathrm{init}})$、$N(q_{\mathrm{goal}})$。所谓有效,是指当虚拟维修人员姿势为 $N(q_{\mathrm{init}})$、$N(q_{\mathrm{goal}})$ 时,其不和环境发生碰撞且是平衡姿势。随后确定 q_{init} 到 $N(q_{\mathrm{init}})$ 的连接 $edge[q_{\mathrm{init}}, N(q_{\mathrm{init}})]$,$q_{\mathrm{goal}}$ 到 $N(q_{\mathrm{goal}})$ 的连接 $edge[q_{\mathrm{goal}}, N(q_{\mathrm{goal}})]$ 的有效性,即虚拟维修人员姿势从 q_{init} 变化到 $N(q_{\mathrm{init}})$,从 $N(q_{\mathrm{goal}})$ 变化到 q_{goal} 时不和环境发生碰撞。

(2)找出一条有效的最短路径。在 Roadmap 中找出一条连接 $N(q_{\mathrm{init}})$、$N(q_{\mathrm{goal}})$ 的最短路径,并对其有效性进行检验。当路径中的某个节点或连接不是有效的时,将其做特殊的标记,使以后搜索出的最短路径不再经过该节点或连接。再在更新的 Roadmap 中进行新一轮的最短路径搜索,直到找到一条有效的最短路径为止。

在对搜索出的最短路径进行有效性检验时,只对发生碰撞的节点或连接进行标记,而不将其从 Roadmap 中剔除的原因主要是:对一个特定的虚拟维修人员采用该方法生成的 Roadmap 是对其形位空间的一个有效覆盖,当虚拟维修人员的位置发生改变时,该 Roadmap 仍然是有效的。因此只对发生碰撞的节点或连接进行标记,而不将其从 Roadmap 中剔除,当虚拟维修人员的站立位置发生变化时,不需要重新生成 Roadmap,可以减少对虚拟维修人员形位空间再进行采样所消耗的时间。

同样由于随机采样的缘故,从 Roadmap 搜索出的最短路径并不是一条可执行路径,必须对其进行平滑处理,本节采用 4.3.1 节中的增量线性化方法对路径进行平滑处理。

4.3.2.5 实现与分析

在人体建模软件 Jack 的基础上,采用 Python 和 C++结合的方式实现对维修操作的仿真。以图 4-24、图 4-25 和图 4-26 所示的三个任务对方法的适用性进行了验证。虚拟维修人员都能够自动规划出避开障碍物的路径,生成有效的操作路径。

(1)性能数据统计

以图 4-24、图 4-25 和图 4-26 所示的虚拟环境对该方法的性能进行测试,对完成路径规划

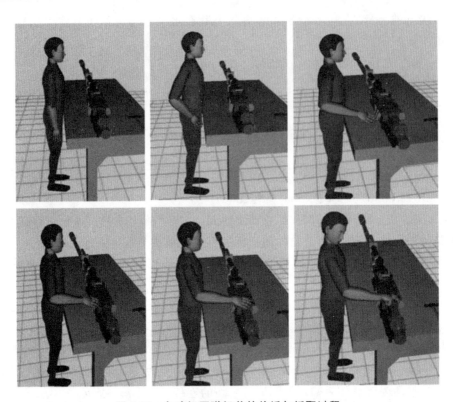

图 4-24　自动机压弹机盖的趋近与抓取过程

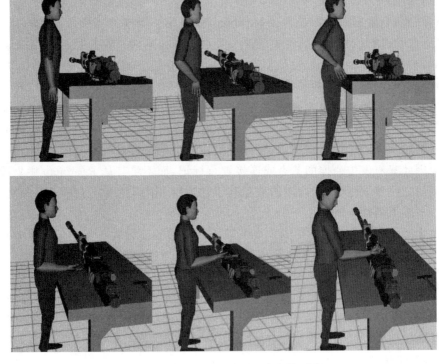

图 4-25　自动机手柄的趋近与抓取过程

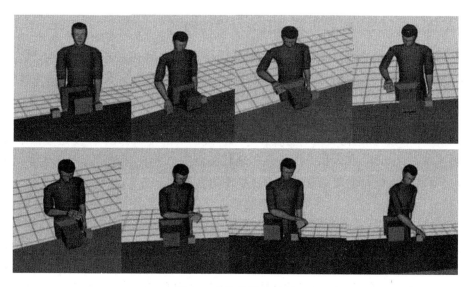

图 4-26　物体转移过程

所用的时间、路径搜索的次数和路径平滑时间进行统计,如表 4-4 所示。其中多边形数为场景中所有需要进行碰撞规避的物体的多边形数,路径规划所用的时间、路径搜索的次数和路径平滑时间为对每一个规划目标重复进行 100 次规划所用时间的平均值,单位为秒,其中路径规划时间不包括生成 Roadmap 所用的时间。表 4-4 中所记录的数据是在采用 Windows XP 为操作系统,CPU 为奔腾Ⅱ450,内存为 128M 的微机上进行测试所得的数据,而在另一台同样采用 Windows XP 为操作系统,CPU 为奔腾Ⅳ1.7G,内存为 258M 的微机上进行规划时所消耗的时间基本为表 4-4 中值的 1/4 左右。

表 4-4　性能统计数据

场景	多边形数	路径规划时间(s)	路径搜索次数	平滑时间(s)
自动机手柄场景	16235	13.2	15	2.1
自动机压弹机盖场景	16235	12.8	16	1.9
物体转移场景	5323	15.3	32	4.6

(2)方法分析

由于该方法中预先生成的 Roadmap 与环境无关,当环境发生改变或虚拟维修人员的操作位置发生变化时,不需要重新对虚拟维修人员的形位空间进行采样。因此,可以很好地解决环境发生变化或虚拟维修人员操作位置经常发生改变的情形,而这些情形在实际维修中是经常发生的。

基于 PRM 和经验数据的维修操作仿真方法是建立在对虚拟维修人员形位空间进行采样的基础上的。其采样具有随机性,因而使得被操作对象对虚拟维修人员运动的限制很难体现到对虚拟维修人员形位空间的采样或路径的搜索上。该方法具有一定的局限性,只适于解决趋近、恢复和无任务约束的转移等以人为中心的运动仿真问题,而不适于解决拆装操作和有任务约束的转移等以被操作对象为中心的运动仿真问题。

4.3.3 基于 RRT 和反向运动算法的维修操作仿真

在拆装操作和有任务约束的转移中,被操作对象的运动形式对虚拟维修人员的运动都具有严格的限制。基于 PRM 和经验数据的维修操作仿真方法中被操作对象对虚拟维修人员运动的限制很难体现到对虚拟维修人员形位空间的采样或路径的搜索上。因此,基于 PRM 和经验数据的维修操作仿真方法不适于解决拆装操作和有任务约束的转移问题。

在拆装操作中,虚拟维修人员与被操作零部件或工具的接触部位(主要是虚拟维修人员的手)的运动路径是已知的,只需要考虑维修环境和虚拟维修人员自身对运动的约束,因而可以采用反向运动算法来确定虚拟维修人员拆装操作的姿态。

在有任务约束的转移中,任务约束主要是指由于某些零部件在移动过程中不能绕某一个轴或某几个轴转动,或转动的角度具有一定的范围等,例如一个装满水的杯子在移动过程中,需要限定其在两个轴上的转动。转换一个思路,即以被操作对象的形位空间为采样空间,由运动规划方法来确定被操作对象的运动路径,虚拟维修人员的运动只是去满足被操作对象的运动方式时,这类问题就能够得到很好的解决。对被操作对象的形位空间进行采样以确定其运动路径时,只需要限定采样的形位空间的自由度或自由度的范围就能很好地解决转移过程中的任务约束问题(还是以装满水的杯子的转移过程为例,当对其形位空间进行采样时只考虑其在水平面上的转动自由度就能够很好地解决该问题),同时能够避开在基于 PRM 和经验数据的维修操作仿真方法中遇到的问题,即在对虚拟维修人员的形位空间进行采样时需要考虑被操作对象对维修人员运动的约束。为了解决拆装操作和有任务约束转移问题的仿真,可以用被操作对象的运动来约束虚拟维修人员运动的维修操作仿真方法。其基本思路是:对被操作对象的运动路径进行规划来确定其运动路径(在拆装操作仿真中操作对象的运动路径是确定和已知的),在被操作对象的位置已知的情况下采用反向运动算法来确定虚拟维修人员的姿态,仿真过程如图 4-27 所示。系统主要由三个部分组成,即路径规划器、反向运动解算器和碰撞检测器。

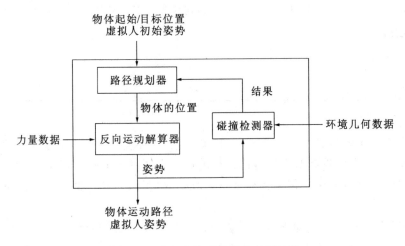

图 4-27　虚拟维修人员操作规划过程

(1)路径规划器负责找出一条连接操作物体的起始位置和目标位置的无碰撞路径;

(2)反向运动解算器则在操作物体位置已知的情况下,解算出虚拟维修人员的姿势;

(3)碰撞检测器则用来检验解算出的姿势是否与环境发生碰撞。

4.3.3.1　路径规划器

路径规划器的功能可以通过两个步骤来实现,即路径搜索和路径平滑。路径搜索在初始形位和目标形位之间找到一条可能的路径,而路径平滑则将该路径转化为真实可执行的路径。

（1）路径搜索

路径规划器需要在被操作物体的形位空间中找出一条连接其初始形位和目标形位的路径。以 RRT 方法为基础,对其中的 GROWTREE 函数进行一定的改造,使其在生成 Roadmap 时考虑到虚拟维修人员姿势的可能性,即物体位于该形位时能否生成有效的虚拟维修人员姿势以实现对物体的控制,基本算法如图 4-28、图 4-29 所示。

RRT 方法中距离函数的定义是一个需要非常重视的问题,距离函数的定义将影响到整个方法的效率。对于两个形位 $q_1=(x_1,R_1)$,$q_2=(x_2,R_2)$,其中 x,R 分别表示形位的位置和方向。定义两点间的距离为：$d(q_1,q_2)=w_x\parallel x_1-x_2\parallel^2+w_R\parallel \mathrm{rotdist}(R_1,R_2)\parallel^2$,其中 w_x、w_R 为位置变化和方向变化的权值。

Algorithm 1 PLANMANPATH(q_{init},q_{goal})

$T \leftarrow q_{\text{init}}$;

while time$<T_{\text{max}}$ do

    $q_{\text{sample}} \leftarrow$ SELECTTARGET(q_{goal},0.05);

    result=GROWTREE(T,q_{sample});

    if result=reached and $q_{\text{sample}}=q_{\text{goal}}$ then

        $P \leftarrow$ EXTRACTPATH(T);

        SMOOTHPATH(P);

        return SUCCESS;

    end

end

return FAILED;

图 4-28　操作路径规划算法

在算法 1 中,SELECTTARGET 函数选择一个形位作为采样形位 q_{sample},它以固定的概率（例如 0.05）选择目标形位为采样形位,当 q_{sample} 不是目标形位时,随机地在虚拟维修人员的操作空间中选择一个形位作为采样形位。q_{sample} 与其最近的形位 q_{nearest} 间的距离小于 RRT 方法的步长 ε 时,将 q_{sample} 作为目标形位;当 q_{sample} 与其最近的形位 q_{nearest} 间的距离大于 RRT 方法的步长 ε 时,在 q_{sample} 与 q_{nearest} 的连接上选取与 q_{nearest} 距离为 ε 的形位作为目标形位。只有当物体处于该目标形位且通过反向运动解算器能够获取到有效的虚拟维修人员姿势时,才在 q_{nearest} 和目标形位间建立连接。只有当计算时间大于给定的最大值或已经建立了连接初始形位和目标形位的连接时,算法才终止。

（2）路径的平滑

对于由规划算法生成的路径,由于是基于随机采样的缘故,其并不是最短或最优路径,必须对其进行平滑处理才能使生成的运动不会发生不必要的抖动或明显的不自然。但是对于路径有效性的检验需要同时考虑操作物体处于该形位时,是否能采用反向运动解算器求出有效的人体姿势,且不和环境发生碰撞。

Algorithm 2 GROWTREE(T,q)

$q_{nearest}$=FINDNEAREST(T,q,d)

q_{root} ← $q_{nearest}$;

while true do

 if $d(q_{root},q)<\varepsilon$ then

  q_{target} ← q;

 else

  $q_{target}=q_{root}+\varepsilon(q-q_{root})$;

 if IK(q_{target})≠SUCCESS then

  return FALLED;

 end

 ADDBRANCH(T,q_{root},q_{target});

 q_{root} ← q_{target};

 if $q_{target}=q$ then

  return REACHED;

 end

end

图 4-29　GROWTREE 算法

4.3.3.2　反向运动解算器

反向运动解算器的目的是把空间规划的结果转化为虚拟维修人员的关节角度,以便驱动虚拟维修人员执行该运动。对于反向运动解算器,可以利用已有的两种方法来实现对虚拟人姿势的解算。第一种方法为 Jack 系统中提供的反向运动解算程序(IKAN,Inverse Kinematics of Analytic and Numerical),第二种方法是基于力量指导的规划方法(SGRP,Strength Guided Reach Planning)。

第一种方法最大的优点是运算速度快,而且能够生成包括躯干在内的虚拟维修人员姿势。但是第一种方法最大的不足是生成的姿势有时是不自然的。主要原因是虚拟维修人员将手置于工作空间的某一位置时,由于人体的手臂具有多个冗余的自由度,其可以采用无数个姿势来实现这一目标,而 IKAN 只提供了可能解中的一个解。第二种方法解决了人体姿势的自然性问题,用大臂施力大小来衡量姿势的舒适性,能够有效地满足虚拟维修人员姿势的自然性要求,但有一些不足是其只能解算上肢的姿势,没有包含身体躯干姿势的解算。

4.3.3.3　碰撞检测

可以直接利用 Jack 系统提供的 5 种碰撞检测方法来实现两物体间的碰撞检测。这 5 种方法为包围盒算法(bounding box)、包围球算法、Gilbert&Johnson 算法、Moore&Wilhelms 算法和 Modified M&W 算法。

在基于采样的运动规划方法中,碰撞检测是一个相当耗时的步骤。为了加快碰撞检测的速度,本节采用两个步骤的碰撞检测方式来加快多个物体间的碰撞检测,称之为两步法,如下所示:

(1)采用较为粗略但速度较快的方法(如包围盒或包围球算法)来确定需要进行进一步碰撞检测的物体对,只有在该方法下发生碰撞的物体对才需要进行进一步的检测;

(2)采用精确的碰撞检测方法(如 Moore&Wilhelms 算法或 Modified M&W 算法)来确定在采用包围盒或包围球算法进行碰撞检测时发生碰撞的物体对是否发生碰撞。

4.3.3.4 实现与试验结果

以 Jack 系统为研究的基础,以 Python 语言和 C++语言为工具开发一个简单的程序对基于 RRT 和反向运动算法的维修操作仿真方法的适用性进行验证。由于该方法是建立在对被操作对象的形位空间进行采样的基础之上的,因此只要在采样时限制被操作对象绕轴的转动角度或保持初始形位时的角度不变,就能够很好地解决维修操作仿真中的任务约束问题。

仍以图 4-26 所示的场景为例,将方块从虚拟维修人员的右边移动到左边的某一个位置,假设该方块中装满了液体,在移动过程中方块的转动限制在水平面上。仿真过程如图 4-30 所示。在仿真中所采用的反向运动解算方法为基于力量指导的顺序规划方法;采用 IKAN 方法时,不能够生成满足需要的虚拟维修人员姿态,在仿真过程中会产生图 4-31 所示的情形。

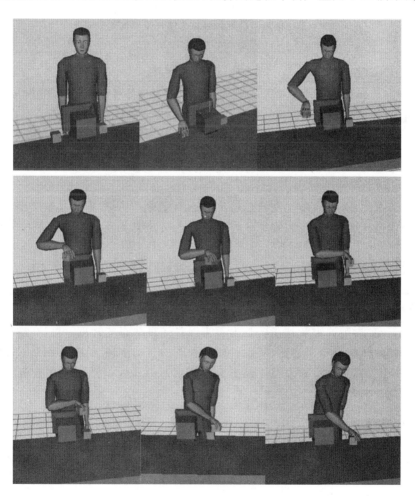

图 4-30　有任务约束的物体转移过程

对方法中采样形位的数量、有效形位的数量、碰撞检测的时间、路径平滑时间和总的规划时间进行了统计,如表 4-5 所示。其中,多边形数为场景中所有需要进行碰撞规避的物体的多边形数,所有时间值为对每一个规划目标重复进行 100 次规划所用时间的平均值,单位为秒。表 4-5 中所记录的数据是在采用 Windows XP 为操作系统,CPU 为奔腾 Ⅱ 450,内存为 128M 的微机上进行测试所得的数据。

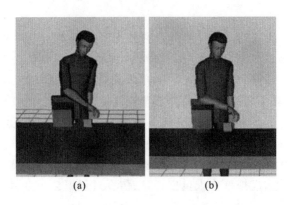

图 4-31 使用不同反向解算方法产生不同的效果

(a) SGRP 方法；(b) IKAN 方法

表 4-5 性能统计数据

场景	多边形数	采样形位数	有效形位数	碰撞检测时间	路径平滑时间	总的规划时间
有任务约束的物体转移	5323	2560	542	25.3s	6.8s	45.6s

4.4 沉浸式维修仿真

在沉浸式虚拟环境下，人体模型只是用户的一个化身，而用户本身具有对维修步骤或程序的理解和推理能力。因此，沉浸式虚拟环境中维修人员仿真的重点也和非沉浸式虚拟环境中的重点不尽相同。

已有的人体仿真软件如 Jack、Deneb Envision 等都具有强大的人体仿真能力，能够提供场景管理和对象管理的功能，而且在碰撞检测方面已经有很多成熟的软件包。因此，沉浸式虚拟环境下的维修人员仿真主要需要解决拆装约束管理和人体运动控制等问题，并提供自然的人机交互手段。其中，拆装约束管理主要是为了实现对样机状态的管理，可以在虚拟维修样机建模时提供合适的样机状态管理方法，实现对样机状态的自动推理，并提供用于过程仿真的交互信息，已有研究能够实现沉浸式虚拟维修仿真的需求。虚拟人运动控制和人机交互技术是需要重点解决的两个问题。

4.4.1 虚拟人运动控制

虚拟人运动控制主要解决两个问题，即用户运动到虚拟人运动间的映射问题和虚拟人及其操作的物体与环境中其他物体发生穿越的问题。本节从这两个方面对虚拟人的运动控制问题进行了研究。

4.4.1.1 用户与虚拟人之间运动的映射

在沉浸式虚拟维修环境中采用完整的人体模型，需要合适的运动实时捕获方法控制虚拟环境中虚拟人的姿势。人体运动的 6 个自由度数据可以通过电磁设备、光学设备、视频设备等多种方式来获取。以 FOB(Flock of Birds)为例，由一个延长距离控制器、一个延长距离发射器和数个 Bird 单元组成，每一个 Bird 单元控制一个传感器。仅对人体上身运动进行跟踪时，FOB 的配置情况见图 4-32。可以采用数据手套(Cyberglove)来获取手部细微的运动，它具有 18 个或者22个传感器,分别用来测量手部各个关节的角度和手指间的张度。利用手部各个关节角度和手指间张度的采样数据来控制虚拟环境中虚拟人手部各个关节的角度和手指间的张度。

图 4-32 上身跟踪时的 FOB 配置情况

4.4.1.2 穿越处理

1)穿越处理的基本思想

在虚拟现实技术中对物体的表示方法有两种:基于边界的(boundary-based)表示法和基于体积的(volume-based)表示法。物体的各种不同的表示方法都是针对某一种应用而设计的。在沉浸式虚拟维修仿真中的物体表示方法为三角形边界表示法,因此碰撞形式有以下四种情况:(1)点与面间的接触;(2)边与边间的接触;(3)面与面间的接触;(4)边与面间的接触。以上四种情况又可以归结为以下三种类型:1点接触,2点接触和3点及3点以上接触。由CAD模型转化来的多边形模型具有随机的面的法线方向。即使不出现这种情况,对于非闭合的物体(如薄片物体),没有"内"和"外"的概念,对于这种物体发生碰撞时,可以是它的两个面中的任何一个面。每一种情况下都需要处理接触点或者接触面的法线方向出现错误的情况。

穿越处理的思路是:人体的移动→碰撞检测→确定新的运动方向和距离。在有人参与之下的穿越处理中将人操作的物体看成是人体的一部分来处理,其中运动方向为平移的运动方向,物体的转动由人体的运动来控制。

其基本算法如下:

loop:

 while no collision:

 move visible object according to the motion of the ghost

else:

 approximate exact contact point

 classify contact

 calculate new direction and motion distance

2)确定新的方向和距离

假设可以获得精确的碰撞点,则可以确定碰撞后的物体运动方向。其中实线体为物体发生碰撞的位置,虚线体为物体经过时间 Δt 之后的位置,M 和 M' 分别为其质心位置,Δd 为 M 和 M' 之间的距离(即在某一个时刻物体的显示位置和其实际所处位置点之间的向量),$\Delta d'$ 为物体新的运动向量,C 为碰撞点,n 为碰撞点的单位法向量。

(1)1 点接触的运动方向和运动距离的确定

对于 1 点接触的情况,物体的移动方向 $\Delta d' = n \times (\Delta d \times n)$,如图 4-33(a)所示。不管法线的方向是否错误,$\Delta d'$ 的方向都是相同的。为了实现较好的防穿越处理效果,将运动的起始点设为 $M'' = M + \alpha n$,从而使物体以一定的距离沿碰撞面运动。由于面的法线的方向可能发生错误,需要使 M' 满足式 $|MC| \leqslant |M'C|$ 的要求。物体的移动距离 d 为 MM' 在 $\Delta d'$ 上的投影长度,如图 4-33(a)所示。

如图 4-33(b)所示,当物体质心的运动为远离碰撞点 C,碰撞是由于物体的转动而导致物体的移动,即 $\Delta d' = \Delta d + dn$。同时为了使物体以一定的距离沿碰撞物体表面移动,需使物体沿碰撞平面的法线方向移动一定的距离,即 $\Delta d' = \Delta d + (d + \alpha)n$。

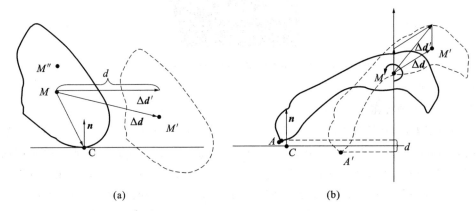

(a)　　　　　　　　　　(b)

图 4-33　1 点接触时运动方向和距离的确定

(2)2 点接触的运动方向和运动距离的确定

对于 2 点接触的情况,物体移动 $\Delta d' = (n_1 \times n_2)\left[\left(\dfrac{n_1 \times n_2}{|n_1 \times n_2|} \right) \Delta d \right]$,即物体的运动方向垂直于接触点的法线方向 n_1、n_2,其移动距离为 Δd 在 $n_1 \times n_2$ 上的投影长度。为了达到较好的防穿越处理效果,将 M 点沿 $n_1 + n_2$ 的方向平移一定的距离,即运动的起始点 $M' = M + \alpha(n_1 + n_2)$,如图 4-34 所示,其中 c_1、c_2 为接触点,n_1、n_2 为接触点法线方向。

(3)3 点及 3 点以上接触的运动方向和运动距离的确定

对于 3 点及 3 点以上接触的情况,可以分为两种情况(如图 4-35 所示,其中 n 为 c_1、c_2、c_3 所组成平面的法向量)。图 4-35(a)所示的情况,认为质心 M 处于 c_1、c_2、c_3 组成的三角形内,此状态为一稳定状态。物体的运动方向平行于 c_1、c_2、c_3 所组成的平面,且与 Δd 的角度最小,其距离为 Δd 在 c_1、c_2、c_3 所组成的平面上的投影长

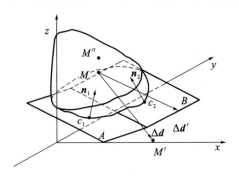

图 4-34　2 点接触时物体运动的确定

度。如图 4-35(b)所示,质心 M 处于 c_1、c_2、c_3 组成的三角形外,按照 2 点接触的情形进行处理。

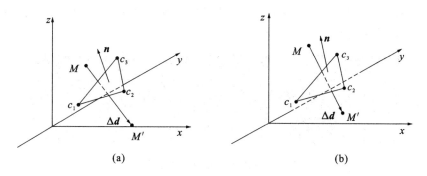

图 4-35 3 点接触时的两种情况

3)接触点的确定

如图 4-36 所示,M 点和 M' 点分别表示为显示物体和碰撞检测物体的质心位置,A 为与碰撞检测物体发生碰撞的面,移动距离 $T = d$(为 M 点和 M' 点之间的距离),物体的转动 $R = r$。对接触点的确定采用对分法和静态的碰撞检测来确定,其算法如下所示:

loop:
    while ghost collide:
      if T and R approximate is useful:
        calculate T and R
      else:
        if T approximate is useful:
          calculate T and R
        else:
          if R approximate is useful:
            calculate T and R

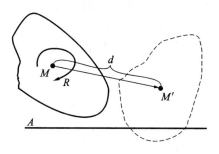

图 4-36 接触点确定说明

设碰撞检测物体用 collobj 来表示,显示物体用 visobj 来表示。从 T/R 同时逼近接触点的算法如下所示:

loop:
    while ghost collided:
    bisection T and R

else：

　　calculate contact points

　　在虚拟维修环境下，通过对物体的实际位置和其显示位置做适当的调整，能够避免物体间穿越现象的发生，其效果如图 4-37 所示。

图 4-37　虚拟维修仿真中防穿越处理实例

4.4.2　人机交互技术

　　交互是用户和虚拟环境进行交流的途径，用户对虚拟场景中物体的选择、操作和对仿真进程的控制都必须通过人机交互来实现。只有建立起有效而简洁的人机交互方法，才能更好地使用户在沉浸式虚拟环境中完成维修过程、维修程序确认或者开展维修训练。沉浸式虚拟维修仿真中，利用运动捕获设备实时地获取操作人员（或用户）的运动用于控制虚拟维修人员的运动。由于在沉浸式虚拟维修仿真中，操作人员完全沉浸在虚拟环境中进行维修操作，系统必须提供直接的交互手段用于对场景中对象的选取、操作和运动控制。

4.4.2.1　抓取识别

　　在现实生活中，实现对物体的抓取主要有物体在重力作用下的行为、物体的表面材质、手和物体接触点的几何条件等三个条件。从前两个条件可以得出结论：根据垂直力和摩擦力的大小来判定是否实现了对物体的牢固抓取，如果不使用力反馈装置，则只能利用几何条件来判断是否能够完成对物体的牢固抓取。

　　要实现对物体的牢固抓取，手和物体的两个接触点的法线方向(n_1, n_2)的夹角 α 必须大于某一临界值。为了确定放开物体的时机，定义向量 a 表示两个接触点间的距离（图 4-38）。当时间为 t_i 时，实现了对物体的抓取，两个接触点间的距离为 $L = \parallel a \parallel L = \parallel a \parallel$。由于缺少力反馈装置，在 t_{i+1} 时刻，在多数情况下手与物体接触点间的距离将小于 $L(t_i)$。因此在时刻 t_{i+1}，当 a 的长度 $\parallel a \parallel > L(t_i)$ 时，认为实现了对抓取物体的释放。从而可以导出实现对物体抓取要满足的两个条件：

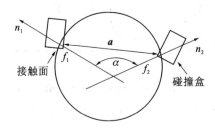

图 4-38　多边形物体的抓取条件

　　（1）当一个刚体的接触面 $f_i(i=1,2)$ 的法线方向 n_i 的夹角 α 大于某一试验给定值 β 时，能够实现对该物体的抓取操作。

（2）当在时刻 t_i 根据抓取条件（1）能够实现对物体的抓取操作，则只要在时刻 t_{i+1} 两接触点间的距离 $L(t_{i+1})$ 小于 $L(t_i)$ 时，抓取操作将继续保持，否则实现对物体的释放操作。

4.4.2.2 虚拟对象的运动控制

为了确保在拆卸和装配过程中部件始终在允许的运动自由度上运动，可以根据当前拆卸或装配部件的剩余自由运动空间，将传感器检测到的用户手部的运动或者用户手部运动引起的维修工具的运动映射到虚拟环境中部件的可自由运动空间，从而实现部件的约束运动。对于约束运动的生成可以分为两种情况。

（1）部件运动自由度小于 6 时的约束运动的生成

部件运动自由度小于 6 时的约束运动的生成可以分为平移运动的约束运动的生成和旋转运动的约束运动的生成两种情况。

设部件平移运动的运动方向为 $\boldsymbol{a}$，虚拟人手或维修工具的初始位置为 M_0，Δt 时间之后其位置为 M_1，将 M_0M_1 向 $\boldsymbol{a}$ 作投影为 $M_0'M_1'$，则 $M_0'M_1'$ 为被操作部件的约束运动平移距离 [图 4-39（a）]。

设部件旋转运动的旋转轴为 $\boldsymbol{a}$，O 为旋转轴上的一点，虚拟人手或维修工具的初始位置为 M_0，Δt 时间之后其位置为 M_1。将 M_0、M_1 分别向与 $\boldsymbol{a}$ 垂直且经过点 O 的平面作投影，分别为 M_0'、M_1'，则 OM_0' 与 OM_1' 间的夹角 α 为被操作部件的约束运动的旋转角度 [图 4-39（b）]。

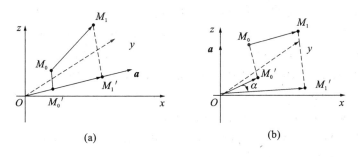

图 4-39 约束运动的生成

（2）部件的运动自由度为 6 时的约束运动的生成

当部件的运动自由度为 6 时，部件处于自由运动状态，其运动不受约束的限制。在被操作部件和虚拟人手或维修工具之间建立依附关系，使被操作部件和虚拟人手或维修工具间的相对运动关系保持不变。

参 考 文 献

[1] 蒋科艺. 虚拟维修仿真中虚拟人的仿真技术研究[D]. 石家庄：军械工程学院，2005.

[2] VUJOSEVIC R. Simulation, animation and analysis of Design Disassembly for Maintainability Analysis [J]. International Journal of Production Research, 1995, 33 (11): 1999-3022.

[3] BAUER M D, SIDDIQUE Z, ROSEN D W. Virtual prototyping in simultaneous product/process design for disassembly. In Rapid Response Manufacturing：Contemporary Methodologies, Tools and Technologies, 1997：141-175.

[4] BRUDERLIN A, CALVERT T W. Goal-directed animation of human walking[J]. Com-

puter Graphics (Proc. SIGGRAPH '89),1989,23:233-942.

[5] BOULIC R, THALMANN N M, THALMANN D. A global human walking model with real-time kinematic personification[J]. The Visual Computer, 1990, 6 (6): 344-368.

[6] PETTRE J, LAUMOND J P, SIMEON T. A 2-stages locomotion planner for digital actors[J]. Eurographics/SIGGRAPH Symposium on Computer Animation, 2003:26-27.

[7] CHOI M G, LEE J, SHIN S Y. Planning biped locomotion using motion capture data and probabilistic roadmaps[J]. ACM Transactions on Graphics, 2003, 22 (2): 182-203.

[8] KUFFNER J J. Goal-directed navigation for animated characters using real-time path planning and control[J]. Proceedings of the International Workshop on Modelling and Motion Capture Techniques for Virtual Environments, London, Springer Verlag, 1998: 171-186.

[9] SCHWARZER F, SAHA M, LATOMBE J C. Adaptive dynamic collision checking for single and multiple articulated robots in complex environments[J]. Robotics, 2005, 21 (3): 338-353.

[10] SANCHEZ G. A single-query bi-directional probabilistic roadmap planner with lazy collision checking [D]. México:ITESM Campus Cuernavaca,2002.

[11] REIF J H. Complexity of the mover's problem and generalizations[J]. In Proc. of IEEE Symp. on Foundat. Of Comp,Science,1979: 421-427.

[12] BOHLIN R, KAVRAKI L E. Path planning using lazzy PRM. Proc. IEEE Int. Conf. Robotics & Autom. ,San Francisco, CA, 2000. P. Pardalos, J. Reif and J. Rolim (eds.), Kluwer Academic Publishers, 2001.

[13] KALLMANN M, AUBEL A, ABACI T,et al. Planning collision-free reaching motions for interactive object manipulation and grasping[J]. Computer Graphics Forum, 2003, 22 (3): 313-322.

[14] LIU Y. Interactive reach planning for animated characters using hardware acceleration [D]. Philadelphia: University of Pennsylvania, 2003.

5 异构拓扑结构虚拟人运动重定向

5.1 概　　述

在虚拟维修中通常要仿真虚拟人的维修动作,模拟实际维修过程。仿真主要控制虚拟人的肢体生成逼真自然的维修动作,常用的方法包括关键帧方法、运动学方法、动力学方法、运动捕捉方法等。为了提高仿真的逼真性,采用运动捕捉方法是一种比较方便、高效的技术途径。基于运动捕捉数据的方法是指利用运动捕捉(Motion Capture)技术对表演者的运动进行记录,将其直接或作相应的处理后用于虚拟人运动的生成。在实际应用中往往将捕捉的数据应用到新的角色身上和场景中,并使虚拟人的动作满足相应的约束条件。由于直接从现实中采集实际维修动作来驱动虚拟人运动,故而可生成比较逼真的维修仿真,这个技术称为运动重定向。但是目标虚拟人与表演者在外形和身高上往往有差异,而且两个运动模型的拓扑结构可能不一样,造成同一段捕捉数据难以直接驱动不同的虚拟人进行仿真。在实际应用中需要研究解决异构拓扑结构虚拟人运动重定向问题。

运动重定向最早由 Gleicher 提出,其基本思想是将某个角色的运动数据映射到另外一个与之关节结构或者肢体长度不相同的角色,并且能够保持原有运动的主要特征。

重定向后的运动应该具有与原始运动相同的内容,但可以存在不同之处,也就是说,目标角色的运动与原始角色的运动在定义的范围内一致即可,而一些细节(如关节末端的精确位置)可以有所简略。利用运动重定向技术不仅可以实现运动捕捉数据的重用,还可以解决一些其他问题:

(1)改变意图。在动画制作过程中可能对原来的设想做出改变,运动重定向提供了后期调整的可能性。

(2)建立不可能的运动。对于那些无法捕捉的高难度动作,可以依次通过运动编辑和运动重定向,将高难度动作逼真地表现出来,并生成高质量的角色动画。

(3)建立精确和完善的运动。在动作捕捉阶段,由于表演者身上标志点的位置不正确,常常需要编辑数据使其满足某些标准,同时还必须对定制的动画进行消除人为迹象的调整,以便在时间、空间上与虚拟环境精确匹配。

运动重定向的本质是研究运动数据在不同角色之间的转移问题。根据源角色和目标角色之间的差异程度不同,运动重定向问题可划分为同构拓扑结构(Isomorphous Topological Structure)和异构拓扑结构(Heterogeneous Topological Structure)之间的运动重定向。同构拓扑结构是指骨架具有相同拓扑关系,但骨骼的长度和比例不同的两个角色。所谓同构的骨架拓扑结构,有如下要求:

（1）源角色 A 的关节链具有与目标角色 B 相同的层次结构和尺寸比例；

（2）源角色 A 的关节自由度个数与目标角色 B 的相一致；

（3）源角色 A 的关节旋转轴、旋转次序与目标角色 B 的相一致。

如果源角色与目标角色的骨架拓扑结构不能满足上述三条要求的任意一条，就称源角色与目标角色属于异构拓扑结构。如图 5-1 所示，人体运动捕捉数据向类人角色的多源运动数据映射就属于异构拓扑结构的运动重定向。

图 5-1　异构拓扑结构运动重定向

由于同构拓扑结构的骨架保留了关节——对应的一致性，一般直接建立对应关节之间的映射关系，即可实现运动数据在两个角色之间的无缝转移。事实上在运动重定向的实际应用中，源角色与目标角色之间的骨架结构往往不同，属于异构拓扑结构。因为两套骨架关节数目不一致，原始骨架模型中的部分关节在新的骨架模型中可能找不到对应的关节，导致这一部分关节的运动数据丢失，在新的角色运动中得不到体现，必然导致运动失真。因此，异构拓扑结构的虚拟人运动数据重定向实现起来存在更大的困难。目前，主要采用以下三种方法来实现重定向。

（1）基于骨架对应关系的实现原理

假定骨架 J 是由一些骨骼段组成，运动 $m(t)$ 由每个关节在时刻 t 的平移和旋转表示。在进行具有异构骨架拓扑结构的角色运动重定向时，通过用户指定关节的对应关系，忽略叶子关节节点和找不到对应关系又非主要的关节节点，然后使它们的初始姿态一致，最后把运动数据从原始骨架 J 映射到目标骨架 J'。

（2）基于中间骨架模型的实现原理

此方法通过比较源角色模型和目标角色模型来计算出中间模型。通过中间模型的过渡将运动映射到目标模型，然后用反向运动学的方法来加强约束，使目标模型保持源角色模型的姿态，从而实现运动重定向。中间模型与目标模型有着相同的节点和相同的局部坐标环境，它的骨骼方向是按照源角色模型节点之间的方向来确定的。这种对应关系要用到虚拟骨架（中间骨架）模型，通过虚拟骨架把目标骨架和源角色骨架对应起来。

（3）人体模型到非生命体模型的实现原理

在仿真中，人们有时希望一些非生命物体具有人体的运动特性，如蔬菜在田野中欢唱、纸片可以开口说话等，这可以利用捕捉的人体运动数据赋予非生命体运动的方法来实现。运动捕捉得到的数据绝大部分是人体模型的运动数据，然而非生命体的拓扑结构与人体差异极大，不可能直接按照骨骼的对应关系进行运动映射。可行的思路之一是根据非生命体模型的特点,给其装上虚拟的四肢,来模拟人体的拓扑结构,然后将人体运动信息赋给拟人化的模型,从而产生卡通化的模型运动效果。另一种思路是将人体骨架模型缩放后,置入非生命体内部,比如将一个人体骨架置入一个茶壶,人体骨架完全被包裹在茶壶中,然后以这个骨架来驱动茶壶运动,产生拟人化的运动效果。

对比上述三种异构拓扑结构运动重定向的实现方法,发现其共同点是必须解决运动数据在不同骨架之间的转换,而找到合理的姿态帧运动数据映射方法是决定运动重定向效果优劣的关键,其工作流程一般包含下述三个步骤:建立关节对应关系、初始姿态对齐、运动数据映射。按照这样的思路,归纳出异构拓扑结构运动重定向的基本原理,如图 5-2 所示。

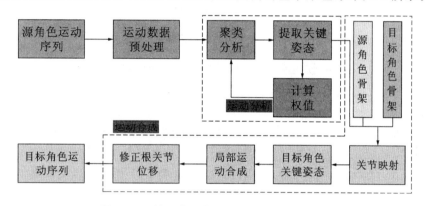

图 5-2　异构拓扑结构运动重定向的基本原理

5.2　异构拓扑结构虚拟人冗余关节优化与运动数据映射

5.2.1　冗余关节的产生及其影响

1)冗余关节产生的原因

在运动重定向过程中,目前常用的运动捕捉数据有 HTR、BVH、ASF-AMC 等格式,这些运动捕捉数据一般采用层次化的运动描述方法记录人体关节运动数据。通常,一段运动数据包含两方面的内容:人体根关节(Root)的位置及方向;其他任何一个关节相对于其父关节的旋转量。运动捕捉数据在某个时刻的运动参数可由下式表示:

$$F_t = [p_0(t), q_0(t), q_1(t), q_2(t), \cdots, q_n(t)] \tag{5-1}$$

其中,$p_0(t)$ 表示人体骨架模型根关节在三维空间中的平移运动,$q_i(t)(i=1,2,\cdots,n)$ 表示人体骨骼模型中第 i 个关节在 t 时刻相对于其父关节的旋转运动。

目标角色虚拟人的手臂模型如图 5-3 所示,一端固定在肩膀上,另一端是自由的。手臂的运动由 7 个自由度来控制 $\theta_i(i=1,2,\cdots,7)$。关节的运动自由度定义为:在人体运动过程中该关节是否能够在某个方向上相对于其父关节旋转。每一个关节拥有至多 3 个运动自由度,分别是弯曲自由度、绕曲自由度和扭曲自由度。

在 7 自由度虚拟人手臂关节模型中,肩关节(S)和腕关节(W)各有 3 个自由度,肘关节(E)有 1 个自由度,这 7 个自由度分别是:

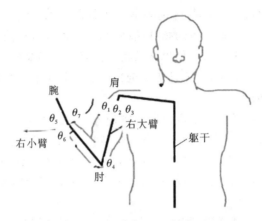

图 5-3　7 自由度虚拟人手臂关节模型

（1）肩关节：上臂外展/内收运动、上臂屈/伸运动、上臂旋内/旋外运动；

（2）肘关节：前臂屈/伸运动；

（3）腕关节：手外展/内收运动、手屈/伸运动、手旋前/旋后运动。

但通常情况下，采用欧拉角方式定义的原始运动捕捉数据的每个关节均具有 3 个自由度，那么在向目标角色虚拟人运动重定向时就会有冗余关节自由度产生，这里将不符合人体生理约束的关节运动自由度称作冗余关节自由度，冗余关节自由度对运动数据的映射会产生影响。

2）冗余关节对运动数据映射的影响

原始运动捕捉数据在重定向到目标角色虚拟人关节上时，其左右肘关节、左右膝关节各有 3 个自由度，目标虚拟人的肘、膝关节只有 1 个自由度，运动数据的直接重用会造成运动姿势不匹配，如图 5-4 所示，手臂上举角度差别明显。为了解决运动姿势不匹配问题，需要研究冗余关节自由度优化技术。

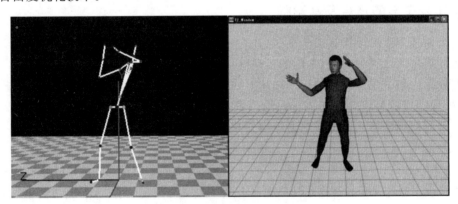

图 5-4　冗余关节导致的运动姿势不匹配

5.2.2　冗余关节优化

1）冗余关节的优化思路

假设原始运动捕捉数据的肩、肘关节各有 3 个自由度，数据重用的目标角色手臂模型的肩关节有 3 个自由度,肘关节有 1 个自由度。如果能够将原始运动数据的肘关节简化到 1 个自由度,肩关节保留 3 个新的自由度,并且使自由度优化前后两者姿态保持一致,就实现了冗余自由度的优化过程,其实现思路如下:

首先计算源角色骨架模型大臂与小臂的夹角 θ_4,将这个夹角当作新的肘关节自由度数据,记作 $E(0,\theta_4,0)$,接着将肘关节另外两个自由度的运动数据以一定准则分配给肩关节,并保证手臂姿势一致。可以由正向运动学公式提取出肩关节、肘关节相对于世界坐标系的转换矩阵,建立冗余自由度优化前后转换矩阵间的等价公式,接着推算出优化后肩关节新的自由度角度 θ_1、θ_2、θ_3。冗余自由度优化过程如图 5-5 所示。

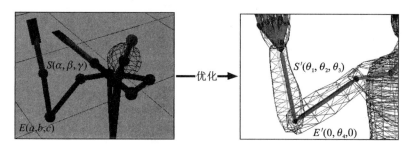

图 5-5　冗余自由度优化过程

2)关节角 θ_4 的求解

在层次化的运动描述方法中,整个人体的运动是由平移和旋转组成的,各个关节的位置可根据骨架长度和旋转向量求出。如图 5-6 所示,在关节链 Root、Chest、R_Clavicle、R_Shoulder、R_Elbow、R_Wrist 中,节点 R_Wrist 的位置与平移、旋转向量之间的对应关系如下式所示:

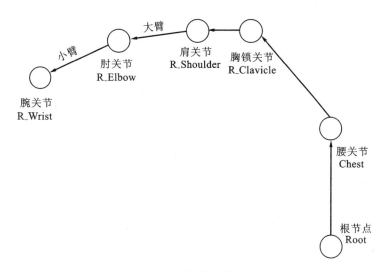

图 5-6　手臂关节链模型

$$\boldsymbol{P}_{\mathrm{R\_Wrist}}(x,y,z) = \boldsymbol{T}_{\mathrm{Root}}\boldsymbol{R}_{\mathrm{Root}}\boldsymbol{T}_{\mathrm{Chest}}\boldsymbol{R}_{\mathrm{Chest}}\boldsymbol{T}_{\mathrm{R\_Clavicle}}\boldsymbol{R}_{\mathrm{R\_Clavicle}}$$

$$* \boldsymbol{T}_{\mathrm{R\_Shoulder}}\boldsymbol{R}_{\mathrm{R\_Shoulder}}\boldsymbol{T}_{\mathrm{R\_Elbow}}\boldsymbol{R}_{\mathrm{R\_Elbow}}\boldsymbol{T}_{\mathrm{R\_Wrist}}\boldsymbol{R}_{\mathrm{R\_Wrist}}\boldsymbol{P}_0(x,y,z) \tag{5-2}$$

其中,$\boldsymbol{P}_{\mathrm{R\_Wrist}}(x,y,z)$ 表示 R_Wrist 关节在世界坐标系中的坐标;$\boldsymbol{P}_0(x,y,z)$ 表示初始位

置时关节 R_Wrist 在以父节点 R_Elbow 为原点的相对坐标系下的坐标；$\boldsymbol{T}_i (i = \text{Root}, \text{Chest}, \text{R\_Clavicle}, \text{R\_Shoulder}, \text{R\_Elbow}, \text{R\_Wrist})$ 表示节点 i 从当前坐标系平移到父节点坐标系下的平移量；$\boldsymbol{R}_i$ 表示节点 i 绕父节点的旋转向量，旋转向量由绕 x、y、z 轴的 3 个旋转分量组成。同理可推出肘关节、肩关节的世界坐标系坐标。

将大臂长度记作 l_1，小臂长度记作 l_2，通过坐标运算计算出的肩关节到腕关节的空间距离记作 l_3。那么肩、肘、腕三个关节构成的三角形边长就已经确定,可由三角形的余弦定理求得大臂、小臂关节夹角 θ_4,见下式：

$$\theta_4 = \pi - \arccos\left(\frac{l_1^2 + l_2^2 - l_3^2}{2 l_1 l_2}\right) \tag{5-3}$$

3）肩-肘关节组冗余自由度的优化

由正向运动学公式提取出肩关节、肘关节相对于世界坐标系的转换矩阵公式如下：

$$\boldsymbol{M}_{\text{R\_Shoulder}} \boldsymbol{M}_{\text{R\_Elbow}} = \boldsymbol{T}_{\text{R\_Shoulder}} \boldsymbol{R}_{\text{R\_Shoulder}} \boldsymbol{T}_{\text{R\_Elbow}} \boldsymbol{R}_{\text{R\_Elbow}}$$

$$= \begin{bmatrix} 1 & & & d_{\text{x\_RS}} \\ & 1 & & d_{\text{y\_RS}} \\ & & 1 & d_{\text{z\_RS}} \\ 0 & 0 & 0 & 1 \end{bmatrix} \cdot \begin{bmatrix} & & & 0 \\ & \boldsymbol{R}_{\text{R\_Shoulder}} & & 0 \\ & & & 0 \\ 0 & 0 & 0 & 1 \end{bmatrix} \cdot \begin{bmatrix} 1 & & & d_{\text{x\_RE}} \\ & 1 & & d_{\text{y\_RE}} \\ & & 1 & d_{\text{z\_RE}} \\ 0 & 0 & 0 & 1 \end{bmatrix} \cdot \begin{bmatrix} & & & 0 \\ & \boldsymbol{R}_{\text{R\_Elbow}} & & 0 \\ & & & 0 \\ 0 & 0 & 0 & 1 \end{bmatrix}$$

$$= \begin{bmatrix} & & & d_{\text{x\_RS}} \\ \boldsymbol{R}z(\alpha)\boldsymbol{R}x(\beta)\boldsymbol{R}y(\gamma) & & & d_{\text{y\_RS}} \\ & & & d_{\text{z\_RS}} \\ 0 & 0 & 0 & 1 \end{bmatrix} \cdot \begin{bmatrix} & & & d_{\text{x\_RE}} \\ \boldsymbol{R}z(a)\boldsymbol{R}x(b)\boldsymbol{R}y(c) & & & d_{\text{y\_RE}} \\ & & & d_{\text{z\_RE}} \\ 0 & 0 & 0 & 1 \end{bmatrix} \tag{5-4}$$

其中，$\boldsymbol{R}z(\alpha)\boldsymbol{R}x(\beta)\boldsymbol{R}y(\gamma)$ 表示肩关节的旋转矩阵；$d_{\text{x\_RS}}$、$d_{\text{y\_RS}}$、$d_{\text{z\_RS}}$ 表示子关节 Right_Shoulder 相对于父关节 Chest 在 X、Y、Z 轴向上的平移量。$\boldsymbol{R}z(a)\boldsymbol{R}x(b)\boldsymbol{R}y(c)$ 表示肘关节的旋转矩阵；$d_{\text{x\_RE}}$、$d_{\text{y\_RE}}$、$d_{\text{z\_RE}}$ 表示 Right_Elbow 相对于 Right_Shoulder 的平移量。根据冗余自由度优化思路,由式(5-4)可以列出如下的等价矩阵：

$$\boldsymbol{M}_{\text{R\_Shoulder}} \boldsymbol{M}_{\text{R\_Elbow}}$$

$$= \begin{bmatrix} & & & d_{\text{x\_RS}} \\ \boldsymbol{R}z(\alpha)\boldsymbol{R}x(\beta)\boldsymbol{R}y(\gamma) & & & d_{\text{y\_RS}} \\ & & & d_{\text{z\_RS}} \\ 0 & 0 & 0 & 1 \end{bmatrix} \cdot \begin{bmatrix} & & & d_{\text{x\_RE}} \\ \boldsymbol{R}z(a)\boldsymbol{R}x(b)\boldsymbol{R}y(c) & & & d_{\text{y\_RE}} \\ & & & d_{\text{z\_RE}} \\ 0 & 0 & 0 & 1 \end{bmatrix}$$

$$= M'_{\text{R\_Shoulder}} M'_{\text{R\_Elbow}}$$

$$= \begin{bmatrix} & & & d_{\text{x\_RS}} \\ \boldsymbol{R}z(\theta_1)\boldsymbol{R}x(\theta_2)\boldsymbol{R}y(\theta_3) & & & d_{\text{y\_RS}} \\ & & & d_{\text{z\_RS}} \\ 0 & 0 & 0 & 1 \end{bmatrix} \cdot \begin{bmatrix} & & & d_{\text{x\_RE}} \\ \boldsymbol{R}z(0)\boldsymbol{R}x(\theta_4)\boldsymbol{R}y(0) & & & d_{\text{y\_RE}} \\ & & & d_{\text{z\_RE}} \\ 0 & 0 & 0 & 1 \end{bmatrix} \tag{5-5}$$

其中，$\boldsymbol{R}z(\theta_1)\boldsymbol{R}x(\theta_2)\boldsymbol{R}y(\theta_3)$ 表示肩关节新的旋转矩阵，$\boldsymbol{R}z(0)\boldsymbol{R}x(\theta_4)\boldsymbol{R}y(0)$ 表示肘关节新的旋转矩阵。由式(5-5)可得：

$$M'_{\text{R\_Shoulder}} = \boldsymbol{M}_{\text{R\_Shoulder}} \boldsymbol{M}_{\text{R\_Elbow}} (M'_{\text{R\_Elbow}})^{-1} \tag{5-6}$$

此时新的肩关节自由度 θ_1、θ_2、θ_3 就可以通过欧拉角解算公式求得,其中 $M'_{\text{R\_Shoulder}}$ 见下式：

$$
\boldsymbol{M}'_{\text{R\_Shoulder}} = \begin{bmatrix} & & & d_{\text{x\_RS}} \\ \boldsymbol{R}z(\theta_1)\boldsymbol{R}x(\theta_2)\boldsymbol{R}y(\theta_3) & & & d_{\text{y\_RS}} \\ & & & d_{\text{z\_RS}} \\ 0 & 0 & 0 & 1 \end{bmatrix} \tag{5-7}
$$

4）冗余关节优化算法检验

不失一般性,数据测试试验中对肩、肘关节欧拉角数据在 $\pm 180°$ 之间进行取值,关节欧拉角旋转次序均为 Z—X—Y,冗余自由度优化仿真结果见表 5-1。数据优化前,肩、肘关节各有3个自由度;优化后,肩关节有 3 个新的自由度,肘关节有 1 个自由度。通过比较腕关节空间位置坐标,发现目标位置吻合率达到 96% 以上,证明冗余自由度优化算法是稳定可靠的。

表 5-1　冗余自由度优化前后结果对比

优化前			优化后			结论
肩(°)	肘(°)	目标矩阵(腕关节)	肩(°)	肘(°)	目标矩阵(腕关节)	吻合率(%)
-40 30 50	40 -130 50	$\begin{bmatrix} R & \begin{matrix} 3.45 \\ 40.49 \\ 7.49 \end{matrix} \\ 0\ 0\ 0 & 1 \end{bmatrix}$	137.78 150.77 -158.42	0 -119.49 0	$\begin{bmatrix} R & \begin{matrix} 3.57 \\ 40.55 \\ 7.52 \end{matrix} \\ 0\ 0\ 0 & 1 \end{bmatrix}$	$\geqslant 96.5$
20 0 -20	10 20 30	$\begin{bmatrix} R & \begin{matrix} -1.77 \\ 34.82 \\ -4.17 \end{matrix} \\ 0\ 0\ 0 & 1 \end{bmatrix}$	-148.25 142.69 -168.39	0 -22.27 0	$\begin{bmatrix} R & \begin{matrix} -1.75 \\ 34.52 \\ -4.14 \end{matrix} \\ 0\ 0\ 0 & 1 \end{bmatrix}$	$\geqslant 98.8$
20 -60 -20	-100 -30 110	$\begin{bmatrix} R & \begin{matrix} 10.95 \\ 48.18 \\ 11.18 \end{matrix} \\ 0\ 0\ 0 & 1 \end{bmatrix}$	-116.82 -119.09 169.88	0 -22.26 0	$\begin{bmatrix} R & \begin{matrix} 10.98 \\ 49.22 \\ 11.26 \end{matrix} \\ 0\ 0\ 0 & 1 \end{bmatrix}$	$\geqslant 97.8$
-80 -20 -100	-30 -150 -50	$\begin{bmatrix} R & \begin{matrix} -5.93 \\ 51.26 \\ 11.22 \end{matrix} \\ 0\ 0\ 0 & 1 \end{bmatrix}$	100.32 -159.49 -121.67	0 -138.59 0	$\begin{bmatrix} R & \begin{matrix} -5.83 \\ 51.26 \\ 11.23 \end{matrix} \\ 0\ 0\ 0 & 1 \end{bmatrix}$	$\geqslant 98.3$
-110 20 -10	-175 -70 -170	$\begin{bmatrix} R & \begin{matrix} -7.29 \\ 50.45 \\ 15.96 \end{matrix} \\ 0\ 0\ 0 & 1 \end{bmatrix}$	65.40 159.09 168.19	0 -109.90 0	$\begin{bmatrix} R & \begin{matrix} -7.51 \\ 50.11 \\ 15.68 \end{matrix} \\ 0\ 0\ 0 & 1 \end{bmatrix}$	$\geqslant 96.9$
140 -160 160	80 -60 100	$\begin{bmatrix} R & \begin{matrix} 4.47 \\ 43.95 \\ 13.62 \end{matrix} \\ 0\ 0\ 0 & 1 \end{bmatrix}$	120.17 -157.76 -175.94	0 -85.01 0	$\begin{bmatrix} R & \begin{matrix} 4.96 \\ 44.15 \\ 13.91 \end{matrix} \\ 0\ 0\ 0 & 1 \end{bmatrix}$	$\geqslant 96$

人机工效仿真软件 Jack 的虚拟人手臂模型拥有典型的 7 自由度结构,试验中将 6 个差异性较大的关键帧姿态运动数据经冗余自由度优化算法优化之后在虚拟人手臂关节链上进行了

重用,结果如图 5-7 所示,可见二者运动过程一致。肘、肩、腕关节姿势匹配良好,证明了冗余自由度优化算法的良好适用性。这里的冗余自由度关节优化算法也适用于其他虚拟仿真软件,如 Delmia,3dsMax 等。从 Delmia 建立的人体模型可知,单个手臂共有 7 个自由度,包括肩关节 3 个自由度、肘关节 1 个自由度和腕关节 3 个自由度,Delmia 的虚拟人手臂模型与Jack 的虚拟人手臂模型非常类似。利用 3dsMax 虚拟人体模型的肘、膝关节时,系统进行了生理约束限制,只有一个关节自由度可以完成屈伸动作。冗余自由度关节优化算法可以完美地解决 Delmia、3dsMax 等构建的虚拟人体模型运动重定向中姿势不匹配问题。同样对于其他仿真软件的虚拟人模型,存在运动重定向姿势不匹配问题时,可以对冗余自由度关节优化算法进行适当改进,以进行优化使用。

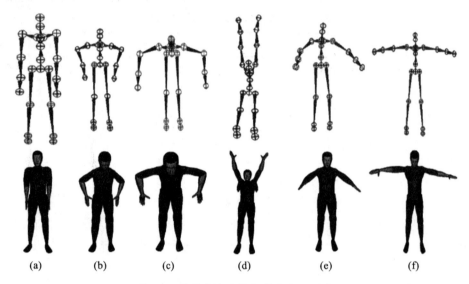

(a)　　　　(b)　　　　(c)　　　　(d)　　　　(e)　　　　(f)

图 5-7　关节自由度优化算法应用测试

5.2.3　运动数据的重定向映射

1)初始姿态对齐

为了实现源角色运动数据到目标角色的运动重定向,首先需要对二者的初始姿态进行对齐。对于异构骨架拓扑结构,关节之间存在如下三种映射关系:

(1)一对一的关系,例如源角色和目标角色的锁骨、肩、肘、腕等关节一一对应;

(2)一对多的关系,例如源角色的腰关节(一般只有 1 至 4 段关节)运动数据映射到目标角色脊柱关节组(一些构造复杂的脊柱关节组可达近 20 段关节),就属于一对多的情况;

(3)无对应关系,例如四足动物的尾部关节在人体关节中无对应关节。

图 5-8 所示为源角色 BVH 运动数据的骨架模型和目标角色虚拟人(这里使用 Jack 人体模型作为目标角色虚拟人)骨架模型初始姿态对齐后的效果。虽然二者都是骨架层次结构模型,可以通过欧拉角旋转方式控制运动,但两种骨架模型在关节结构定义、自由度个数、坐标系定义以及旋转顺序等方面存在异同。用 BVH 数据驱动 Jack 虚拟人运动必须解决以下问题:关节层次模型映射问题、BVH 参照坐标系到 Jack 局部参照坐标系的转换问题、关节自由度个数不一致的运动重定向优化问题等。

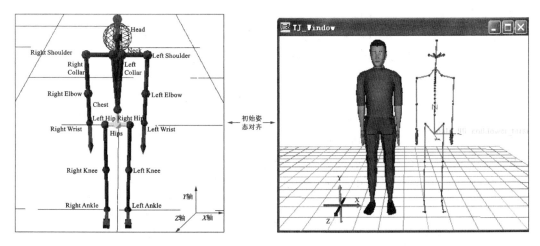

图 5-8　BVH 与 Jack 的虚拟人骨架模型初始姿态对齐

2）根节点的映射

BVH 的根节点对应于 Jack 虚拟人的髋骨下端。根节点的映射分两步进行，即方向映射和位置映射。

（1）方向的映射

假设任一帧根节点的运动数据为：$\mathrm{CHANNELS}_6(x_0,y_0,z_0,\varphi,\theta,\phi)$，则 BVH 根节点在世界坐标系下按 Z—X—Y 的欧拉角顺序旋转相应于 Jack 虚拟人在初始姿态下绕世界坐标系原点进行相应次序的欧拉角旋转。设 $xyz(0,0,0)$ 为世界坐标系原点，则 Jack 虚拟人的根节点方向映射过程如下：

$s_1 = xyz(-90 * u.\,\mathrm{deg},0,-90 * u.\,\mathrm{deg}).\mathrm{Rotate\ Around\ Vector}(xyz(0,0,0).\mathrm{GetAxis}('Z'),\varphi)$

$s_2 = s_1.\mathrm{Rotate\ Around\ Vector}(xyz(0,0,0).\mathrm{GetAxis}('X'),\theta)$

$s_3 = s_2.\mathrm{Rotate\ Around\ Vector}(xyz(0,0,0).\mathrm{GetAxis}('Y'),\phi)$

s_3 即是相应的 Jack 虚拟人在世界坐标系中的方向。

（2）位置的映射

对于位置部分，假设 BVH 数据映射到 Jack 世界坐标系原点后的矩阵为 S_0，Jack 虚拟人所在的位置矩阵为 J，则从 S_0 到 J 之间存在逆矩阵 $S_0^{-1}J$。之后将 BVH 数据映射到 Jack 世界坐标系原点之后的矩阵 S_i 逐帧乘以逆矩阵 $S_0^{-1}J$ 可得到 Jack 虚拟人运动过程中每一帧根节点的位置坐标 J_i：

$$J_i = S_i * (S_0^{-1}J)$$

3）运动数据的关节映射

运动重定向的关键在于实现各个关节的数据映射。运动数据映射的核心思想是根据目标角色模型与源角色模型的结构差异，进行坐标系变换，在计算出关节旋转矩阵后，反求旋转矩阵得到对应的目标角色关节欧拉角。具体步骤如下：

■　提取 BVH 每一帧的欧拉角；

■　校正 Jack 虚拟人关节对应的旋转角度；

■　计算 Jack 虚拟人的关节旋转矩阵；

■　反求 Jack 虚拟人关节欧拉角；

■　给 Jack 虚拟人关节角度赋值。

比较 BVH 骨架模型与 Jack 虚拟人骨架模型,得出其初始姿态对齐后的关节对应关系,如表 5-2 所示。从表 5-2 得出,BVH 格式的源角色运动捕捉数据的各个关节均有 3 个自由度,目标角色关节分为三种情况:

■　三自由度关节:例如左(右)肩关节、左(右)腕关节、颈关节、左(右)髋关节、左(右)踝关节、脊椎关节组的各个子关节等;

■　二自由度关节:左(右)胸锁骨关节;

■　单自由度关节:左(右)肘关节、左(右)膝关节。

表 5-2　BVH 与 Jack 虚拟人骨架模型之间的关节对应关系

BVH		Jack	
关节名称	自由度	关节名称	自由度
Hips	6	lower_torso. proximal	6
Left Hip(Right Hip)	3	left_hip(right_hip)	3
Left Knee(Right Knee)	3	left_knee(right_knee)	1
Left Ankle(Right Ankle)	3	left_ankle(right_ankle)	3
Chest	3	spine t11t12,等 17 个	3
Neck	3	base_of_neck	3
Left Collar(Right Collar)	3	left_clavicle_joint(right_clavicle_joint)	2
Left Shoulder(Right Shoulder)	3	left_shoulder(right_shoulder)	3
Left Elbow(Right Elbow)	3	left_elbow(right_elbow)	1
Left Wrist(Right Wrist)	3	left_wrist(right_wrist)	3

(1)肩关节的运动数据映射

在目标角色坐标系定义里,肩关节、髋关节、踝关节等均具有 3 个自由度,将它们归为一类,以左肩关节为例研究映射算法。

在 Jack 平台中,Jack 虚拟人是一个关节链接的复杂 Figure(图形),具有 Peabody 结构。其中 Figure 是由数个 Segment(片段)组成的,相邻两个 Segment 之间可以建立 Joint(关节)连接。Figure、Segment 以及 Joint 在空间中的方位和运动通过坐标系的齐次变换(Homogeneous Transformations)描述。Jack 虚拟人的每个关节处均定义了两个 Site 点,固定 Site 点('from' site)和转动 Site 点('to' site)。这两个 Site 点分属于两个坐标系,分别固连在与关节相连的两个刚体上,并随着两个刚体旋转,可以计算由一个刚体的运动而带动另一个刚体运动的旋转关系。以肩关节为例,肩关节的运动可以分解为:首先胸锁骨带动大臂运动,肩关节姿态保持不变而引起的与胸锁骨相连的坐标系变化;其次肩关节自身的旋转引起的与大臂相连的坐标系变化。Jack 虚拟人左肩关节 Site 点坐标系如图 5-9 所示。

固定 Site 点和转动 Site 点两者具有共同的坐标原点,但方向不同。通过计算两个 Site 点之间的相对运动来描述关节的转动。将固定 Site 点和转动 Site 点分别记作 M_0 和 M_1,M_0 和 M_1 都是齐次变换。

图 5-9　Jack 虚拟人左肩关节 Site 点坐标系示意图

令

$$M_1 = xyz(v_0, v_1, v_2) * \text{trans}(p_0, p_1, p_2) \tag{5-8}$$

访问到 M_1 各个轴 $'X'$、$'Y'$ 和 $'Z'$ 的单独向量之后将其分量写成矩阵形式,则完成齐次变换到矩阵形式的转换,如下式所示:

$$\left. \begin{aligned} x &= M_1.\text{GetAxis}(0) \\ y &= M_1.\text{GetAxis}(1) \\ z &= M_1.\text{GetAxis}(2) \end{aligned} \right\} \tag{5-9}$$

此时

$$M_1 \xleftarrow{\text{等价于}} \begin{bmatrix} x[0] & x[1] & x[2] & 0 \\ y[0] & y[1] & y[2] & 0 \\ z[0] & z[1] & z[2] & 0 \\ p_0 & p_1 & p_2 & 1 \end{bmatrix} \tag{5-10}$$

以 Jack 虚拟人的左肩关节为例,有如下旋转公式:

$$R_Z(\varphi) * (R_X(\theta) * (R_Y(\phi) * M_0)) = M_1 \tag{5-11}$$

φ、θ 和 ϕ 为 Jack 虚拟人左肩关节角度值,由式(5-11)得:

$$R_Z(\varphi) * R_X(\theta) * R_Y(\phi) = M_1 * (M_0)^{-1} \tag{5-12}$$

其中,$R_X(\theta)$ 表示在右手坐标系下相对坐标原点绕 X 轴旋转 θ 角;$R_Y(\phi)$ 表示绕 Y 轴转 ϕ 角;$R_Z(\varphi)$ 表示绕 Z 轴转 φ 角。假设 BVH 左肩关节按 Z—X—Y 的欧拉角次序旋转 α、β、γ,对比 BVH 与 Jack 虚拟人的左肩关节坐标系可发现这个转动过程相当于 Jack 虚拟人左肩关节转动 Site 点 M_1 依次绕自身 X、Y、Z 轴转动 α、$-\beta$、$-\gamma$,公式如下:

$$s = R_X(\alpha) \cdot M_1 \xrightarrow{\text{等价于 Jack}} M_1.\text{Rotate Around Vector}(M_1.\text{GetAxis}('X'), \alpha)$$

$$s_1 = R_Y(-\beta) \cdot s \xrightarrow{\text{等价于 Jack}} s.\text{Rotate Around Vector}(s.\text{GetAxis}('Y'), -\beta)$$

$$s_2 = R_Z(-\gamma) \cdot s_1 \xrightarrow{\text{等价于 Jack}} s_1.\text{Rotate Around Vector}(s_1.\text{GetAxis}('Z'), -\gamma)$$

令 $M_1 = s_2$,将 $M_1 * (M_0)^{-1}$ 记作 R',则由式(5-12)得:

$$R_Z(\varphi) * R_X(\theta) * R_Y(\phi) = R' \tag{5-13}$$

由式(5-13)可得欧拉角公式组如下:

$$\left.\begin{aligned}
\sin(\theta) &= -R'[2][1] \\
\sin(\phi) * \cos(\theta) &= R'[2][0] \\
\cos(\phi) * \cos(\theta) &= R'[2][2] \\
\sin(\varphi) * \cos(\theta) &= R'[0][1] \\
\cos(\varphi) * \cos(\theta) &= R'[1][1]
\end{aligned}\right\} \tag{5-14}$$

通过欧拉角反求解算法,可得相应的 Jack 虚拟人左肩关节角度值 φ、θ、ϕ:

$$\varphi = \begin{cases} \arctan(R'[0][1]/R'[1][1]) & (R'[1][1] < 0) \\ -\pi \cdot \mathrm{sign}(R'[0][1]) + \arctan(R'[0][1]/R'[1][1]) & (R'[1][1] > 0) \end{cases}$$

$$\theta = -\pi \cdot \mathrm{sign}(R'[2][1]) - \arcsin(-R'[2][1])$$

$$\phi = \begin{cases} \arctan(R'[2][0]/R'[2][2]) & (R'[2][2] < 0) \\ -\pi \cdot \mathrm{sign}(R'[2][0]) + \arctan(R'[2][0]/R'[2][2]) & (R'[2][2] > 0) \end{cases}$$

(2)脊椎关节组的运动数据映射

脊柱是构成躯干的基本结构。包括颈椎、胸椎、腰椎、骶椎和尾椎。医学上通常把这些椎骨依次标记为 C1~C7、T1~T12、L1~L5 及 S1~S5,分别代表颈椎第 1 至第 7 椎骨、胸椎第 1 至第 12 椎骨、腰椎第 1 至第 5 椎骨以及骶椎第 1 至第 5 椎骨。Jack 虚拟人骨架的脊柱由胸椎关节组、腰椎关节组、腰关节等 17 个关节组成,每个关节均具有 3 个自由度。如图 5-10 所示,左侧为人体脊柱医学解剖图,右侧为 Jack 虚拟人的脊柱模型。

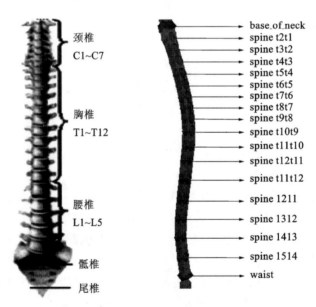

图 5-10　脊柱的形态

在源角色运动数据中,其骨架模型中脊柱仅对应一个关节 Chest,这一个关节的运动数据映射到目标角色 Jack 虚拟人骨架上时,产生了冗余关节匹配问题。实现 BVH 腰关节 Chest 的映射需根据 Jack 虚拟人脊椎的建模特点按一定原则进行数据分配。Jack 虚拟人的脊柱运动类型总体表现为前后弯曲(Flex)、伸展旋转(Axial)和侧倾(Lat),是各个子关节共同运动的结果,并且 Jack 虚拟人脊柱的整体运动趋势与每一个子关节在角度取值上呈线性变化。将 BVH 腰关节的运动数据按比例分配法分配给 Jack 虚拟人脊柱的各个子关节。设脊柱关节组的关节限度为 Torso(Flex, Axial, Lat)，设任意一个子关节 Spine t2t1 的关节旋转数据为 Spine t2t1(X, Y, Z)，则脊柱关节组角度分配到子关节 Spine t2t1 的算法如下式所示：

$$X = \frac{X_{\max} - X_{\min}}{Flex_{\max} - Flex_{\min}} \cdot Flex + (X_{\max} - \frac{X_{\max} - X_{\min}}{Flex_{\max} - Flex_{\min}} \cdot Flex_{\max}) \qquad (5\text{-}15)$$

式（5-15）中，$X_{\max}$、$X_{\min}$ 分别为脊柱子关节 Spine t2t1 在自由度 X 上的上限和下限，$Flex_{\max}$、$Flex_{\min}$ 分别为脊柱关节组弯曲自由度的上限和下限。Spine t2t1 关节 Y、Z 自由度的分配同公式（5-15）。脊椎关节组的运动数据映射结果如图 5-11 所示，可见其运动匹配结果十分准确。

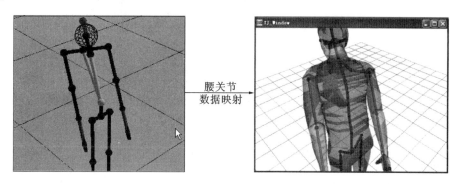

图 5-11　BVH 腰关节数据到 Jack 虚拟人脊柱关节组的数据映射结果

5.2.4　运动数据映射算法的程序实现及仿真测试

为了验证异构拓扑结构虚拟人运动数据映射算法的有效性，通过 Jack Script 编程语言对前述算法进行了编程实现，将 BVH 格式运动捕捉数据在 Jack 平台上进行了重定向仿真再现。图 5-12 是一段 BVH 格式"曲线加速跑步"运动数据中的 10 个关键帧，图 5-13 是此段运动捕捉数据在 Jack 平台中的重定向试验结果，可见二者运动过程一致，证明了运动数据映射算法的准确性。

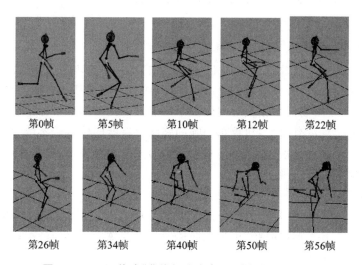

图 5-12　BVH 格式"曲线加速跑步"运动数据的关键帧

图 5-13 　"曲线加速跑步"运动在 Jack 虚拟人中的运动重定向结果

5.3 运动数据重定向的真实性处理

通过运动重定向,可以将运动数据重新用到不同拓扑结构的虚拟人体模型上,从而得到效果逼真可信的仿真动画,然而在此过程中仍然存在着一些问题。在前阶段的试验中,尝试将源角色运动数据重定向到目标角色模型上,两套骨架模型各个关节的自由度及坐标系的旋转顺序不一致,对于这种拓扑结构不同的角色重定向,以前的做法是进行坐标系转换,但是对于如舞蹈、侧身动作之类的涉及身体旋转的运动,仅仅进行坐标系转换将会导致目标角色出现滑步、肢体穿越或者身体倾斜、旋转等运动失真现象。因此,运动数据重定向之后需要进行相应的真实性处理。

5.3.1 消除重定向后运动失真现象的一般方法

5.3.1.1 运动失真现象及其原因分析

(1)脚步滑动穿刺的产生

在人的实际运动中,当脚踩在地面上时,脚或者脚的一部分相对于地面是静止的,当用采集的数据驱动人体模型时,脚会在地面上前后滑动,而且不时地穿越地面。导致这种现象的原因有:当把源角色的运动捕捉数据重定向到一个关节长度比较短的目标角色骨架模型上时,由于每一帧的根关节位置没有改变,角色每一帧的终端效应器的位置也不改变,即脚步的数量不变,脚就会产生滑步、悬空现象;如果目标骨架模型的关节相对较长,那么在运动的时候目标角色的脚掌会穿过地面。

(2)肢体穿越虚拟场景

由于虚拟场景的复杂性,虚拟人肢体随时可能与环境发生接触,接着产生碰撞干涉现象。如果对这种常见的干涉不加以阻止,虚拟人肢体便会继续运动,发生穿越现象。

(3)身体不平衡、旋转

如果两套骨架模型的拓扑结构不同,在重定向过程中当坐标系转换时,由于欧拉角本身具有万向锁问题,会导致转换后旋转数据的丢失和混乱,重定向后的运动会出现运动不平衡和旋转。另外,由于采集的数据本身就存在缺陷,使用这样的数据驱动人体模型运动时也会导致身体不平衡。

5.3.1.2 消除运动失真现象的常用方法

(1)骨干中心调适算法

在消除脚步滑动运动失真现象的时候常常根据目标角色模型的骨架信息,重新计算整个运动片段内根关节在世界坐标系中的位置。其原理是:通常情况下人体运动位移量的比值应等于骨干长度的比值。调节骨架中心位置时,按下式来调整第 1 帧中源角色骨架根节点的高度位置:

$$p_y^x = p_y^0 \times \alpha \tag{5-16}$$

p_y^0 是源角色骨架中心的高度,p_y^x 为目标角色骨架中心的高度。

$$\alpha = \frac{\sum\limits_{k=1}^{n} l_k^r}{\sum\limits_{k=1}^{n} l_k^0} \tag{5-17}$$

α 为源角色与目标角色下肢总长度之比,简称为缩放因子,其中 l_k^0 为源角色下肢第 k 段骨骼的长度,l_k^r 为目标角色下肢第 k 段骨骼的长度,n 为下肢总骨骼段数。第 2 帧以后的目标角色中心位置,可由前一帧的骨架中心位置,加上中心位移量 d^r 得到,而 d^r 可由源角色骨架中心的位移量 d^0 乘以缩放因子求得,即:

$$d^r = d^0 \cdot \alpha \tag{5-18}$$

(2)目标实时重定向算法

采用前述的骨干中心调适算法,有时候并不能有效消除虚拟人肢体终端效应器穿越目标位置的运动失真现象,阳小涛等人采用 CCD(Cyclic Coordinate Descent)算法实时重定向终端效应器位置。针对数据映射之后目标骨架模型终端效应器的每一帧应用 CCD 算法处理,约束该段关节链的终端效应器处在指定的目标位置,采用反向运动学的解算原理,使得帧之间的关节角度差异最小;由于运动捕捉数据的密集重复性而使得目标角色关节角度的变化具有连续性。实时运动重定向目标算法的原理如图 5-14 所示。

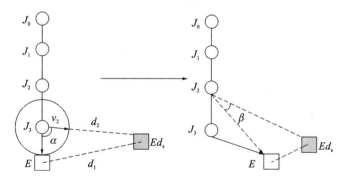

图 5-14 CCD 逆运动学的一次迭代过程

J_0、J_1、J_2、J_3 表示一条关节链中各个关节的终端效应器的位置,E 表示当前帧的终端效应器位置,Ed_s 表示终端效应器的目标位置,d_1 和 d_2 分别表示当前帧终端效应器距目标位置的距离和骨骼矢量 J_3E 旋转角度 α 后,终端效应器距离目标位置的距离。当骨骼矢量 J_3E 第一次旋转了一个角度后无法达到目标位置 Ed_s 时,需要调整关节 J_3 的父关节 J_2 的旋转角度。重复这一迭代过程,直到 d_2 小于定义的最小距离或者迭代过程超过了最大迭代次数,此时迭代终止。此时的终端效应器位置即是试验所求的位置。

(3)虚拟人平衡约束

重定向算法将运动捕捉数据映射到目标角色模型上后,可能会出现一些失稳的姿势。为使目标角色模型能在保持平衡条件下完成源角色的动作,Seyoon Tak 提出了运动平衡约束的概念。用 ZMP(Zero Moment Point)定义虚拟人的平衡条件:给出的动作是平衡的,当且仅当 ZMP 轨迹保持在支撑区域内。在他的算法中首先用反向运动学的方法对 ZMP 进行计算,并且分析整段运动的 ZMP 轨迹,找出 ZMP 轨迹位于支撑区域外的时间,再将相应不平衡的 ZMP 轨迹投影在支撑区域内,并修正位于支撑区域外的 ZMP 轨迹,最后产生满足 ZMP 约束的平衡动作。

如图 5-15 所示,ZMP 点的坐标 P 可由下式计算得到:

$$\sum_i m_i (r_i - P) \times (-\ddot{r}_i + g) = 0 \tag{5-19}$$

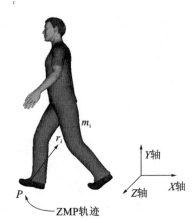

图 5-15   虚拟人行走时的动态平衡控制

其中,m_i 为第 i 个肢体段的质量,$r_i = (x_i, y_i, z_i)^{\mathrm{T}}$ 为第 i 个肢体的质心位置矢量,g 为重力加速度。满足式(5-19)的解可能有无穷多个,将 P 点限制在支撑面内,即定义其 Y 坐标为 0,可以求得点 $P = (x_{\mathrm{ZMP}}, 0, z_{\mathrm{ZMP}})^{\mathrm{T}}$ 的唯一解:

$$x_{\mathrm{ZMP}} = \frac{\sum_i m_i(\ddot{z}_i - g_z)x_i - \sum_i m_i(\ddot{x}_i - g_x)z_i}{\sum_i m_i(\ddot{z}_i - g_z)} \tag{5-20}$$

$$z_{\mathrm{ZMP}} = \frac{\sum_i m_i(\ddot{z}_i - g_z)z_i - \sum_i m_i(\ddot{z}_i - g_z)z_i}{\sum_i m_i(\ddot{z}_i - g_z)} \tag{5-21}$$

式(5-20)、式(5-21)中,$(\ddot{x}_i, \ddot{y}_i, \ddot{z}_i)^{\mathrm{T}} = \ddot{r}_i$ 为第 i 个肢体的质心加速度,g_x、g_y 和 g_z 分别为重力加速度 g 在 X、Y、Z 轴方向的分量,显然,当支撑面为水平面时,有 $g_x = g_y = 0$。通过虚拟人的运动学变换关系及各肢体段的质心 Jacobian 矩阵,可方便地利用公式(5-21)求出当前动作帧的 ZMP 点位置。如果 ZMP 点位于脚部支撑区域之内,则表明改编后的动作数据仍满足平衡约束,不需要进行平衡修正;如果 ZMP 点位于脚部支撑区域之外,则表明运动改编破坏了原有动作数据的平衡特性,需要对改编后的动作数据进行适当的修正。

5.3.1.3 消除运动失真现象的基本原则

为了在虚拟场景中重新采用已有的运动捕捉数据,使运动既具有视觉上的逼真性,又具有一定的物理真实性,需要对运动数据重定向之后的失真现象进行有效的控制。运动数据重定向过程中消除运动失真现象需要遵循以下基本原则:

(1)应合理地控制运动捕捉数据片段之间的平滑过渡,避免运动片段过渡点窗口处的运动失真现象发生。

(2)分析哪些动作由运动捕捉数据驱动实现,哪些动作由动作函数模块控制实现;对于涉及虚拟人手部操作的某些细微动作,例如"抓取工具""拧下螺丝"等,尽量不要通过运动捕捉数据驱动途径实现,可以调用虚拟维修仿真软件中相应的"抓取""拆装操作"等动作函数模块仿真实现。

(3)处理好运动捕捉数据驱动实现的动画与动作函数控制实现的动画之间的平滑过渡,避免在过渡点窗口处产生运动失真现象。

(4)对于某些仿真动作,如搬运、绕过危险障碍等,数据重定向过程中需要对虚拟人进行视域约束,使虚拟人的注意力相对集中在目标对象上。

(5)重定向之后的人体关节不得超过正常人的关节活动生理范围,对于超限的关节角度值,应限制在关节限度以内,避免因原始数据的误差导致运动失真现象发生。正常人各关节的运动(旋转)范围见表 5-3。

表 5-3　关节运动约束的主要范围

身体部位	关节	旋转轴	活动范围(°)
头对躯干	颈关节	冠状轴	低头、仰头−51.5~45.2
		垂直轴	左转、右转−56.1~56.1
		矢状轴	左弯、右弯−20~20
肩部对躯干	胸锁关节	冠状轴	外侧向前、后20~30
		矢状轴	向上、下60
上臂对躯干	肩关节	冠状轴	屈70、伸60
		矢状轴	收20、展100~120
		垂直轴	旋内、旋外90~120
前臂对上臂	肘关节	冠状轴	0~163
手对前臂	腕关节	冠状轴	弯曲、伸展−45~45
		矢状轴	外摆、内摆−85~100
		垂直轴	旋内、旋外−113~77
大腿对躯干	髋关节	冠状轴	屈80、伸35
		矢状轴	收45、展45
		垂直轴	旋内、旋外40~50

续表 5-3

身体部位	关节	旋转轴	活动范围(°)
小腿对大腿	膝关节	冠状轴	屈135、伸10
脚对小腿	踝关节	垂直轴	旋内、旋外－55～63
		矢状轴	外转、内转－39～35
		上摆、下摆	－79.6～25
躯干	以胸椎第12关节为例	冠状轴	前弯、后弯－3～4
		矢状轴	左弯、右弯－5～5
		垂直轴	左转、右转－1.7～1.7
躯干	腰关节	冠状轴	前弯、后弯－6.5～11
		矢状轴	左弯、右弯－2～2
		垂直轴	左转、右转－4～4

5.3.2　基于 B 样条函数的虚拟人运动路径编辑

运动路径编辑(Motion Capture Based Path Editing)，是指对已有的运动捕捉数据的移动路径进行改造处理。路径编辑可以改变原始运动的方向，从而达到规避场景中障碍物的目的。其问题描述如下：给定目标路径 P，使虚拟人能够沿着目标路径 P 行走。P 可以是任意路径，一般使用样条拟合的方法对该路径进行曲线优化。路径编辑主要是为了解决在路径的形状和长度改变的情况下，如何沿着新路径生成无缝连接的新运动。

5.3.2.1　平衡约束与虚拟人的运动路径编辑

在任何一个时刻，运动路径都包含了运动的方向。一般来说，路径曲线的某一点对时间的导数值（即切线方向）表示在该点上的运动方向。通过提供一条运动路径作为交互手段，用户可以通过修改路径上的控制点来修改此路径。人体位置的变化，主要是通过根节点的平移来达到的，所以可以用生成的运动路径来控制人体的位置变化和人体的朝向，达到人体沿着路径运动的效果。通常采用曲线上点的斜率来作为人体运动的方向。

用 S_i($i = 1,2,\cdots,$ 帧数)表示原始运动捕捉序列中各帧根节点的平移向量；用 $\Delta S_i = S_{i+1} - S_i$ 表示原始运动捕捉序列第 $i+1$ 帧相对于第 i 帧的根节点平移变化量。

用 S_i' 表示编辑后的运动序列中根节点的平移向量；用 $\Delta S' = f(\Delta S,t)$ 表示原始路径中根节点在 t 时刻平移变化 ΔS 后，对应的新的运动路径中形成的位置变化量 $\Delta S'$。

此时可以计算出新的运动序列中根节点在第 $i+1$ 帧中的位置向量：

$$S_{i+1}' = S_i' + f(\Delta S, t_i) \tag{5-22}$$

这样就可以用新生成的根节点的位置来形成新的运动序列，新的运动保持了和原始运动相同的运动速度。在运动路径编辑过程中为了解决运动重定向过程中目标虚拟人的身体倾斜、旋转等失真现象，将运动平衡约束的概念引入目标虚拟人体的运动控制中。采用平衡约束算法将虚拟人的质心投影维持在支撑区域内，以实现对运动数据驱动的虚拟人进行动态平衡控制，如图 5-16 所示。

动态平衡控制具体调整算法如下：

（1）计算人体质心在地面投影位置 H_c。

（2）确定前后脚的位置：设两脚与地面接触区域的中心分别为 P_A、P_B，分别计算 H_cP_A、H_cP_B 向量与人体中心 x 轴的夹角余弦值，若大于 0 则为前脚，若小于 0 则为后脚。

（3）根据前脚在地面上的投影凸多边形计算其中心位置 $P_{fc} = \sum\limits_{i=1}^{n} P_{fi}/n$。其中，$P_{fi}$ 为凸多边形各顶点，n 为凸多边形顶点总个数。

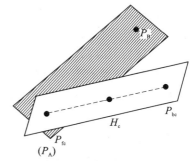

图 5-16　人体动态运动平衡控制算法

（4）估算后脚的移动位置 P_{bc}，设 H_c 为后脚调整后的支撑区域的中心位置，则 P_{fc}、H_c、P_{bc} 满足三点共线，且 $|P_{fc}H_c| = |P_{bc}H_c|$。根据上述算法估算出 P_{bc}，即为后脚需要调整到的位置。

采用以上的算法，通过调整虚拟人的双脚位置确保虚拟人的质心投影位于支撑区域内，可以在较低的运算复杂度上得到较好的虚拟人运动平衡控制效果。

5.3.2.2　运动路径编辑算法的仿真测试

在 Jack 平台中，是采用 B 样条函数表示路径的，通过移动 B 样条的控制点可以编辑出任意的运动路径。按照前述路径编辑算法，可以将原始运动轨迹编辑到 Jack 软件中新建的运动路径上。在进行运动路径编辑的同时，为了保证虚拟人姿势的平衡性，将图 5-16 所描述的虚拟人运动平衡控制算法实时地添加在运动数据重定向过程的每一帧上，最终得到了沿路径变换的平稳运动。图 5-17 所示是将一段"跑步变换至走路"的运动片段重定向到一条新的 B 样条路径上的效果图。

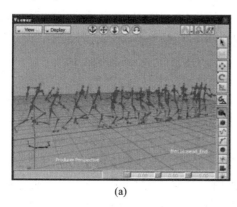
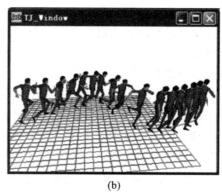

(a)　　　　　　　　　　　　　　　　　(b)

图 5-17　运动路径编辑前（左）后（右）对比示意图

5.3.3　基于约束的虚拟人终端效应器防穿越控制

运动重定向算法可以将运动数据重定向到虚拟人体模型上，从而得到效果逼真可信的仿真动画。然而由于虚拟场景的复杂性，虚拟人可能与环境发生接触、碰撞等干涉现象。如果对这种常见的干涉现象不加以阻止，虚拟人便会继续运动，发生穿越现象。因此，准确的碰撞检测是在虚拟环境下实现虚拟人动作交互的基础，对下一步的干涉规避具有指导作用。碰撞检测是针对虚拟人主要骨骼片段以及虚拟环境进行的，干涉规避则是针对虚拟人终端效应器进行的约束控制。

1)常用的碰撞检测算法

对于碰撞检测有两个问题需要解决:一是检测碰撞的发生和碰撞的位置,二是计算碰撞的反应,而碰撞检测是计算碰撞反应的先决条件。目前常用的碰撞检测算法包括:轴向包围盒法、包围球法、Gilbert&Johnson 算法、Moore&Wilhelms 算法和 Modified M&W 算法。在运动捕捉数据重定向过程中,应根据碰撞检测适用的场合,综合考虑算法的效率和碰撞精度,选用适宜的碰撞检测算法。Gilbert&Johnson 算法的效率和精度在五种算法中均处于中间水平,在这里使用 Gilbert&Johnson 算法进行虚拟人与虚拟环境之间的碰撞干涉检测。

Gilbert&Johnson 算法是一个跟踪计算两个凸多面体间最短距离的算法。设 P 和 Q 是三维欧几里得空间中两个闭合凸体,定义两物体 P 和 Q 之间的最近距离 $d(P,Q)$ 为它们的 Minkowski 距离:

$$d(P,Q) = \parallel v(P-Q) \parallel \tag{5-23}$$

其中,定义 $v(C)$ 为 C 中最接近原点的点,对于 P 和 Q 中的最近点有 $a \in P, b \in Q$,则 $a-b = v(P-Q)$。当物体 P 和 Q 在空间中移动时,它们的最近点对 a 和 b 也跟着更新位置,实时检测其间的距离,若距离大于或等于零,则它们相交;否则不相交。

分析运动仿真中虚拟人与环境的相互作用,发现虚拟人与虚拟环境发生碰撞干涉的主要部位是:头、肩、肘、手、膝、踝、脚。由于人体动作的自我保护性,胸腔、腰、颈等部位与环境发生碰撞的概率相对较低。因此在运动仿真中主要对虚拟人的头、肩、肘、手、膝、踝、脚等突出部位进行干涉检测及约束规避。

由于干涉检测是在相对静态的环境中实施的,需要对这个算法模块进行改进,将虚拟人身体可能发生干涉的部位分别取样并保存在 body_collision_listA 列表中,而将虚拟环境中可能与虚拟人发生干涉的对象保存在 segment_collision_listB 列表中,在运动重定向程序中分别在关键帧处调用碰撞检测算法进行干涉检测,以实现实时检测的功能,这一思路体现在终端效应器的防穿越算法中。

2)终端效应器的防穿越算法设计

当使用 Gilbert&Johnson 算法检测到虚拟人和虚拟环境发生碰撞后,碰撞检测模块应实时地将发生碰撞的虚拟人身体片段和虚拟对象提交出来,此时应采取措施阻止虚拟人身体片段的继续运动以防止穿越现象发生,例如采用 Jack 平台中的 Constraint 函数,模拟外界对虚拟人终端效应器的阻挡作用,达到防穿越的目的。Constraint 函数采用 point-to-plane(点和面片)约束模拟了虚拟物体和虚拟人之间的约束作用。其原理为 Constraint 函数通过反向动力学解算而获得各个 Segment 对象间在约束作用下的位置,在点和面片类型约束中,允许点在平面上移动,平面对点向其负法线方向的运动会产生阻碍作用。可以利用此特点模拟物体对虚拟人终端的阻挡作用,达到防穿越的效果。

基于约束的虚拟人终端效应器控制主要为了阻止虚拟人与环境发生干涉,对于虚拟物体之间的干涉则不作响应。这里将终端效应器的防穿越算法嵌套在运动重定向程序中,为了提高程序的流畅性,需要对虚拟场景进行简化。对于虚拟人肢体,仅选择虚拟人突出的部位如头、肩、肘、手、膝、踝等计入骨骼片段列表 body_collision_listA 中;对于虚拟场景中的一些小件物体(如螺丝等)和一些无关紧要的物体(如吊灯等),不计入物体干涉列表 segment_collision_listB 中。终端效应器防穿越算法流程如图 5-18 所示。

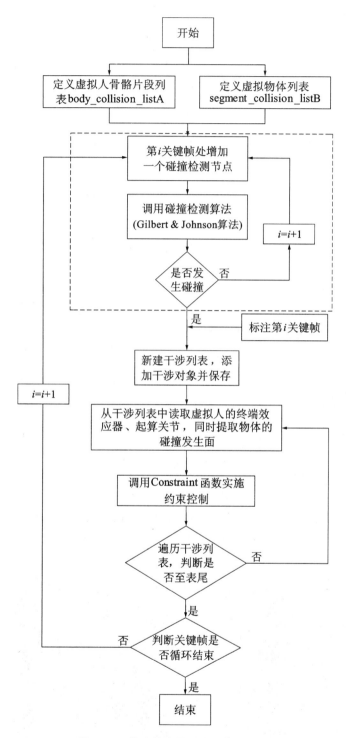

图 5.18 终端效应器防穿越算法流程

终端效应器防穿越算法中所采用的 Constraint 函数的主要参数有 Goal Face（干涉发生面）、End Eff. Site（虚拟人终端效应器）、Starting Joint（虚拟人起算关节）等。利用 Constraint 函数阻止穿越的发生，需要对虚拟人可能发生干涉的部位建立约束，其中各约束对象的参数如

表 5-4 所示。

表 5-4　约束规避中使用的 Constraint 函数的参数

编号	约束名称(Constr. Name)	终端效应器(End Eff. Site)	起算关节(Starting Joint)
1	头前(LFHD)	human. bottom_head. front	human. base_of_neck
2	头顶(LBHD)	human. bottom_head. top	human. base_of_neck
3	头后(RBHD)	human. bottom_head. back	human. base_of_neck
4	左肩(LSHO)	human. left_upper_arm. deltoid	human. waist
5	右肩(RSHO)	human. right_upper_arm. deltoid	human. waist
6	左肘(LELB)	human. left_upper_arm. LELB	human. waist
7	右肘(RELB)	human. right_upper_arm. RELB	human. waist
8	左手(LP)	human. left_palm. f22	human. left_clavicle_joint
9	右手(RP)	human. right_palm. f22	human. left_clavicle_joint
10	左膝(LKNE)	human. left_upper_leg. LKNE	human. left_hip
11	右膝(RKNE)	human. right_upper_leg. RKNE	human. right_hip
12	左踝(LANK)	human. left_foot. new_heel	human. left_hip
13	右踝(RANK)	human. right_foot. new_heel	human. right_hip
14	左脚(LTOE)	human. left_toes. toetip	human. left_toes
15	右脚(RTOE)	human. right_toes. toetip	human. right_toes

　　以虚拟人伸手够取虚拟环境中某舱体内壁上的扶手为例,研究基于 Constraint 函数的右肘关节穿越规避的情况。图 5-19(a)所示为运动捕捉数据重定向到 Jack 虚拟人时右肘部与舱体某面板发生碰撞。图 5-19(b)所示为利用 Constraint 函数在检测到发生碰撞的关键帧窗口建立约束关系,达到阻止右肘穿越的仿真效果。

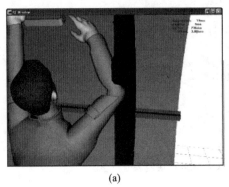 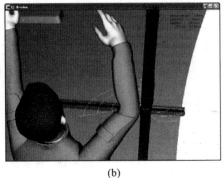

(a)　　　　　　　　　　　　　　　(b)

图 5-19　Constraint 函数阻止右肘关节穿越的仿真效果

(a)右肘关节发生穿越;(b)右肘关节穿越现象被阻止

3）终端效应器防穿越算法的仿真测试

为了验证考虑全身范围在内的虚拟人体防穿越算法，以 Jack 平台仿真的一段失重环境下虚拟人在气密舱内的运动为例，验证虚拟人终端效应器的约束规避情况。如图 5-20 所示，场景中显示的为一段 390 帧的"虚拟人悬浮运动"数据的重定向情况，该数据由 Endorphin 软件仿真生成。将此段 BVH 格式失重状态下的人体运动数据导入 Jack 平台后，成功驱动虚拟航天员在气密舱中的运动，当航天员碰到气密舱出口时，航天员姿势发生了变化，运动逐渐停止。从运动过程中发现，虚拟航天员终端效应器与气密舱发生碰撞、穿越现象时，都能及时检测到并有效阻止终端效应器继续运动。

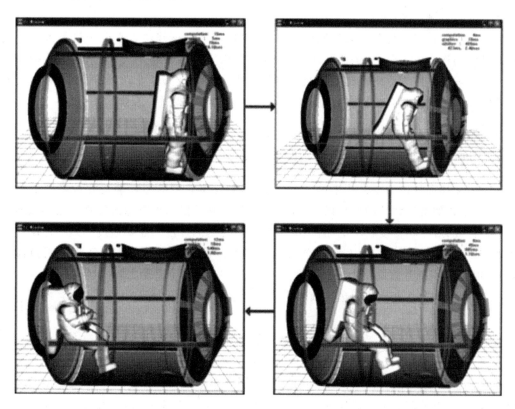

图 5-20　失重环境下 Jack 虚拟航天员在气密舱中的无干涉运动模拟

5.4　基于运动捕捉数据的维修动作混合驱动方法

采用运动捕捉数据驱动和控制虚拟人运动，可以生成真实、细腻的动作效果，同时大大减轻虚拟人动作仿真的工作量。然而在虚拟维修仿真中，随着某些型号装备特定维修动作的仿真需求以及精细动作（例如抓取、使用扳手等）的捕获难度增加，仅靠运动捕捉数据形成的维修动作有时难以适应新的场景。目前，在某些虚拟维修仿真平台中通过动作函数控制生成的维修动作在某些方面可以弥补运动捕捉驱动技术的不足，因此结合这两种方法的优点生成平滑、可控的虚拟人动作成为一个可行的研究点。

5.4.1 混合驱动的虚拟人维修动作合成过程及存在的难点

由于人体运动控制系统的高度复杂性,采用单一思路开发一个适用于各种维修任务的虚拟人运动生成与控制算法,几乎不可能实现,然而在保证动作姿态基本逼真的前提下,采用混合驱动的虚拟人维修动作合成技术,已成为虚拟人运动生成与控制的重要手段。李石磊针对混合驱动维修动作合成技术进行了进一步的研究,提出数据和模型驱动相结合的方法进行虚拟人的运动生成与控制,由已有的运动捕捉数据来降低模型驱动方法在虚拟人关节自由度空间冗余处理上所面临的难题,结合运动捕捉数据,开发虚拟人运动生成与控制模型算法,并在相关软件中进行测试和应用。

虽然相关学者对混合驱动算法进行了研究,但是在虚拟维修仿真平台中进行混合驱动的虚拟人维修动作合成过程中,仍然存在着下述问题:由于控制策略不同,采用运动捕捉数据重定向方法实现的维修作业动画与动作函数控制方法生成的维修作业动画,两者之间存在着一定程度的差异,此时如何实现它们之间的无差异平滑过渡值得进一步探讨研究。

5.4.2 运动捕捉片段之间的平滑过渡实现

5.4.2.1 运动捕捉片段之间姿态相似度的判断

在以运动捕捉片段为主进行维修动作合成时,需要事先判断运动捕捉片段之间的姿态相似程度,对于相似度较大的动作片段(例如两段平稳走路片段),可以通过常规的运动过渡手段实现运动合成;对于相似度较小的动作片段(例如走与跑的片段),需要通过复杂的运动过渡手段实现;对于相似度很低的动作片段(例如搬运货物与跳舞片段),则难以实现平滑过渡。因此,在实现运动捕捉片段之间的平滑过渡之前,需要判断运动片段之间的姿态相似程度。目前,运动片段的相似性度量通常包括帧间距离度量法和语义姿态相似度量法两类。

1)帧间距离度量法

假设 BVH 格式运动捕捉数据的某一特定帧可由一列向量 q 表示:

$$q = [p_0, q_0, q_1, q_2, \cdots, q_k]^T = [p_{0x}, p_{0y}, p_{0z}, \theta_{0z}, \theta_{0x}, \theta_{0y}, \theta_1, \theta_2, \cdots, \theta_k]^T \quad (5-24)$$

其中, p_0、q_0 分别表示根关节的空间位置、姿态旋转量; $q_i(i=1,2,\cdots,k)$ 表示所有非根关节的旋转量,这里的所有关节旋转量采用欧拉角方法表示。其中 θ_{0y} 表示根关节在铅垂面内的转角,即虚拟人的朝向角; $\theta_i(i=1,2,\cdots,k)$ 表示其余所有非根关节的自由度转角。对于虚拟人的姿态而言,改变 p_{0x}、p_{0y}、p_{0z} 和 θ_{0y} 的大小不会引起全身关节姿态的任何改变。因此,对不同姿态向量进行相似性度量之前,需要进行归一化处理,使它们的 p_{0x}、p_{0y}、p_{0z} 和 θ_{0y} 保持一致。为了对齐两运动序列坐标位置,需使下式达到最小。

$$T_{\theta_{0y}, p_{0x}, p_{0z}} = \min_{\theta_{0y}, p_{0x}, p_{0z}} \sum_{k=1}^{k} \| p_k - T_{\theta_{0y}, p_{0x}, p_{0z}} \cdot q_k \|^2 \quad (5-25)$$

其中, $p_k = (x_k, y_k, z_k) \in R^3$、$q_k = (x'_k, y'_k, z'_k) \in R^3$ 分别为两运动第 k 个关节的位置坐标。 $T_{\theta_{0y}, p_{0x}, p_{0z}}$ 表示一个绕 y 轴旋转 θ,在 xoz 面平移(p_{0x}, p_{0z})的线性变换矩阵。令关节位移平均值 $\bar{x} = \sum_{k=1}^{k} w_k x_k$(其他同理),这里 w_k 表示关节权重, w_k 采用表 5-5 所示的权重值。可以计算得到式(5-25)的最优解:

$$\left.\begin{array}{l}\theta_{0\mathrm{y}} = \arctan \dfrac{\displaystyle\sum_{k=1}^{k} w_k(x_k z_k{}' - z_k x_k{}') - \dfrac{\overline{xz'} - \overline{zx'}}{\displaystyle\sum_{k=1}^{k} w_k}}{\displaystyle\sum_{k=1}^{k} w_k(x_k x_k{}' + z_k z_k{}') - \dfrac{\overline{xx'} + \overline{zz'}}{\displaystyle\sum_{k=1}^{k} w_k}} \\[4ex] p_{0\mathrm{x}} = \dfrac{\overline{x} - \overline{x}{}' \cos\theta_{0\mathrm{y}} - \overline{z}{}' \sin\theta_{0\mathrm{y}}}{\displaystyle\sum_{k=1}^{k} w_k} \\[4ex] p_{0\mathrm{z}} = \dfrac{\overline{z} + \overline{x}{}' \sin\theta_{0\mathrm{y}} - \overline{z}{}' \cos\theta_{0\mathrm{y}}}{\displaystyle\sum_{k=1}^{k} w_k}\end{array}\right\} \tag{5-26}$$

表 5-5　姿态相似性度量时虚拟人不同关节相对权重取值

关节名称	腰	颈	锁骨	肩	肘	腕	髋	膝	踝
权值 w_k	0.3	0.15	0.1	0.78	0.15	0.1	1	0.2	0.1

在两段运动片段(P_i,Q_j)的初始姿态归一化处理之后,通过构造"高斯窗"的途径计算 P_i 与 Q_j 的帧间距离。

设"高斯窗"为:

$$\lambda_1 = \exp\left[-\left(2\,\frac{1}{L}\right)^2\right] \tag{5-27}$$

计算 P_i 与 Q_j 两帧距离时需考虑前后多帧的作用,即分别以 P 运动序列的第 i 帧和 Q 运动序列的第 j 帧为中心,考虑前后各 L 帧,因此定义 L 为窗口半径,窗口总长度为 $2L+1$。在计算 P_i 与 Q_j 两帧距离时,总计需要计算 $2L+1$ 帧对的数据。为了综合考虑相似度判断的效率和准确度,设 $L=2$。提取 P 的 $i-L\sim i+L$ 帧和 Q 的 $j-L\sim j+L$ 帧运动数据,计算 P_i 与 Q_j 两帧的距离。窗口中各帧的权值分布向量为:

$$[\lambda_{-L}, \lambda_{-L+1}, \cdots, \lambda_0, \cdots, \lambda_{L+1}, \lambda_L] \tag{5-28}$$

则 P_i 与 Q_j 的距离如下式所示:

$$d(P_i, Q_j) = \sum_{l=-L}^{L} \lambda_1 \frac{\displaystyle\sum_{k=1}^{k} w_k \parallel p_{i+l,k - T_{\theta_{0\mathrm{y}},p_{0\mathrm{x}},p_{0\mathrm{z}}}} q_{j+l,k} \parallel^2}{2L+1} \tag{5-29}$$

2)语义姿态相似度量法

语义姿态相似度量法是指在人体拓扑结构下,应用语义节点定义的属性和节点间的从属关系,分别针对运动片段 P_i 与 Q_j 进行语义表示和特征提取。对于两段运动序列,通过定义语义相似度,进一步计算两者的姿态相似度量值与主体相似度量值,最后设置主体相似度量值的置信区间。通过设置不同等级的主体相似度置信区间,判断两段动作片段的相似程度。算法过程如下。

(1)定义语义节点相似度

语义节点相似度(Semantic Joint Similarity)S_i:用运动片段 A 中某姿态帧中节点的 Direction 分量(记作 Direction j)与运动片段 B 中某姿态帧数据中对应的节点 Direction 分量(记作 Direction j')之间夹角的余弦值的函数表示,如下式所示:

$$S_j(i) = (1 + \cos\theta_i)/2 = (1 + Direction_{J_i} \cdot Direction_{J_i'})/2, \quad S_j \in [0,1] \quad (5\text{-}30)$$

其中各个关节点 Direction 分量的表示方法如图 5-21 所示。

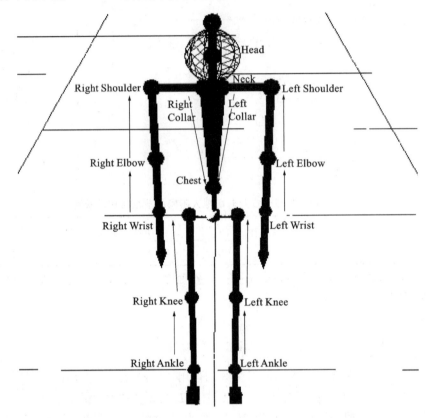

图 5-21　骨架模型中各个关节点的 Direction 分量示意图

（2）定义姿态相似度

姿态相似度（Pose Similarity）S_p：运动片段 A 中某姿态帧数据与运动片段 B 中某姿态帧数据中所有节点相似度的加权平均值。这些节点包括左（右）髋关节、左（右）膝关节、左（右）踝关节、左（右）胸锁关节、左（右）肩关节、左（右）肘关节、左（右）腕关节、腰关节、颈关节共 16 个，权重因子可以根据实际需要调整，如下所示：

$$S_p = \frac{\displaystyle\sum_{i=1}^{16} w_i S_j(i)}{\displaystyle\sum_{i=1}^{16} w_i}, \quad S_p \in [0,1] \quad (5\text{-}31)$$

（3）定义主体相似度

主体相似度（Main Similarity）S_m：用来表示两个姿态的主体相似程度，所指的主体相似度为仅包括头部、四肢和躯干部分的节点相似度的加权平均值。包含的关节点如下：左（右）膝关节、左（右）踝关节、左（右）肘关节、左（右）腕关节、腰关节、颈关节，共 10 个，计算公式如下所示：

$$S_m = \frac{\displaystyle\sum_{i=1}^{10} w_i S_j(i)}{\displaystyle\sum_{i=1}^{10} w_i}, \quad S_m \in [0,1] \quad (5\text{-}32)$$

（4）判断运动捕捉片段的相似程度

最后指定姿态相似度 S_p 和主体相似度 S_m 的置信区间阈值，以鉴别两段运动片段的相似程度。图 5-22 所示是一段"搬起货物并放下"动作与某行走关键帧动作（左侧）的姿态相似度和主体相似度的结果对比，由对比发现语义姿态度量法能够较为准确地判断帧间姿态的相似性。

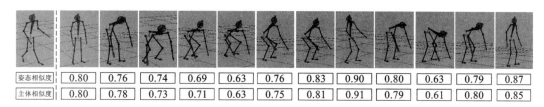

姿态相似度	0.80	0.76	0.74	0.69	0.63	0.76	0.83	0.90	0.80	0.63	0.79	0.87
主体相似度	0.80	0.78	0.73	0.71	0.63	0.75	0.81	0.91	0.79	0.61	0.80	0.85

图 5-22　姿态相似度和主体相似度结果对比图

在实际应用中，以语义姿态度量法来判断运动捕捉片段之间的姿态相似程度，可以选定运动捕捉片段 A 的末尾帧（记作 P_1）与运动捕捉片段 B 的开头四帧（记作 Q_i），分别比较 P_1 与 Q_i 的姿态相似度和主体相似度，并取得相应的平均值。通过试验比较，制定了根据姿态相似度 S_p 和主体相似度 S_m 判断运动捕捉片段相似度的准则。

当置信区间阈值为 $[0.7,1.0]$ 时，如果两个运动片段的姿态相似度 S_p 和主体相似度 S_m 的平均值属于该区间范围内，则认为两段运动为相似运动捕捉片段，可以采用常规方法进行平滑过渡。

当置信区间阈值为 $[0.4,0.7]$ 时，如果两个运动片段的姿态相似度 S_p 和主体相似度 S_m 的平均值属于该区间范围内，则认为两段运动为相异运动捕捉片段，需要采用改进的运动连接方法进行平滑过渡。

当置信区间阈值低于 0.4 时，如果两个运动片段的姿态相似度 S_p 和主体相似度 S_m 的平均值属于该区间范围内，则认为两段运动捕捉片段的相似度很低，进行平滑过渡时需要慎重考虑。

5.4.2.2　相似运动捕捉片段之间的平滑过渡

通过运动捕捉片段相似度判断规则，可以判断两个运动片段之间的相似程度，对于相似度较高的两段运动捕捉片段，可以采用简单的关键帧线性插值技术来实现平滑连接。

线性插值的几何意义是过曲线上的两点作一条直线，用直线来近似代替该曲线。在动画过渡中，线性插值就是给出一个动作的起始关键帧状态和终止关键帧状态，中间时刻的任意一个状态都是以开始时间和终止时间关键帧为基础进行插值计算。线性插值法的优点在于计算复杂度小，速度快；缺点是这种方法直接将参数和帧频联系起来，对参数空间等间距采样，使得关键帧上产生一致的变化率，动画看上去比较机械，缺乏表现力。鉴于此，仅对相似运动捕捉片段之间采用线性插值方法进行平滑过渡。

在实际应用中，相似运动片段之间的插值一般有两种方式，一种是在两段运动之间插入新帧；另一种是将两段运动首尾交叠，交叠部分插值平滑。这里以第二种方式为例，采用线性插值实现根关节的平移过渡，以四元数球面线性插值技术实现各关节的旋转变换过渡。例如对 A 的结尾 m 帧（A 的总帧数为 n）和 B 的开头 m 帧，根关节平移的线性插值如下所示：

$$p(k) = \alpha(k)p_A(n-m+k) + [1-\alpha(k)]p_B(k) \tag{5-33}$$

其中，k 依次取 $[0,m]$ 之间的整数，插值系数 $\alpha(k)$ 如下所示：

$$\alpha(k) = 2\left(\frac{k+1}{m}\right)^3 - 3\left(\frac{k+1}{m}\right)^2 + 1 \tag{5-34}$$

将运动数据的关节旋转数据转换成四元数形式，假设 $q_i^{\mathrm{A}} = (w_i, x_i, y_i, z_i)$、$q_i^{\mathrm{B}} = (w_i, x_i, y_i, z_i)$ 分别为两个单位四元数，则各关节旋转的四元数球面线性插值公式如下所示：

$$q_i(k) = \mathrm{Slerp}[q_i^{\mathrm{A}}, q_i^{\mathrm{B}}; \alpha(k)] = \frac{\sin\{[1-\alpha(k)]\times\theta\}}{\sin\theta}q_i^{\mathrm{A}}(n-m+k) + \frac{\sin[\alpha(k)\times\theta]}{\sin\theta}q_i^{\mathrm{B}}(k) \tag{5-35}$$

其中

$$\theta = \arccos(w_1 w_2 + x_1 x_2 + y_1 y_2 + z_1 z_2)$$

5.4.2.3　相异运动捕捉片段之间的平滑过渡

对于相似度较低的两段运动捕捉片段，需要采用改进的关键帧插值算法实现平滑过渡，包括基于指数对数的四元数球面线性插值以及三次样条曲线插值算法。其中，基于指数对数的四元数球面线性插值算法实现了子关节动作的插值过渡，三次样条曲线插值算法实现了根关节的位置姿态插值过渡。

（1）基于指数对数映射的四元数球面线性插值算法

在指数映射与对数映射插值算法中，关节可以从当前姿态以恒定的角速度均匀地变化至下一个姿态，以保证姿态变化的平滑性质。

其中，从 $S^3 \to R^3$ 的对数映射定义为：

$$\log[w, x, y, z] = \frac{\arccos(w)}{\sqrt{1-w^2}}(x, y, z) \tag{5-36}$$

从 $R^3 \to S^3$ 的指数映射定义为：

$$\exp(x, y, z) = \begin{cases} \left[\cos\|v\|, \dfrac{\sin\|v\|}{\|v\|}(x, y, z)\right], & v = (x, y, z) \neq (0, 0, 0) \\ [1, 0, 0, 0] & , & v = (x, y, z) = (0, 0, 0) \end{cases} \tag{5-37}$$

设 $q_i^{\mathrm{A}} = (w_i, x_i, y_i, z_i)$、$q_i^{\mathrm{B}} = (w_i, x_i, y_i, z_i)$ 是两个单位四元数，则 q_i^{A} 与 q_i^{B} 之间基于指数对数的四元数球面线性插值算法如下：

$$q_i(t) = q_i^{\mathrm{A}}[(q_i^{\mathrm{A}})^{-1}q_i^{\mathrm{B}}]^t = q_i^{\mathrm{A}}\exp\{t \cdot \log[(q_i^{\mathrm{A}})^{-1}q_i^{\mathrm{B}}]\}, \quad t \in [0, 1] \tag{5-38}$$

这里 $q_i(t)$ 满足 $q_i(0) = q_i^{\mathrm{A}}$ 及 $q_i(1) = q_i^{\mathrm{B}}$，满足以恒定的角速度均匀地由 q_i^{A} 变化至 q_i^{B}。

（2）三次样条曲线插值算法

由于线性插值引起的一阶导数的不连续性往往会造成动画的跳跃，因而为了使通过若干个关键帧间的动画连续流畅，经常采用样条关键帧插值方法。在一般动画软件中，常采用三次样条曲线插值，这样得到动画中的运动具有二阶连续性。常用的三维动画制作软件使用三个参数来进行样条关键帧插值，这三个参数分别是：曲度 t、连续量 c 和偏移量 b。美国的 Autodesk 公司著名的三维动画软件 3D Studio 就是利用这三个参数来控制插值曲线，从而生成不同情况下的中间帧。

同样是一组点 P_i 和它们对应的沿样条曲线分布的 $t_i(t=0\sim1)$，对应于中间 t 的每一个新点 $\mathbf{V}$ 仅与前后曲线上的两个点（一个在前，一个在后）有关，仅需要补充这两个点处的切矢量点 D_i 和 D_{i+1}，其样条关键帧插值公式为：

$$\boldsymbol{V} = \begin{bmatrix} t^3 & t^2 & t & 1 \end{bmatrix} \begin{bmatrix} 2 & -2 & 1 & 1 \\ -3 & 3 & -2 & -1 \\ 0 & 0 & 1 & 0 \\ 1 & 0 & 0 & 0 \end{bmatrix} \begin{bmatrix} P_i \\ P_{i+1} \\ D_i \\ D_{i+1} \end{bmatrix} \tag{5-39}$$

该式中的 4×4 矩阵是 Hermite 矩阵,点 P_i 处的切矢量 D_i 定义为:

$$D_i = \alpha(P_{i+1} - P_{i-1}) \tag{5-40}$$

若 $\alpha = 0.5$,则得到 Catmull-Rom 样条:

$$D_i = 0.5(P_{i+1} - P_{i-1}) = 0.5[(P_{i+1} - P_i) + (P_i - P_{i-1})] \tag{5-41}$$

样条插值法的优点在于算法简单,只要插值节点的间距充分小,这种方法总能获得所要求的精度,收敛性总能得到保证。在使用关键帧插值的虚拟人动画生成技术中,究竟使用哪种插值算法比较适合,这要根据运动片段间的相似程度以及具体的运动描述来判断。

5.4.3 运动捕捉片段与动作函数控制动画之间的过渡实现

在虚拟维修仿真平台上进行运动捕捉片段与动作函数控制动画之间的平滑过渡时,存在两种可行途径:一种是将动作函数控制方法生成的动画转换成运动数据片段,然后通过运动片段之间的平滑连接实现运动过渡;另一种是将重定向后的运动捕捉数据片段渲染到虚拟维修仿真平台(例如 Jack 平台、Delmia 平台等)的动画控制面板中,如同动作函数控制方法一样实现基于维修任务树的运动捕捉数据片段添加。

5.4.3.1 将动作函数控制动画转换成运动数据片段

在虚拟仿真中一段维修作业通常被分解为多个动作单元的组合。在虚拟维修仿真平台中为了建立一段完整的虚拟人仿真作业,需要事先对动作单元进行连接。本节的运动连接技术主要研究的内容是:如何将现有的基于动作函数控制方法建立的动画与一段运动捕捉片段驱动生成的动画进行连接,核心问题在于如何将虚拟维修仿真平台建立的动画保存成运动捕捉数据文件格式(例如 BVH 文件)。

图 5-23 所示为 Jack 平台仿真的一段维修作业,描述了搬运工人从货架搬运一个货箱至维修台的过程,将这段动画记作 Jack_A。现在我们设想将此搬运货物的动画片段与运动捕捉数据库中的一段 BVH 格式的虚拟人"坐下"动作片段(记作 BVH_B)相连接。

图 5-23　Jack 平台仿真得到的虚拟人搬运货物作业

　　首先需要将 Jack 平台仿真的人体搬运货物动画片段转换成 BVH 文件,其中 Jack 动画的文本文件可以由动画控制面板保存得到。通过调用动画控制面板→ Channel Set → Save Channel Sets 将 Jack 平台仿真的动画保存为文本文件形式,如图 5-24 所示。

```
channelset jackChannelSets {
    size = 148;
    fps = 30;
    sharedchannel realtime {
        type = "realtime";
        frame[0] = 0;
        frame[1] = 0.0333;
        frame[2] = 0.0667;
        ......
    }
    sharedchannel human4 { /* figure position */
        type = "figure";
        protofiletype = "human4";
        object = "human4";
        frame[0]=("lower_torso.proximal", xyz(-115.1deg,6.5deg,76.3deg) * trans(217.8cm,89.8cm,219.7cm));
        frame[1]=("lower_torso.proximal", xyz(-78.4deg,0.01deg,-90.0deg) * trans(142.8cm,26.4cm,360.7cm));
        frame[13]=("lower_torso.proximal", xyz(-78.1deg,0.0deg,-89.9deg) * trans(142.7cm,27.2cm,360.9cm));
        ......
    }
    sharedchannel right_toes { /* joint angles */
        type = "joint";
        protofiletype = "human4";
        object = "right_toes"; /* R(y) */
        frame[0] = (0);
        frame[85] = (0.077928);
        frame[86] = (0.089416);
        ......
```

图 5-24　Jack 平台仿真动画的文本文件形式

　　该文件描述的是 Jack 虚拟人在动画过程中每一帧的位置信息及各关节的角度信息,通过与 BVH 文件描述相比,可以看出 Jack 虚拟人的动画文本文件与 BVH 文件存在着较大的差异。这里设计了一种将 Jack 虚拟人文本动画转换成 BVH 格式运动数据的转换算法,思路如下。

　　(1)Jack 动画文本的读取及其初始化

　　Jack 动画文本描述的是在仿真过程中每一帧虚拟人的位置信息及各个关节的角度信息。对这个文本文件进行读取、分割等初始化操作,将每一帧根关节的位置方向数据和各个关节的角度数据分别保存在相应列表中。

　　(2).bvh 文件的生成

　　通过欧拉角求解算法将 Jack 关节角度变换成 $Z—X—Y$ 格式的欧拉角数据,并保存到.bvh文件中相应的关节下。

　　最终得到的.bvh 文件的骨架信息部分包含但不仅限于如下的关节:根节点、胸关节、左(右)锁关节、左(右)肩关节、左(右)肘关节、左(右)腕关节、左(右)臀关节、左(右)膝关节、左(右)踝关节。其中步骤(2)中将 Jack 关节角度变换成 $Z—X—Y$ 格式的欧拉角数据,采用了欧拉角求解运算,以左肩为例的算法如下:

　　ls_bvh＝jsAction._CalculateOffset(peo.left_shoulder.tosite.GetLocation(),peo.left_shoulder.fromsite.GetLocation()).xyz()

　　ls_bvhz＝u.deg * ls_bvh[0]

　　ls_bvhx＝u.deg * (-ls_bvh[1])

　　ls_bvhy＝u.deg * (-ls_bvh[2])

　　算法的核心内容是通过"jsAction._CalculateOffset"函数计算 Jack 平台场景中虚拟人关节运动情况,该函数可以返回 Jack 虚拟人任意关节固定 Site 点和转动 Site 点之间的偏移矩阵,进一步通过 Matrix4.xyz()函数计算偏移矩阵的欧拉角角度值[Matrix4.xyz()函数实际上

是 Jack 平台中将旋转矩阵转换成欧拉角的内置函数〕。最后将转换后的数据保存为相应的
BVH 文件格式,记作 Jack_A_BVH,运动效果在 Motion Builder 中显示,如图 5-25 所示。

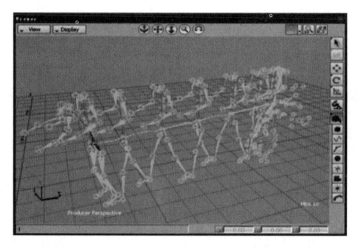

图 5-25　Jack 平台仿真的搬运货物动画转化成 BVH 文件

接下来需要将同为 BVH 格式的动画文件 Jack_A_BVH 与 BVH_B 连接起来。在实际操
作中只取 Jack_A_BVH 末尾几帧动画与 BVH_B 进行运动连接。经过研究,选择过渡长度为
30 帧,采用式(5-38)的算法实现运动过渡。通过运动重定向就可以在 Jack 平台中重现看上去
连贯逼真的新的运动,如图 5-26 所示。

图 5-26　Jack 虚拟人"搬运货物"动作与 BVH 格式的"坐下"动作片段连接示意图

5.4.3.2　基于维修任务树的运动捕捉片段添加

目前,军械工程学院维修工程实验中心在 Jack 平台上进行了二次开发,设计实现了一个
基于数字样机的维修性分析评价系统。该系统主要由维修任务树、仿真主窗口、仿真工具箱三
部分组成,如图 5-27 所示。其中,维修任务树由 Tcl/Tk 图形化界面语言设计,用户在进行维
修过程仿真时,有维修任务树这个"主线"作指导,只需将维修动作单元一步步"串"起来,每一
步的信息将被系统记录并且方便用户查看。

进行基于运动捕捉数据的维修作业仿真的目的是为了在虚拟场景中实现维修动作的实时

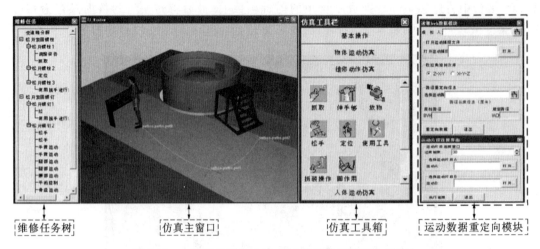

維修任務樹　　　　　仿真主窗口　　　　　仿真工具箱　　　運動數據重定向模塊

图 5-27　二次开发后的 Jack 平台维修动画仿真主界面

渲染、回放，完成一个连贯的维修任务过程仿真。本节以这个观点为指导，将运动捕捉数据片段渲染到 Jack 平台的动画控制面板中，使之能够嵌入基于数字样机的维修性分析评价系统的维修任务树中，同时满足动作的添加、删除和回放等操作。

通过研究，采用 Ramadge 和 Wonham 开创的有限状态自动机（Finite State Automata，FSA）方法，通过控制运动捕捉片段的运行，将基于运动捕捉数据仿真的动画实时地添加到 Jack 平台的动画控制面板（Animation Window）中，来实现上述功能。FSA 方法对运动重定向的状态演变过程逐帧进行跟踪和模拟，根据运动重定向算法在 Jack 平台上的运行特点，定义了五种状态对运动重定向过程进行控制，分别是 Stopped 状态、Waiting 状态、Running 状态、Finished 状态、Paused 状态。状态之间通过有限状态自动机完成，动作完成初始化 Init 状态之后，自动进入 Stopped 状态，通过交互控制命令和仿真循环处理过程实现动作状态的改变，由 Start()、PreAction()、Update() 和 PostAction() 构成一个典型的仿真循环处理过程。接着定义了一个 Class Motion_Retarget 基类来描述运动重定向框架，该类包含的交互控制过程如下：

（1）Init() 状态：初始化重定向类的运动参数，包括目标 Jack 角色、BVH 源文件路径、时间、开始标志等；

（2）Start() 状态：将当前动作片段加入仿真循环；

（3）PreAction() 状态：设置起始终止时间；

（4）Update() 状态：更新从运动捕捉片段读取的虚拟人关节旋转数据参数，当循环至最后一帧，将动作转入 Finished 状态；

（5）PostAction() 状态：如果动作循环结束，进入 Stopped 状态；

（6）Pause() 状态：悬挂当前运动重定向进程；

（7）Stop() 状态：强行中断当前仿真进程，将动作转入 Finished 状态；

（8）Resume() 状态：如果动作处于 Paused 状态，转入 Running 状态；

（9）Finish() 状态：结束当前动作，转入 Finished 状态。

其中，Start()、Pause()、Stop()、Resume()、Finish() 状态通过后台命令控制，绑定在 Jack 平台的维修仿真过程播放面板中。Init()、PreAction()、Update()、PostAction() 状态由开发

的 Class Motion_Retarget 类的下属函数实现,如下所示:

```
Class Motion_Retarget(Sequential):                    ## 定义运动数据重定向类函数
    def _init_(self,human,bvhfile,duration=1,start=1):          ## 初始化
    if (not isinstance(human, Human)):
        raise TypeError,('Motion_Retarget: expected Human, got ' + 'human')
            mt=[]
            mt.append(bvhretarget.readbvhfile(human,bvhfile))
            Sequential._init_(self,mt,None,start=1)
    def PreAction(self, t):                        ## 定义运动序列的起始与终止
    Sequential.PreAction(self,t)
    def Update(self, t):                          ## 更新运动数据重定向各个帧的动画
        Sequential.Update(self,t)
     def PostAction(self, t):                     ## 控制动作循环进入 Stopped 状态
    Sequential.PostAction(self,t)
```

用户可以根据维修任务步骤,综合应用原有的动作函数仿真与运动捕捉数据驱动仿真,一步步编辑维修仿真过程,实现一个完整的维修任务过程。结合运动捕捉片段与动作函数控制动画之间的平滑过渡技术,可以实现运动捕捉片段与动作函数控制动画在动画控制面板中的平滑过渡及渲染。

5.4.4 混合驱动的维修动作仿真测试

为了验证基于运动捕捉数据驱动和动作函数控制的混合驱动维修动作合成技术的动画效果,以某地面设施的维修仿真过程为原型,设计了虚拟人接近顶盖进行维修作业的仿真任务。该仿真任务共由四部分组成:抓取套筒扳手;沿规划的路径行走至扶梯;攀爬扶梯;翻越顶盖至维修作业点。

维修作业动画如图 5-28 所示。其实现原理如下:首先通过关键帧动画手工调整虚拟人,使虚拟人处于抓握套筒扳手的准备姿势,接着采用"therblig_getting"动作函数模块生成抓握动作。然后利用运动数据映射算法以及基于 B 样条函数的路径变换算法实现"行走"运动捕捉数据片段到虚拟人的运动路径重定向。接着依次实现"攀爬扶梯""翻越"运动捕捉数据到虚

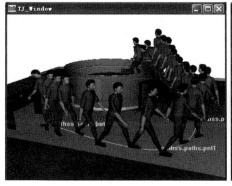

图 5-28　某地面设施顶盖的维修仿真作业的渲染效果

拟人的运动重定向。在运动捕捉数据片段的衔接处,由运动平滑处理方法实现平滑过渡。最后将虚拟人整个作业过程渲染到仿真平台的动画控制面板中,得到连续逼真的作业过程。

参 考 文 献

［1］GLEICHER M. Retargetting motion to new characters［C］. In SIGGRAPH 98′Conference Proceedings，Annual Conference Series，1998：33-42.

［2］李琳,郑利平,王玉培,等.基于关键姿态映射的运动重定向［J］.系统仿真学报,2012,24(1):48-52.

［3］HECKER C, RAABE B, ENSLOW R W, et al. Real-time motion retargeting to highly varied user-created morphologies［C］. In Proceedings of ACM SIGGRAPH，2008：1-11.

［4］刘贤梅,李冰,吴琼.基于运动捕获数据的虚拟人动画研究［J］.计算机工程与应用,2008,44(8):113-114.

［5］张利格,毕树生,高金磊.仿人机器人复杂动作设计中人体运动数据提取及分析方法［J］.自动化学报,2010,36(1):107-112.

［6］张帆,曹喜滨,邹经湘.一种新的全角度四元数与欧拉角的转换算法［J］.南京理工大学学报,2002,26(4):376-380.

［7］陆劲挺.类人角色的多源运动重定向［D］.合肥:合肥工业大学,2014.

［8］齐延庆.基于运动捕捉数据的异构拓扑结构虚拟人维修动作仿真技术研究［D］.石家庄:军械工程学院,2012.

［9］李石磊.数据和模型混合驱动的虚拟人运动生成与控制技术研究［D］.长沙:国防科学技术大学,2009.

6 基于数字样机的维修性设计分析

6.1 产品维修性形成及基本设计逻辑

维修性作为产品的固有属性之一,与产品的设计紧密相连。产品维修性的好坏取决于维修性设计的水平,维修性能否真正融入产品设计中是产品是否具备好的维修性的关键。同时,产品维修性的好坏又是在产品维修过程中体现出来的。因此,维修性与产品以及产品的维修有着密切的关系,它们之间的关系如图 6-1 所示。

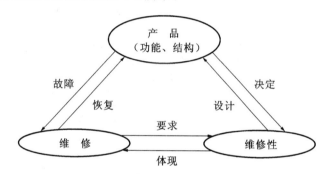

图 6-1 产品—维修—维修性关系

6.1.1 维修性及其形成过程

维修性设计的逻辑过程在任意一个研制阶段都是存在的。那么在各个时序阶段,维修性的形成也就是完成这样一个逻辑过程的结果。也就是说,维修要求(维修策略与目标及其细化的结果)如何影响系统的设计活动,使其改变或者影响到装备设计,从而使装备具备维修简便、快捷、经济的固有属性,是维修性形成的关键,如图 6-2 所示。

通过预想装备在使用过程中故障或计划触发的维修职能(或流程),分析维修简便、快捷、经济的要求,并将其转化成维修影响因素,通过与装备自身设计特性的关联,形成维修性设计快捷,影响并转化成为装备的设计,这就是各阶段维修性形成的基本流程,如图 6-3 所示。

下面从装备设计过程中的三个转化活动来分析维修性的形成过程。

1)用户需求/需要到系统要求的转化

在该转化过程中,由使用与维修保障部门参与,提出使用要求、保障要求等需求。一般来说,分析装备的使用和维修任务要求,能够初步归纳出维修要求,通过理解、转化可以得到装备有关维修简便、快捷、经济的需求,一般称为维修性定性要求和定量要求,如图 6-4 所示。该转化过程可以通过质量功能展开(QFD)方法实现。

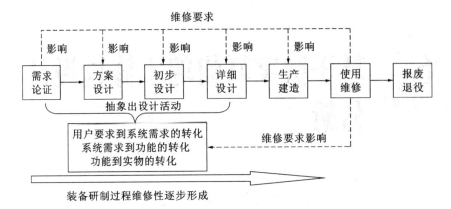

图 6-2　装备研制阶段维修性的形成

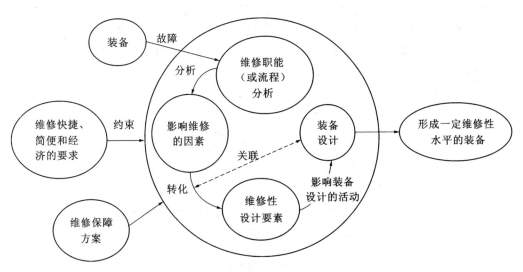

图 6-3　装备维修性形成的基本流程

图 6-4　用户需要到装备工程特性要求的转化

通常定性要求和定量要求是相关联的,若装备满足了定性要求,往往就能够达到定量要求。虽然该转化过程中只有最顶层粗略的维修策略与目标,并没有出现具体的维修活动,但是仍可以通过预想大致的使用和维修职能提出有关维修的期望,如图 6-5 所示。此时提出的期望,经过图 6-4 所示的设计人员的理解,形成装备要求。

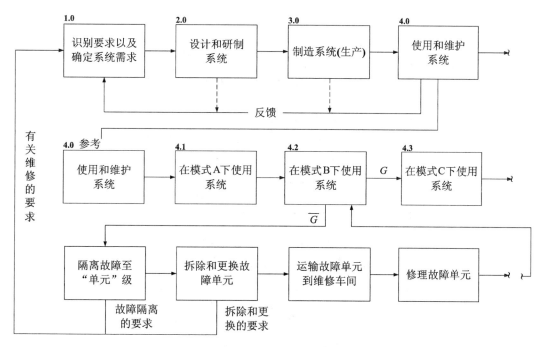

图 6-5 维修职能流程（局部）

用户的要求向系统需求转化时，各方面的设计信息比较模糊，没有细节信息。此时虽然没有形成具体的装备维修性水平，但是对在研装备提出了维修性相关要求，以指导装备的设计。

2）系统需求到功能的转化

这里的系统需求指的是用户所有要求转化过来的需求，包括了维修要求。由装备设计过程可知，需求到功能的转化活动的结果是建立了装备的功能体系结构，即满足用户需求，装备需要具备的功能，以及这些功能之间的关系，如图 6-6 所示。

预想当某个层次的功能（例如图 6-6 中系统顶层功能 B）丧失时，进入维修职能流程，如图 6-7 所示。分析维修职能中影响各职能简便、快捷、经济的因素，将这些影响因素考虑到系统功能的设计中，对功能的分解、合并提出相应的功能设计要求，从而能够改变系统功能结构。

例如图 6-7 中功能 B，对功能 B 的恢复提出了该功能故障在基层级是可检测的要求，并且明确"功能故障检测自动化程度"是功能故障检测的影响因素之一。据此，该分析结果将对功能 B 的设计产生影响，如要求功能 B 包含状态指示功能或输出检测信号子功能，如图 6-8 所示。

因此，在需求转化为功能的设计活动中，通过对功能恢复的维修职能流程的分析，维修性通过以下的活动来影响设计活动：根据维修职能流程的要求，在功能分析的基础上，分析并转化维修职能影响因素，对功能分解、合并等功能设计提出要求。这些要求可能会直接体现在功能的设计上，其他无法在功能转化中影响功能设计的要求，将作为功能要求作用于下一个设计活动。例如，对于某个传动功能模块，在该模块维修流程中，影响功能模块替换的因素包含了重量，那么在实体转化设计中，可能会影响实现该传动功能模块的方式（采用皮带传动，而不采用齿轮传动）。

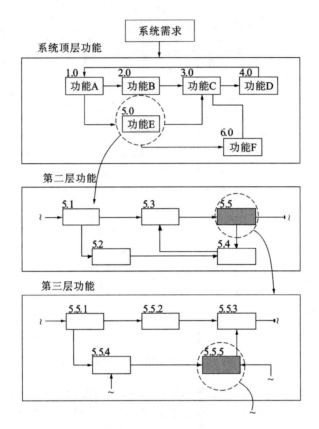

图 6-6　系统功能分解

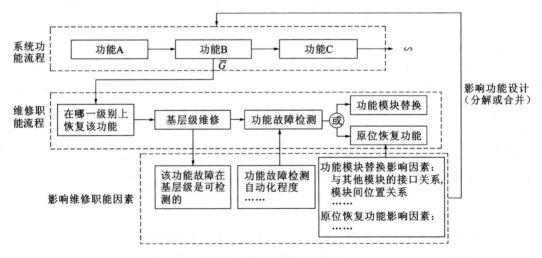

图 6-7　维修职能分析框图

3）功能到实体的转化

通过功能到实体的转化活动，将得到装备的具体构成。前两次设计过程中，所提出的需求和功能要求，都将在这一转化中实现。以考虑基层级维修为例，在该转化过程中，通过预想某外场可更换单元（LRU）故障，分析其维修流程中各个环节的影响因素对装备设计的影响，如图 6-9 所示。

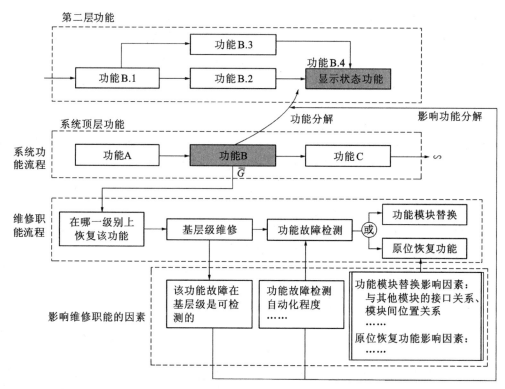

图 6-8 维修职能影响因素作用于功能的分解

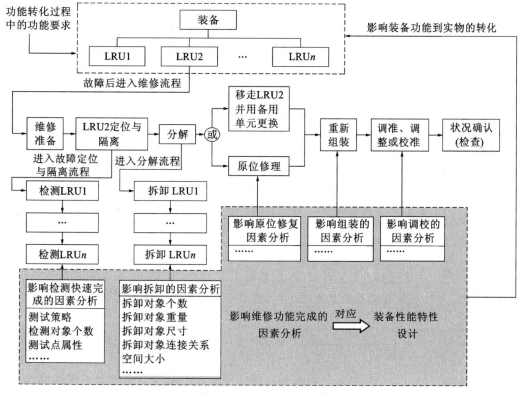

图 6-9 维修流程及其对装备设计的影响

功能到实体的转化把系统的功能体系结构转换成现实的系统,实际上就是装备实体的参数及更加具体的布局的设计。在这个过程中,工程设计人员要进行许多活动,这其中包括:部件的选择——标准及定制件、部件的界面、材料、几何尺寸(尺寸、形状、公差)、重量、表面加工、固定件及连接件、制造过程和装配过程等。

每进行一次系统综合,就需要考虑功能转化时提出的功能要求对设计的影响,以及预想的维修流程中影响因素对设计的影响。有些因素是可以直接与装备参数设计关联的,例如图 6-9 中,预想 LRU2 故障后的维修流程的分解流程中,由于拆卸影响因素中的拆卸对象个数影响该维修流程的快速完成,可能会在设计中体现为 LRU2 在局部布局设计时,设计成一次可达或增加口盖等;拆卸对象的连接关系影响 LRU2 的拆卸快速完成,可能在设计中体现为 LRU2 的紧固或者连接形式采用快速解脱方式。

实体转化过程中,维修流程基本明确,通过实际的维修流程分析,能够得到并细化影响因素,改变系统由功能向实体转化时所选择的方式和参数,从而使装备系统自身具备了一定的维修能力,形成了维修性水平。

6.1.2　维修性设计的基本逻辑

1)维修性设计的相关概念

维修需求与维修策略:维修需求是参与维修的人员用自己的语言表达的对产品维修和与维修相关的要求和愿望。这些要求和愿望一般是为实现产品快速、经济、准确、简易维修而提出的。对维修需求进行归类和格式化处理就形成了维修策略和目标,它实质上是对维修需求的一种规范化描述,是从一定的技术、经济因素出发对设备的维修方式和维修程度的规定,以及制定的维修工作和维修资源的相关标准。维修需求是进行维修性设计的源头,在最初的产品规划和论证阶段要进行维修需求的获取、分析和描述,如何能全面、准确地获取需求并将其描述清晰是需求分析中的关键。

维修性构成要素:既包含大量的产品自身因素,又包含隶属于维修保障的众多的外部因素。其中与产品自身相关的构成要素包括零部件的可达性、安装方式、安装位置、检修通道、连接紧固方式、机内测试、测试点的配置,以及防差错识别标志等;外部构成要素包括维修涉及的人员技术、技能、经验以及维修设备、设施、工具器材等。这里将维修性构成要素中的内部因素统称为产品自身设计要素,而把外部构成要素分为维修资源因素和人员素质因素。维修性的构成要素是客观存在的,它是产品具备良好维修性水平的一种普遍要求,所有维修性设计的目标都是使这些构成要素达到最好水平。当然,这里所说的最好水平是以满足维修需求为前提条件的。

产品设计特征:一是产品组件本身的特征,例如尺寸、体积、重量、颜色等设计特征;二是产品组件间的设计关系决定的产品设计特征,例如活动空间、结构、强度、布局等。设计特征是直接的设计措施,对维修具有直接或间接的影响,能否满足维修性构成要素要求直接由这些产品设计特征决定。

维修职能与维修事件:维修职能是一种统称,可以是某一维修责任主体承担的所有维修任务的统称,也可以是某类维修任务的统称,如日常维护保养等。维修事件是指由于故障、虚警或按预定的维修计划进行的一种或多种维修活动。维修职能包含一个或多个维修事件,维修事件可以继续向下分解成维修作业和基本维修作业。

2)维修性设计的基本逻辑

维修需求、维修策略和目标、维修性构成要素、维修职能、产品设计特征等概念之间存在相互之间的逻辑关系。实际上,产品的维修性设计过程,就是不断明确、细化和转换这些概念的过程。

从逻辑上讲,维修需求是维修性设计的源头,但由于维修需求的抽象性难以被设计人员理解,因此通过规范化的维修策略和目标将维修需求描述成规范的形式。但是,即使是规范化的维修策略和目标描述,设计人员也难以直接与产品特征关联而设计到产品中去,中间需要有过渡转换环节形成需求-设计特征的桥梁。这一桥梁是通过维修性构成要素与维修职能的关联,进而由维修职能及其维修事件分解对产品设计特征的影响来搭建的。

维修性构成要素是客观存在的,是对设计的一种综合度量,可达性、人素要求、维修安全要求等均是如此,这些要素直接影响维修职能和维修事件的完成。同时,产品所具备的维修性构成要素的好坏也是在维修职能和维修事件中体现且最终要配置到维修职能和维修事件中去的。因此,维修性构成要素通过影响维修职能的完成来与之相关联。

维修性设计是通过产品的维修过程体现出来的,分析维修过程中的各个环节对维修职能的影响来对产品设计特征形成约束,良好的设计特征同时也是维修作业按要求完成的保证。因此,在由维修需求向设计特征转换的过程中,维修职能和维修事件分解是建立需求(维修性构成要素)-设计特征关联关系的桥梁。它们之间的基本关系如图6-10所示。

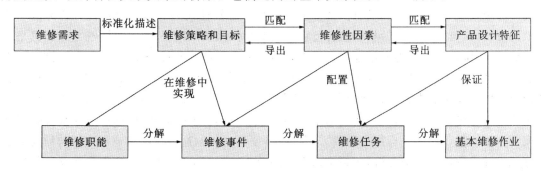

图6-10 维修性设计的逻辑关系

上述维修性设计中相关概念的基本逻辑关系同时也是随着寿命周期的进行而不断明确和细化的。在不同的寿命周期阶段,维修性所考虑的产品层次和维修职能的细化程度,以及维修性的构成要素都是不同的。比如,初始设计阶段,更多地关注的是系统组成单元之间的关系,而详细设计阶段则更加关注单元内部的维修性构成要素。

6.1.3 维修性分析的主要问题

维修性分析是一项非常重要、应用非常广泛的维修性工程活动。一般来说,维修性分析是产品研制的系统工程活动中涉及维修性的所有分析。比如对产品维修性参数、指标的分析,维修性要求的分配、预计、试验结果分析等活动都属于维修性分析的范畴。在《装备维修性工作通用要求》(GJB 368B—2009)中,维修性分析作为一个单独的工作项目,是将从承制方的各种研究报告和工程报告中得到的数据和从订购方得到的信息,转化为具体的设计而进行的分析活动。标准中的维修性分析是一种特殊的维修性分析,作为整个系统分析不可分割的部分,它一般应在进行初步的维修性分配后开始,在最终的设计确定前完成。

维修性分析作为系统工程分析的一个组成部分,所分析的是与维修性有关的项目,但分析过程中除了维修性参数外,还会涉及来自可靠性工程、维修工程、人素工程等其他工程专业的参数,如故障率、维修工时、人员费用等。有时维修性分析的项目,特别是涉及权衡研究的项目,很难与其他专业工程的分析截然分开。例如,对几个待选的维修性设计方案进行权衡研究、选取最佳方案时,分析时所涉及的至少应包括各设计方案的维修方案、保障方案以及平均维修时间、故障率、寿命周期费用等参数。而这些方案、参数则分别来自可靠性工程和维修工程。维修性分析应与保障性分析取得一致,避免发生重复。

维修性分析是确定维修性设计准则的依据,同时还对备选方案进行权衡,证实设计是否符合维修性设计要求,为确定维修策略和维修保障资源提供数据。维修性分析需要与其他工程分析相协调,设计的综合分析是重点。维修性信息分析确定产品的故障或损伤对系统工作的影响,并将每一处故障或损伤按严重度分类,从而提供与故障检测隔离、故障修复有关的维修性设计所需的信息,即确定需要的维修性设计特征,包括故障检测隔离分系统的设计特征。

从维修性的形成以及维修性的设计逻辑来看,由于产品设计没有考虑到维修因素的影响,导致维修性缺陷的产生,这些缺陷的存在阻碍了维修活动的顺利完成,形成了"维修障碍",从而难以达到预期的维修目标。从这一因果关系分析可以发现,若从维修障碍这一表现形式入手进行分析,能够分析查找出造成维修障碍的设计缺陷(维修性缺陷),进而能发现与之相关联的产品特征设计的不完善之处,有针对性地对这些不完善的产品特征进行设计改进,最终达到提高产品维修性水平的目标。因此,维修障碍分析—维修性缺陷分析—产品设计特征这一关系链的分析,是维修性分析的核心内容所在。这其中的重要问题是关于人体、视力和工具是否可达到检测、维修部位并能方便地进行操作,包括单元、零部件的拆卸安装等。产品的结构、组装、连接、外形尺寸,测试点的设置,可更换单元的划分等设计特征是解决这些问题的关键。要从维修性以及相关的人素工程要求角度对这些设计特征进行分析、考察,决定其是否可行。分析中要考虑人体及其肢体、工具所占的空间和活动范围,视力范围及遮挡关系,以及人的用力限度等多种因素。这种分析往往需要采用设计特征可视化的途径。本节重点介绍的即是上述维修性设计中的设计特征分析,包括维修性缺陷分析、维修障碍分析、维修性设计方案分析评价等维修性分析内容。

6.2 基于虚拟维修仿真的维修性缺陷识别与分析

6.2.1 维修性缺陷及其分类

在维修性设计的各项工作中,若任意一项工作没有得到贯彻,或者不符合维修性设计要求,都可能会导致产品存在某一方面的维修性设计缺陷。依据维修性设计理论、设计要求及维修性缺陷的调研、梳理和分析,维修性缺陷分为可达性缺陷、防差错缺陷、维修安全性缺陷、维修人机工程缺陷四大类进行分析和管理。

1)可达性缺陷

维修可达性,是指维修产品时,接近维修部位的难易程度。可达性好,能够迅速、方便地到达维修的部位并能操作自如。通俗地说,也就是维修部位能够"看得见、够得着",或者很容易"看得见、够得着",而不需过多拆装、搬动。显然,在可达性上有缺陷,会造成维修难以到达部位,并不能方便地进行维修操作。可达性缺陷包含以下三个方面的缺陷:

（1）维修可触及性（Reachability）。是指维修产品时，维修人员利用肢体或维修工具接近操作部位的难易程度，又称实体可达性。在实际维修过程中，对零部件的拆卸更换主要是通过人体手臂进行操作的，因此这里的肢体主要是指维修人员的手臂。操作部位的可触及性好就是指维修人员能够迅速、方便地接近操作部位，它是维修人员维修产品的前提条件。可触及性分析就是指检测维修人员能否接近操作部位，即是否存在通道使得人体在接近操作部位时，不与环境发生干涉。

（2）维修可视性（Visibility）。是指维修产品时，维修人员看见操作部位的难易程度，又称视觉可达性。在实际维修中，如果维修人员在某一个舒适的姿态下能够看得见操作部位，就说明操作部位的可视性好。操作部位的可视性好有助于维修人员对产品的精确维修操作，减少维修时间。如果操作部位的可视性不好或在维修时维修人员根本看不到操作部位，就会增加产品的维修难度，延长产品的维修时间。可视性分析就是指检测维修人员能否看得见操作部位，即维修人员能否与操作部位形成通视。

（3）维修工作空间（Workspace）。是指在实际维修过程中，提供给维修人员、维修工具、维修部件的运动空间。为了避免对可触及性及工作空间的重复分析，本节在进行工作空间分析时，不考虑操作人员在操作位置上利用肢体或工具接近操作部位的过程，只考虑维修人员向操作位置移动的过程、维修人员徒手或使用工具对操作部位进行维修的过程、维修人员转移拆下的零部件的过程以及维修人员完成维修后的姿态恢复过程。有足够的工作空间，维修人员才能够到达维修位置，才能顺利完成对操作部件的维修。如果工作空间不足，维修人员就无法到达维修位置。维修人员即使能够到达维修位置，也无法完成操作部件的检测、调整和维护。

2）防差错的缺陷

产品在维修中，常常会发生漏装、错装或其他操作差错，轻则延误时间、影响使用；重则危及安全。因此，应采取措施防止维修差错。著名的墨菲定律（Murphy's Law）指出："如果某一事件存在着搞错的可能性，就肯定会有人搞错。"实践证明，产品的维修也不例外，由于产品存在发生维修差错的可能性而造成重大事故者屡见不鲜。因此，防止维修差错主要是从设计上采取措施，保证关键性的维修作业不出差错。防差错设计方面的缺陷主要包含"错不了""不会错""不怕错"三个方面。

（1）"错不了"，就是产品设计使维修作业不可能发生差错，比如零件装错了就装不进，漏装、漏检或漏掉某个关键步骤就不能继续操作，发生差错能立即发现。可从根本上消除这些人为的差错的可能。

（2）"不会错"，就是产品设计应保证按照一般习惯操作就不会出错，比如螺纹或类似连接向右旋为紧，向左旋为松。

（3）"不怕错"，就是设计时采取各种容错技术，使某些安装差错、调整不当等问题不至于造成严重的事故。

除产品设计上采取防差错措施外，设置识别标志，也是防差错的辅助手段。识别标记，就是在维修的零部件、备品、专用工具、测试器材等上面做出识别记号，以便于区别辨认，防止混乱，避免因差错而发生事故，同时也可以提高工效。

3）维修安全性缺陷

维修安全性是指能避免维修人员伤亡或产品损坏的一种设计特性。维修性所说的安全是指维修活动的安全。它比使用时的安全更复杂，涉及的问题更多。维修安全与一般操作安全既有联系又有区别。因为维修中要启动、操作装备,维修安全必须保证操作安全,但操作安全并不一定能保证维修安全,这是由于维修时产品往往要处于部分分解状态而又带有一定的故障,有时还需要在这种状态下作部分的运转或通电,以便诊断和排除故障。维修人员在这种情况下工作,应保证不会引起电击以及有害气体泄漏、燃烧、爆炸、碰伤或危害环境等事故。因此,维修安全性要求是产品设计中必须考虑的一个重要问题。维修安全性缺陷主要表现为没有达到保证维修安全的一般要求。

(1)设计产品时,不但应确保使用安全,而且应保证储存、运输和维修时的安全。要把维修安全作为系统安全性的内容。要根据类似产品的使用维修经验和产品的结构特点,采用事故树等手段进行分析,并在结构上采取相应措施,从根本上防止储存、运输和维修中的事故和对环境的危害。

(2)设计装备时,应保障装备在故障状态或分解状态下进行维修是安全的。

(3)在可能发生危险的部位上,应提供醒目的标记、警告灯、声响警告等辅助预防手段。

(4)严重危及安全的部分应有自动防护措施。不要将损坏后容易造成严重后果的部分安置在易被损坏的位置(例如外表)。

(5)凡与安装、操作、维修安全有关的地方,都应在技术文件资料中提出注意事项。

(6)对于盛装高压气体、弹簧、带有高电压等储有很大能量且维修时需要拆卸的装置,应设有备用释放能量的结构和安全可靠的拆装设备、工具,保证拆装安全。

4)维修人机工程缺陷

人机环工程又称人的因素工程(Human Factors Engineering),主要研究如何达到人与机器有效的结合及对环境的适应和人对机器的有效利用。维修的人机环工程是研究在维修中人的各种因素,包括生理因素、心理因素和人体的几何尺寸与装备和环境的关系,以提高维修工作效率、质量和减轻人员疲劳等方面的问题。维修人机工程缺陷主要体现在没有达到以下几个方面要求:

(1)设计装备时应按照使用和维修时人员所处的位置、姿势与使用工具的状态,并根据人体的量度提供适当的操作空间,使维修人员有比较合理的维修姿态,尽量避免以跪、卧、蹲、趴等容易疲劳或致伤的姿势进行操作。

(2)噪声不允许超过规定标准,如难以避免,应对维修人员采取保护措施。

(3)对维修部位应提供适度的自然或人工的照明条件。

(4)应采取积极措施,减少装备振动,避免维修人员在超过国家规定标准的振动条件下工作。

(5)设计时,应考虑维修操作中举起、推拉、提起及转动物体时人的体力限度。

(6)设计时,应考虑使维修人员的工作负荷和难度适当,以保证维修人员的持续工作能力、维修质量和效率。

上述四类维修性缺陷是目前产品中存在的最为广泛的设计缺陷,由于这些缺陷的存在,导致产品维修达不到预期的要求。因此,应在设计中进行缺陷分析,查找出存在的维修性缺陷,并在设计上予以纠正,从而满足用户的维修需求。

可达性缺陷是产品中存在的最为普遍和典型的一种维修性缺陷,同时也是最适于在虚拟维修仿真中进行分析查找的一类缺陷。本节以可达性缺陷为例,介绍基于虚拟维修仿真的维修性缺陷分析过程和技术。由于可达性缺陷主要表现为可触及性(Reachability)、可视性(Visibility)、活动空间(Workspace)三种形式,以下简称其为 RVW 缺陷,可达性缺陷分析简称为 RVW 分析。

6.2.2　可达性分析及其时机与基本过程

RVW 缺陷实质上是产品在设计特征上缺陷的一般表现形式。RVW 分析是在维修操作过程中,依照产品的维修性设计准则,检测产品在设计特征上是否满足够得着、看得见和有足够工作空间的要求,最后给出检测结果和依据,并对缺陷进行原因及影响分析,并给出修改意见。

在进行 RVW 分析前,需要对 RVW 的表现形式及判断依据进行分析和明确。RVW 的表现形式及判断依据如表 6-1 所示。

表 6-1　RVW 的表现形式及判断依据

RVW 的表现形式	判　断　判　据
不能触及操作部位(够不着)	维修人员在自然的姿势下,勉强或不能触及操作部位,以及人的肢体、工具、零部件不能或较困难地通过修理通道或通道口
能够触及操作部位(够得着)	维修人员在自然的姿势下,能够触及操作部位
没有足够的工作空间	维修人员不能到达维修位置或在进行解除目标件的配合约束操作时,维修人员操作困难,维修工具运行不开,维修部件拆卸不下来
有足够的工作空间	维修人员能够到达维修位置,并且能够完成解除目标件的配合约束操作
当前维修场景中,看不见操作对象	要求操作可视时,没有提供充分的视界以保证看得见操作,即维修人员与操作部位之间不能形成通视
当前维修场景中,能够看见操作对象	在当前场景中,操作对象处在维修人员的视界范围内,并且维修人员与操作部件之间能够形成通视

由于 RVW 分析贯穿于产品的整个维修过程,首先对一个完整的维修过程进行分解,然后才能对 RVW 分析时机进行明确。采用维修过程的分层描述方法,将维修分为三个层次:维修事件、维修作业和基本维修作业(维修作业单元)。维修事件是由多个维修作业组成,维修作业又由多个维修作业单元组成,因此所有的维修过程都可以看成由多个维修作业单元组成。

在维修作业单元中,维修人员为了完成对产品的维修,需要实现两类运动,即移动和维修操作。移动是指维修人员在维修环境中的当前位置到操作位置的运动,根据维修人员在运动中是否携带工具,将移动分为人的移动和携物移动两种。维修操作是指维修人员在操作位置上徒手或使用工具实现对维修零部件的拆卸、装配等。而维修操作又可以进行进一步的分解,一个完整的维修操作过程可以通过以下几个动作的有序组合进行描述。维修操作过程的分解在第 2 章已有讨论。

根据对维修过程的分解,在虚拟维修仿真中,虚拟维修人员所有的维修过程都可以用移动、趋近、操作、转移和恢复五个维修动作进行描述。因此,RVW 分析时机可以针对上面五个维修动作的不同进行明确。维修动作与 RVW 分析的关系如表 6-2 所示。

表 6-2　维修动作与 RVW 分析的关系

动作名称	可触及性分析	可视性分析	工作空间分析
移动			√
趋近	√	√	
操作		√	√
转移			√
恢复			√

为了保证维修人员仿真的真实性,在移动、操作、转移、恢复四个阶段必须进行工作空间分析,检测是否有足够的空间使得维修人员在维修过程中不与环境发生碰撞;在趋近阶段,必须进行可触及性分析,检测维修人员是否能接近操作部件。在趋近和操作阶段,必须进行可视性分析,检测维修人员在操作位置上能否看到操作部件。

在实际维修过程中,为了更加明确 RVW 的分析时机,结合维修过程分解中维修动作的描述,给出了 RVW 分析时机,如图 6-11 所示。

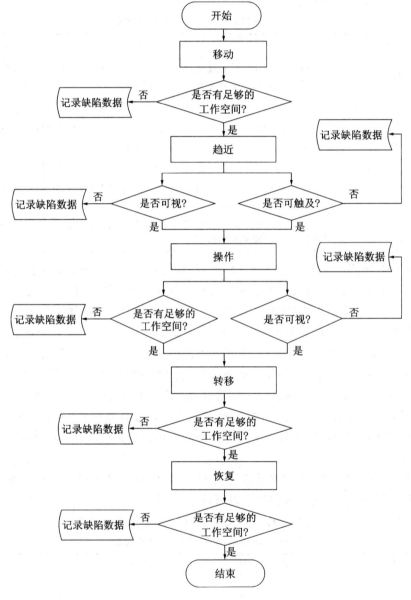

图 6-11　RVW 分析时机

基于虚拟维修仿真的 RVW 分析,实质上就是在虚拟环境中模拟实际维修,依照产品的维修性设计准则,检测产品在可触及、可视和工作空间的设计要求上是否存在缺陷,给出检测结果及判断依据,最后根据检测结果对缺陷进行原因及影响分析,并给出修改意见。RVW 分析的基本过程可以分为五大步骤,如图 6-12 所示。

图 6-12 RVW 分析的基本过程

按照上图中表达的基本过程,基于虚拟维修仿真的 RVW 分析的基本步骤如下:

【步骤 1】确定分析时机与内容。根据上述的 RVW 分析时机来研究是否需要对检测进行确认,检测时机的确认实质上也是检测场景信息的获取。检测内容主要包括可触及性检测、可视性检测和工作空间检测,根据检测时机和维修任务的需要来完成维修内容的选取。

【步骤 2】获取输入参数。根据检测内容,获取相应的输入参数。

【步骤 3】执行检测。根据检测时机和检测内容,利用相应的检测技术,依照产品的维修性设计准则完成仿真检测。

【步骤 4】输出检测结果。检测结果主要包括是否可触及、是否可视、是否有足够的工作空间及缺陷数据。

【步骤 5】输出缺陷分析结果。缺陷的分析结果主要包括缺陷的原因及影响,针对存在的缺陷提出修改建议。

6.2.3 基于路径规划的可触及性分析技术

可触及性分析主要是指分析维修人员利用肢体或工具能否接近操作部位。在虚拟维修环境中,可用于可触及性分析的技术方法主要有基于自动避障的可触及性分析、基于路径规划的可触及性分析和基于可达域生成的可触及性分析。

在虚拟维修仿真中,虚拟人可触及性分析可以具体定义为:给定一个初始虚拟人位姿 q_{init},一个希望虚拟人触及的操作部位的位置坐标 p_{goal},检测是否存在可行路径 P 使虚拟人无碰撞地接触到操作部位。可见虚拟人可触及性分析问题可转化为虚拟人运动仿真中的路径规划问题,利用路径规划算法对可行路径 P 是否存在进行分析。

基于路径规划的可触及性分析的基本流程如图 6-13 所示,其基本流程大体可以分为两个阶段:粗检阶段和细检阶段。

【粗检阶段】主要判断操作部位是否在虚拟人的可触及区域。通过距离测量计算手掌与操作部位之间的距离 D,假设判断手部能够接触操作部位的距离标准为 d,如果 $D>d$,操作部位不在虚拟人的可触及区域,操作部位相对于虚拟人来说不可触及;如果 $D<d$,则操作部位在虚拟人的可触及区域。这个阶段不考虑虚拟人是否与环境发生穿越的情况。

【细检阶段】如果粗检阶段检测出操作部位在虚拟人可触及区域内,还必须检测虚拟人在抓取操作部位的过程中是否与周围的环境发生碰撞,即检测是否存在一条可行路径 P 使得虚拟人能够无碰撞地接触到操作部位,如果存在可行路径 P,说明操作部位具有可触及性,如果首次路径搜索没有找到可行路径 P,对路径规划重复 2~5 次,如果仍然没有找到可行路径 P,就默认为虚拟人不能够无碰撞地触及操作部位。这个阶段考虑虚拟人与周围环境发生穿越的情况。

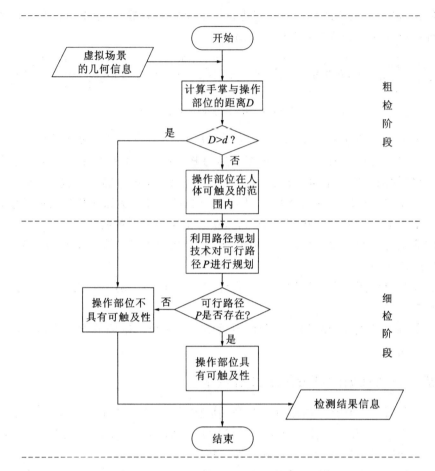

图 6-13　基于路径规划的虚拟人可触及性分析的基本流程

1)路径规划

路径规划算法可以通过采样、Roadmap 的构建、路径搜索和路径平滑四个步骤来实现。可行路径 P 的完整规划流程如图 6-14 所示。

(1)确定人体的可工作空间 c,即虚拟人在当前位置上能够触及的空间区域。

(2)基于可工作空间进行空间点采样,得到采样点 p_{rand}。人体在进行空间点随机采样时,首先需要界定虚拟人能够触及的空间区域即采样空间。采样空间可以看成是作业空间的一部分,由于受人体关节角极限的约束,采样空间是一个不规则的半椭球区域。在实际维修过程中,维修人员的操作方向只限于人体正前方或侧方,为了简化采样空间的复杂度,将采样空间看作是人体在当前位置上正前方或侧方的可触及区域,不考虑人体后方可触及区域的情况。又由于人体维修时基本上是利用手部进行作业,因此,采样空间可以用人体手部能够触及的空间点的集合来表示。

(3)对人体可触及点进行扩展。已知人体初始位姿 q_{init} 对应的触及点为 p_{init},根据采样点 p_{rand} 和增量步长,利用 RRT 算法得到新的触及点 p_{new},利用反向运动学算法获取新触及点 p_{new} 对应的人体位姿 q_{new},再利用碰撞检测算法对人体位姿 q_{new} 进行干涉检测。如果位姿 q_{new} 没有碰撞,则该触及点 p_{new} 有效。这里所有的有效触及点构成的集合称为 Roadmap。然后重复步骤

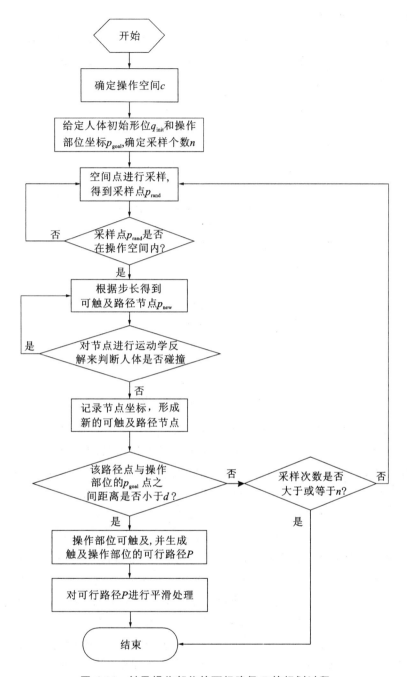

图 6-14　触及操作部位的可行路径 *P* 的规划过程

(2)、(3)对人体可触及点进行扩展,直到生成的可触及点与操作部位之间的距离小于 *d* 为止,如果已经进行的采样次数大于 *n*,所有可触及点与操作部位之间的距离仍大于 *d*,则重复进行路径规划 2～5 次,直到可触及点与操作部位之间的距离小于 *d* 或路径规划的次数超过 5 次才结束。

(4)最优路径搜索。在建立的 Roadmap 中,寻找连接触及点坐标 p_{init} 和目标位置坐标 p_{goal} 的最短路径 *p* ,这里的目标位置坐标是指虚拟人希望触及的操作部位。

(5)路径平滑。对生成的路径 *p* 进行平滑处理,使生成的路径更加符合实际。

2）Roadmap 的构建方法

Roadmap 的构建实际上就是利用 RRT 算法对虚拟人有效触及点的扩展。对于一个给定人体的初始位姿 q_{init}，对应触及点的位置坐标为 p_{init}；将要构建的 Roadmap 为 T，节点数为 k，增量步长为 d，算法如图 6-15 所示。

Function Build_roadmap(p_{init}, p_{goal})

[1]:　　T. init(p_{init});

[2]:　　For $k=1$ to k do

[3]:　　　　p_{rand} ← RANDOM_CONFIG();

[4]:　　　　p_{near} ← NERASET_NEIGHBOR(T, p_{rand}, p_{goal});

[5]:　　　　t ← SELECTINPUT(p_{rand}, p_{near}, d);

[6]:　　　　p_{new} ← NEW_CONFIG(p_{rand}, p_{near}, t);

[7]:　　　　q_{new} ← IKAN_Function(p_{new});

[8]:　　if Collsion_Function(c_{obj}, q_{new}) = 0 then

[9]:　　　　　　T. add_vertex(p_{new});

[10]:　　　　　　T. add_edge(p_{near}, p_{new}, t);

[11]:　　　　　　if distance(p_{new}, p_{goal}) < d then

[12]:　　　　　　　　Return T;

[13]:　　　　　　else Return Advanced;

[14]:　　　else Return Advanced

图 6-15　Roadmap 的构建

令 ρ 为空间中的距离单位，T 的初始节点是 p_{init}。在每一步迭代中，通过采样函数 RANDOM_CONFIG 从 c 中获取一个采样点 p_{rand}。c 是虚拟维修人员的采样空间，表示人体在当前位置手部能够触及的空间区域。步骤[4]参照距离单位 ρ 找到离 p_{rand} 最近的节点 p_{near}。步骤[5]选择一个输入 t，使 p_{rand} 到 p_{near} 的距离最小化，这里 t 的选取与 d 和 $\rho(p_{near}, p_{rand})$ 的大小有关：当 $d<\rho(p_{near}, p_{rand})$ 时，$t=d/\rho(p_{near}, p_{rand})$；当 $d\geqslant\rho(p_{near}, p_{rand})$ 时，$t=1$。步骤[6]通过插值函数 NEW_CONFIG(p_{rand}, p_{near}, t) 计算出一个新的可操作点 p_{new}。步骤[7]通过反向运动学算法获得人体触及操作点 p_{new} 的位姿 q_{new}。然后步骤[8]、步骤[9]、步骤[10]通过碰撞检测来判断 q_{new} 是否处在自由空间 c_{free} 中，如果在，就将 p_{near} 作为一个顶点加入 T 中，同时将 p_{near} 到 p_{new} 的边也加到 T 中。步骤[11]通过判断可触及点 p_{new} 与 p_{goal} 之间的距离是否小于某一个距离标准值来决定 RRT 算法是继续迭代搜索还是停止搜索。

图 6-16 是基于 Jack 软件平台对人体右手可触及点 Roadmap 的构建，场景中没有障碍物，生成过程只考虑人体的自身碰撞情况。其中参数的取值情况为：增量步长 $d=5\text{cm}$，节点数 $k=2000$，人体的初始姿态为立正姿态。

3）最优路径的搜索

最优路径的搜索是指基于已建立的 Roadmap，搜索连接人体初始触及点坐标 p_{init} 和目标位置坐标 p_{goal} 的最短路径。可以分为两个大的步骤：

【步骤1】将 p_{goal} 连接到 Roadmap 中。在 Roadmap 中找出与 p_{goal} 最近的可触及点 $p_g{}'$，检测点 p_{goal} 与点 $p_g{}'$ 之间的距离是否小于增量步长 d，如果小于增量步长 d，p_{goal} 能够有效地连接到 Roadmap 中，路径存在；如果大于增量步长 d，则 p_{goal} 不能够有效地连接到 Roadmap 中，没

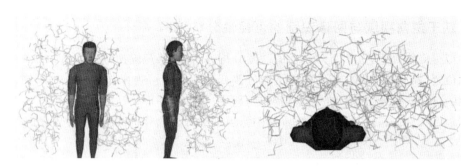

图 6-16　人体右手可触及点 Roadmap 的生成图

有搜索到无碰撞路径。

【步骤 2】找出一条有效的最短路径。在 p_{goal} 能够有效连接到 Roadmap 的基础上，利用二叉树逆向寻优方法在 Roadmap 中找出一条连接 p_{init} 与 $p_g{}'$ 的最短路径。二叉树逆向寻优方法就是从目标点 $p_g{}'$ 开始逆向返回到初始触及点 p_{init}，确定一条"路径最短"的最优路径。

基于人体建模软件 Jack，采用 Python 语言实现了在抓取减速箱螺帽时虚拟人的可行路径规划。图 6-17 是生成的右手可触及点的 Roadmap。

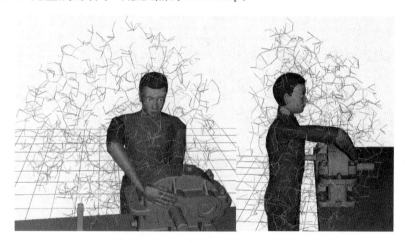

图 6-17　右手可触及点的 Roadmap

图 6-18 是虚拟人右手沿生成的可行路径抓取减速箱螺帽的仿真过程截图。

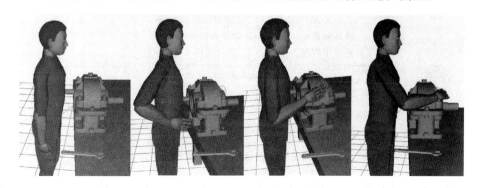

图 6-18　虚拟人右手趋近螺帽的过程

6.2.4 基于逆向视域与图像识别的可视性分析技术

在虚拟维修仿真中,虚拟人可视性的一般分析方法为:给定虚拟维修人员的操作位置及操作部位的位置,检测虚拟人在当前位置上通过改变姿态能否可视操作部位。基于逆向视域与图像识别的可视性分析方法则是通过检测是否存在从操作部位到达人体眼部活动区域的可视通道来实现可视性分析。基于逆向视域与图像识别的可视性分析的基本流程如图 6-19 所示。

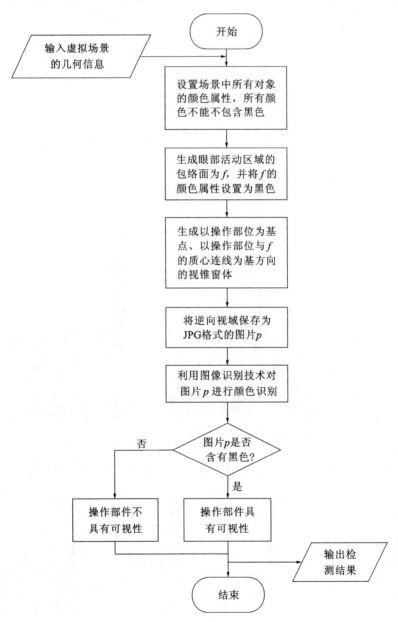

图 6-19　基于逆向视域与图像识别的可视性分析的基本流程

首先,在当前操作位置上,生成人体眼部活动区域的包络面 f,并设置包络面 f 的颜色属性为黑色。对虚拟场景中的所有对象的颜色属性进行设置,避免存在颜色属性为黑色的对象。

其次,根据场景操作部位的位置信息及生成的人体眼部活动区域的包络面 f 的位置信息,生成以操作部位的位置坐标为基点,以操作部位的位置坐标与人体眼部活动区域的包络面 f 的质心的连线为基准方向的逆向视域 w。

最后,保存逆向视域 w 为 JPG 格式的图片 p,并通过图像识别技术对图片 p 的颜色进行识别,如果图片中有黑色像素存在,表明操作部位与人体眼部活动区域的包络面之间存在可视通道;否则,人体在当前操作位置通过调整姿态看不到操作部位。

1)眼部活动区域生成

在实际维修过程中,维修人员到达某个操作位置后,维修人员的脚固定在操作位置上,不考虑操作过程中人体发生脚步移动的行为,眼部活动区域只受人体各个关节约束的影响。因此,人体眼部活动区域可以界定为:在人体各个关节约束的范围内,维修人员通过调整自己的姿态,眼部能够到达的所有的空间区域。这里人体关节不考虑膝关节,关于膝关节约束的影响,将根据腿部弯曲的程度分为直立、半蹲和蹲下三种情况,并将这三种情况作为眼部活动空间生成的选择条件考虑。眼部活动区域可以用眼部能够到达的空间区域的包络体表示。生成眼部活动区域的包络体时,控制人体头部、颈部及躯干各个关节在可调范围内依一定步长进行调整,跟踪记录人体眼部坐标位置,从而生成一个包络面。

以 Jack 人体模型为例,直立、半蹲和蹲下三种情况下眼部活动区域的包络体生成如图 6-20 所示。为了说明包络体与眼部的位置关系,在生成图中将包络体设置为黑色透明。

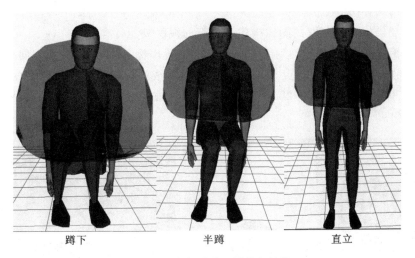

蹲下　　　　　　　　　半蹲　　　　　　　　　直立

图 6-20　眼部活动区域的包络体

2)逆向视域的生成

在人机工程学中,视野是当人的头部和眼球不动时,人眼能察觉到的空间范围,通常以角度表示。人的视野范围,在垂直面内,最大固定视野为 115°,扩大视野为 150°;在水平面内,最大固定视野为 180°,扩大视野为 190°。

在实际维修过程中,维修人员的视域可以描述为以操作对象为人体视中心的视野区域;如果以操作对象的质心为视点,以眼部活动空间区域构成的包络体的质心为视中心,假设视线从操作部位的质心射向眼部活动区域构成的包络体,从而生成的视域为逆向视域。图 6-21 为维修人员观察木块时,视域与逆向视域的对比图。

根据逆向视域的定义,下面对逆向视域的生成过程进行分析。

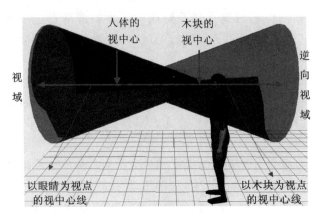

图 6-21 视域与逆向视域

首先根据场景信息获取操作部位位置坐标 (x,y,z) 及眼部活动区域构成的包络体质心的位置坐标 (x_1,y_1,z_1)，进而获取操作部位到达眼部活动区域构成的包络体质心的方向坐标 (α,β,γ)，(α,β,γ) 表示为：

$$\alpha = \arccos(\mid x_1 - x \mid / \sqrt{(x_1-x)^2 + (y_1-y)^2 + (z_1-z)^2})$$

$$\beta = \arccos(\mid y_1 - y \mid / \sqrt{(x_1-x)^2 + (y_1-y)^2 + (z_1-z)^2})$$

$$\gamma = \arccos(\mid z_1 - z \mid / \sqrt{(x_1-x)^2 + (y_1-y)^2 + (z_1-z)^2})$$

其次根据场景中相机获取的图像构建一个新的视窗 w。

最后将视窗 w 中的相机移动到以 (x,y,z) 为位置坐标，以 (α,β,γ) 为方向坐标的空间点上，视窗 w 即是以操作部位为视点，以眼部活动区域构成的包络体质心为视中心的逆向视域。

以 Jack 人体模型为例，图 6-22 是眼部活动区域构成的包络体，图 6-23 是以螺钉 1 为视点的逆向视域。

图 6-22 眼部活动区域构成的包络体

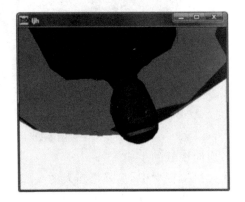

图 6-23 以螺钉 1 为视点的逆向视域

3）图片颜色识别

为了实现操作部位可视性的自动检测功能，必须完成逆向视域中是否存在眼部活动区域构成的包络体的自动识别。为此，本节采用图像识别技术中的图片颜色识别进行实现。首先将逆向视域保存成 JPG 格式的图片 p，然后检测图片中是否存在黑色（场景中只有包络体的颜色是黑色）。计算机图像由一组像素（也就是图片元素）组成，一般通过图像的宽和高（以像素为单位)来限定图像的尺寸。检测图片中是否存在某一颜色,实际上就是在组成图片的像素集中检测是否存在某一像素。

RGB 是计算机软件和硬件中用的最多的颜色空间。RGB 代表三色素,即红色、绿色和蓝色。一般图片的数据是 8 位的,每个字符串中的一个字符代表一个像素;如果图片的数据是32 位的,则 4 个字符代表 1 个像素,每四个字符组成一组来代表红色、绿色和蓝色中的任意一种颜色。

检索图像信息:检测图像中的像素数据,在 RGB 颜色系统中,黑色的像素数据为$(0,0,0)$。在检测图片中是否有黑色时,只需要通过图像像素的坐标(x,y)来读取像素的值,并与黑色像素的数据值作比较,如果存在坐标点上的像素值与黑色像素值相同,则说明图片中有黑色存在。本节也是通过这种方法实现图片的颜色识别的。为了提高遍历图片 p 内所有像素点RGB 的效率,在读取图片后,在不影响识别精度的情况下,对图像像素进行压缩处理。图片的颜色识别流程如图 6-24 所示。

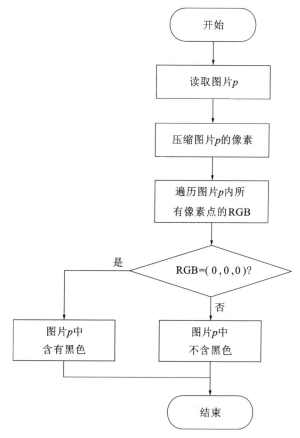

图 6-24　图片颜色识别的流程

基于逆向视域与图像识别的可视性分析方法,由于首先自动生成了维修人员眼部的可达区域,不需要手工调整人体姿态就能实现可视性分析,克服了上述方法的不足。利用基于逆向视域和图像识别的可视性分析方法对维修人员能否看到需要拆卸的螺帽进行分析,图 6-25 为逆向视域,从图 6-26 可以看出,逆向视域内存在维修人员眼部的可达区域,并且通过图像识别验证了这点,说明维修人员能够看到需要拆卸的螺帽,即螺帽是可视的。

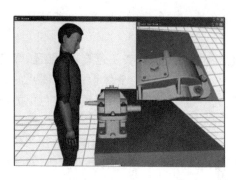

图 6-25　维修人员某姿态的视域

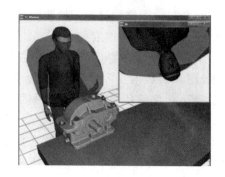

图 6-26　逆向视域

6.2.5　基于扫描体生成的工作空间分析技术

在虚拟维修仿真中,工作空间分析可以具体定义为:检测是否给虚拟维修人员、维修工具及维修部件提供足够的活动空间,即分析虚拟维修人员在维修操作过程中是否与环境发生碰撞。基于扫描体生成的工作空间分析就是在仿真完成的基础上,生成分析对象的扫描体,通过检测扫描体与环境的干涉情况对工作空间信息进行分析,进而确定人体是否能无碰撞地完成维修操作。其分析的基本流程如图 6-27 所示。

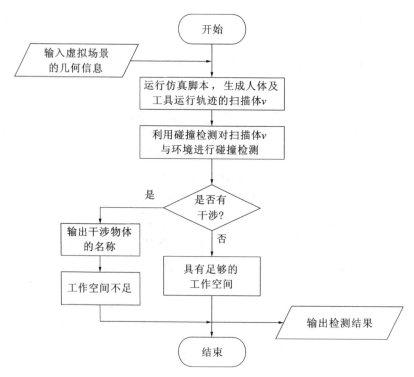

图 6-27　工作空间分析流程

首先,根据虚拟场景中的几何信息及虚拟维修人员的操作仿真过程,从起始时刻到终止时刻将人体操作过程中到达过的所有空间几何点记录下来,生成扫描体。

其次,利用碰撞检测算法对生成的扫描体进行干涉检测。

最后,根据干涉检测结果和场景信息对工作空间进行分析。

由于基于扫描体生成技术的空间分析是在人体操作仿真完成的基础上进行的。因此操作仿真的真实性将直接影响工作空间分析的精度和可信度。因此,该方法对过程仿真精确性的要求较高。

本节采用扫描包络方法生成工作空间。在进行扫描体生成实现时,先定义以下参数:

(1)所需分析的仿真起始时间 t_{start} 和终止时间 t_{end} 。

(2)分析对象,如在人体进行抓取操作过程中,分析对象是人体的臂部和手部。

(3)扫描的时间间隔 Δt ,由于虚拟人员有大量的片段和面,对人体扫描时,消耗时间长,效率极低。因此,扫描的时间间隔 Δt 的选取非常重要。

首先根据起始时间和终止时间,得到所需分析的仿真时间长度为 $t = t_{end} - t_{start}$ 。然后根据扫描的时间间隔 Δt 获取人体对分析对象的几何信息进行记录的次数 $n = t/\Delta t$ 。扫描体生成的基本方法如下:

扫描体生成(t_{start} , t_{end} , Δt)

[1]：　　获取扫描对象列表 L;

[2]：　　获取并保存 t_{start} 时刻扫描对象的几何信息到临时文件夹 F;

[3]：　　For $k=1$ to n do

[4]：　　获取扫描对象列表在该时刻的几何信息;

[5]：　　将获取的几何信息输出、添加、保存到临时文件夹 F;

[6]：　　合并临时文件夹中保存的扫描体的几何信息,形成一个片段的几何信息;

[7]：　　显示合并后的片段

根据扫描体生成的基本方法,基于 Jack 软件对扫描体生成函数进行了设计和开发。图 6-28是虚拟维修人员在抓取螺丝过程中手臂生成的扫描体。

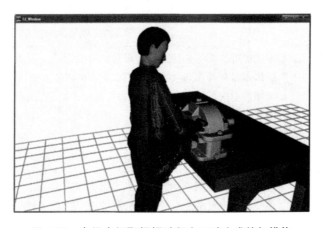

图 6-28　虚拟人抓取螺帽过程中手臂生成的扫描体

6.3　维修障碍分析

6.3.1　维修障碍概念

1）维修障碍的定义

维修障碍是指使产品维修不能够简便、快捷、经济的事件或状态。维修障碍的发生将不利于预定维修事件的完成，严重时会导致事件的中止或失败。这里的事件是指在具体的维修操作活动中发生的不可达、不可视，没有充足的操作活动空间等阻碍维修顺利完成的事件；状态是指在整个维修过程中呈现出的违反维修性要求的表征或现象，如维修过程过于烦琐，维修活动中使用的工具、紧固件的种类和数量过多，工具更换过频等。

2）维修障碍的分类

维修障碍有不同的分类方法。按照障碍产生的原因，维修障碍可分为：

（1）设计维修障碍（Design Trouble）。也可称为结构维修障碍，是由于设计结构不合理，紧固件类型选择不当等原因造成，从而导致产品维修过程中发生的障碍。

（2）工艺维修障碍（Technology Trouble）。是指由于维修工艺规范制定不当导致产品维修过程中发生的障碍。维修工艺规范通常包括维修工序的制定、维修资源的配置等。

（3）操作维修障碍（Operate Trouble）。是指由于不按照规定的条件下进行维修作业而产生的障碍。这里的规定条件一般分为环境条件（维修的机构或场所）不符合规定和人为造成的维修操作不当引起的维修障碍。

按障碍的影响或后果，维修障碍可分为可达性障碍、差错性障碍、维修安全障碍、人素障碍，具体描述见表 6-3。

表 6-3　维修障碍分类

障碍分类	障碍表现形式
可达性障碍	不能接近故障零部件或接近困难； 肢体和零部件在通过维修通道口时发生干涉或通过困难； 因操作空间不足，解脱紧固件时工具或人员与装备结构发生干涉； 搬运零部件困难； 紧固件的拆卸烦琐
差错性障碍	维修中发生漏装、错装、不能正确辨认等操作差错
维修安全障碍	维修中发生泄漏、燃烧、爆炸等事故； 造成维修人员的伤亡，如灼伤、碰伤、划伤
人素障碍	维修人员在进行维修操作时以跪、卧、蹲、趴等容易疲劳的姿势进行操作； 维修人员因体力限度不能举起、推拉及转动零部件进行维修操作； 维修工作难度超出维修人员的能力范围

此外，还可以按影响维修简便、快捷、经济的严重程度对维修障碍进行分类。

3）维修障碍的特征

维修障碍具备如下特征：

（1）维修障碍的发生与维修性设计特性具有关联性。设计者最为关注的是设计维修障碍。

对于设计维修障碍,通常是由于设计特征不合理所造成的。设计维修障碍的发生与维修性设计特性之间具有关联性,即不合理的维修性设计特征必然导致相应维修障碍的发生。且设计维修障碍不能通过减少人为差错来避免,必须通过改进设计或采取其他补救措施来解决。

(2)随机性障碍是在维修事件的完成过程中发生的,而维修事件的确定是由具体的故障形式决定的。对于某一个故障的发生,产生相应的维修事件,在事件完成的具体操作过程中就可能会发生维修障碍。可见,障碍的发生是由故障决定的,故障发生的随机性决定了障碍发生的随机性。

(3)维修障碍的累积效应。如果一个维修事件中发生多个维修障碍,该事件对应的维修时间影响应是每一个障碍对维修时间影响的累加,也许每一个维修障碍对维修时间的影响并不明显,但如果事件中维修障碍的数目较大时,经累加将导致该事件的维修时间过长,不能达到维修性定量指标要求。一般来说,障碍的累积效应是针对轻微障碍而言的,因为严重障碍和一般障碍通常并不需要累积就会明显影响维修性定量指标。

需要说明的是,对于障碍的累积效应,能否引起设计者的关注,与障碍的分布形式有关。一个维修事件过程中如果发生多个维修障碍,则这些障碍在事件过程中的分布形式是多样的。例如,某一拆卸事件需要解除 n 个约束,事件过程中共发生 m 个障碍,而这些障碍可能比较均匀地发生在解除各个约束的过程中,也可能集中地发生在某一个或几个约束的解除过程中。对于前者,发生问题体现得不突出,可能没有引起设计者的关注;而对于后者,问题就比较突出地体现在某一结构设计不合理上,提示设计者采取措施来改进设计。

4)维修障碍判据

障碍判据(Trouble Criterion)是判断某一维修操作中是否发生维修障碍的界定。该界定尺度的把握对维修障碍分析的效果至关重要。障碍判据一般应依据产品具体的维修性要求来确定。需要说明的是,障碍判据的认定要符合规定的前提条件——必须在规定条件下,按规定的程序和方法进行维修作业。例如,可以构造表 6-4 所示的可达性障碍具体表现形式及障碍判据。

表 6-4　可达性障碍判据

可达性障碍表现形式	障　碍　判　据
不能触及维修操作部位(够不着)	维修人员在自然的姿势下,勉强或不能触及操作部位,以及人的肢体、工具、零部件在通过修理通道或通道口时不能通过或通过困难
接近目标件(故障件)较困难	需要拆卸的相关零部件较多,或者说需要解除的约束较多且过于烦琐而造成的拆卸困难
操作活动空间障碍	在进行解除目标件的配合约束操作时,因操作空间不足,阻碍事件的顺利完成
操作零部件时发生的抓、握、搬运困难	目标件质量、体积大,滑手,搬运距离长
操作可视性障碍	要求操作可视时,没有提供充分的视界以保证看得见操作;由于缺乏充分的照明条件,影响维修作业的精度、速度和安全问题
与紧固件和工具相关的障碍	在没有气密和液封要求的部位使用了大量的小紧固件,且紧固件的种类过多;操作过程中用到工具的种类和规格过多,且工具更换的频率高

5）仿真中维修障碍数据的获取

为获取维修障碍数据，就要求虚拟维修仿真提供障碍检测功能和相关的数据统计功能，包括距离检测、碰撞检测、力量分析、疲劳分析，以及对紧固件类型、工具等信息的统计（表 6-5）。

表 6-5　仿真中各个障碍描述数据的获取

障碍名称	障碍表现形式	障碍描述数据	描述数据的获取
可触及性障碍	不能触及维修操作部位	距离差值	距离检测
可视性障碍	维修操作未在视界范围内	碰撞对	碰撞检测
操作活动空间障碍	因操作空间不足，解脱紧固件时工具或人员与装备结构发生干涉	碰撞对	碰撞检测
紧固件类型障碍	紧固件的选取不当	紧固件类型	统计得到
工具类型障碍	需要专用工具	工具类型	统计得到
操作过程烦琐障碍	维修作业单元或维修作业个数过多	作业数或维修作业单元数	统计得到
工具更换频率障碍	工具更换过频	更换频率	统计得到
人的体力障碍	维修人员因体力限度不能举起、推拉、转动及搬运零部件进行维修操作	力量差值	静态力量分析
人的舒适性障碍	维修人员在进行维修操作时以跪、卧、蹲、趴等容易疲劳的姿势进行操作	人的姿势及持续时间	疲劳分析

6.3.2　维修障碍原因与影响分析

维修障碍分析（Maintenance Trouble Analysis，MTrA）是以产品可能发生或已经发生的维修事件为分析对象，预测和发现维修障碍，对维修障碍的原因、影响进行分析，并把每一个维修障碍按它对维修事件的妨碍程度予以分类，提出可以采取的补救措施的过程。

进行 MTrA 的目的在于查明维修过程中发生的一切维修障碍，而重点是查明严重妨碍维修事件完成的维修障碍及其原因，以便通过改进设计或采取其他补救措施尽早消除或减轻因维修障碍导致维修事件失败而带来的严重后果。其最终目的是改进设计，实现维修的方便、快捷。

MTrA 的分析过程通过填写表 6-6 予以记录。

表 6-6　维修障碍分析表

分析人员审核第　页　　　　　　　　　　　　　　　　　　　　　　　　　　　　　共　页

维修事件	障碍形式	障碍原因	障碍影响	障碍妨碍度类别	障碍相关零部件代号	补救（纠正）措施
（1）	形式 1					
	形式 2					
	⋯					
（2）						
⋯						

（1）维修事件（Maintenance Event）

包括修复性维修工作和预防性维修工作。对于修复性维修工作，采用 FMEA（故障模式及影响分析）确定工作内容，如更换、原件修复、机上直接修复等；对于预防性维修工作，由以可靠性为中心的维修分析（RCMA）确定工作类型，如保养、定时拆修等。

（2）障碍形式（Trouble Mode）

即障碍的表现形式。如不能接近故障零部件或接近困难；维修中发生的漏装、错装；造成维修人员的伤亡，如灼伤、碰伤、划伤；维修人员因体力限度不能举起、推拉及转动零部件进行维修操作等。

（3）障碍原因（Trouble Causation）

了解障碍形式并不能解决产品维修时为何发生障碍的问题，为了提高产品的维修性，就必须分析障碍的原因。障碍产生的原因可能有 3 种情况：①由于设计结构不合理，紧固件类型选择不当等原因造成，从而导致产品维修过程中发生的障碍。②由于维修工艺规范制定不当导致产品维修过程中发生的障碍。③由于不按照规定的条件进行维修作业而产生的障碍。必须对原因做具体的针对性分析。

（4）障碍影响（Trouble Effect）

指每一个障碍形式对产品维修事件的完成所导致的各种后果。这些后果包括产品维修过程中对人的安全、维修时间及维修费用等方面的综合影响。

（5）障碍妨碍度（Trouble Criticality）

障碍妨碍度是指障碍的产生对维修后果影响的严重程度。障碍妨碍度类别是对障碍形式发生所造成的维修后果所规定的一个度量。妨碍度类别的划分是按障碍形式对系统维修性影响而言的，一般分为 4 类（表 6-7）。

表 6-7　障碍妨碍度分类

妨碍度类别	妨碍程度（定义）
Ⅰ类（灾难的）	维修操作执行过程中，不能完成维修事件，并对维修人员的生命安全构成严重伤亡威胁或导致装备损坏的障碍
Ⅱ类（致命的）	虽未造成人员伤亡与装备损坏，却致使维修事件失败，从而造成重大停机经济损失或严重影响装备战斗力的障碍
Ⅲ类（临界的）	虽能够完成维修事件，却造成一定的经济损失，明显影响维修的简便、快捷、经济的障碍
Ⅳ类（轻度的）	能够完成维修事件，不足以造成经济损失，仅轻微影响维修的简便、快捷、经济的障碍

（6）障碍相关零部件代号

该栏是指产生障碍的不合理维修性设计特征及其所属的零部件，其目的是为确定需改进设计的零部件提供依据。

（7）补救（纠正）措施

针对每一个障碍形式的原因及影响，尽可能提出补救或纠正措施，这是关系到有效提高维修性的重要环节。主要有以下补救措施：

①维修性设计补救措施。在分析障碍原因之后，就可以确定造成维修障碍的不合理维修

性设计特性及其所属的零部件,然后改进其维修性设计,从而提高系统维修性。

②改善维修保障资源措施。通过增加或改进维修中的专用工具、仪器或设备来保证维修事件的顺利完成,从而实现产品的维修性要求。通过加强维修人员的训练,提高维修人员的维修技术水平,从而在一定程度上减少障碍的发生。

③提高产品可靠性措施。通过改进产品可靠性设计,使维修障碍对应的故障模式得以消除或很少发生,从而减少维修障碍的发生。

在实际设计中,究竟采取哪一种补救措施,要依据产品的特点和使用要求来具体分析和权衡。不难看出,以上几种措施的实质是维修性与可靠性和保障性的权衡,这种权衡是同一产品几个设计特征指标之间的权衡,不同情况下有不同的权衡。通常以设计更改最小、可用度、维修保障资源为约束,以费用为目标进行。

6.4　基于障碍影响的维修作业时间预计

6.4.1　维修作业时间预计的基本模型

一般采用维修作业单元预定时间标准法预计维修时间。假设以串行作业模式进行维修操作。串行作业是指一系列作业首尾相连,前一作业完成后,后一作业开始,既不重叠又不间断的作业模式。在维修事件中,一次事件由若干维修作业组成,而各项作业是由若干维修作业单元组成的,这种维修作业单元占用时间短且相对比较稳定,从一个系统到另一个系统不发生显著变化。在串行作业下,完成一次维修事件的时间就等于各项维修作业、维修作业单元时间的累加值。

维修中的维修操作包括分解、更换、重装作业,等等。将每个维修作业划分为若干维修作业单元,如果预先知道了组成维修操作的维修作业单元时间,则可以预计出维修作业时间,进而得到事件维修时间,即:

$$T_{AD} = \sum_{j=1}^{m} T_j = \sum_{j=1}^{m} \sum_{i=1}^{n_j} T_{ji} \qquad (6-1)$$

式中,T_{AD} 为某项事件的维修时间;m 为完成该项事件的维修操作所需要的维修作业个数;n_j 为每个维修作业的维修作业单元个数;T_j 为每项维修作业的时间;T_{ji} 为每项维修作业单元的时间。

问题的关键是测定维修作业单元标准时间。获得维修作业单元标准时间的途径有两条:

(1)根据历史经验或现成的数据、新装备的结构、维修保障条件,选择常见的维修动作,通过试验或现场数据统计计算出维修作业单元标准时间,建立维修作业单元标准时间库。

(2)利用时间量度法(Method Time Measurement,MTM)将人的维修动作分解为多种基本动作,进而分解为动素,将每个基本动作加上适当宽放,再将推算出来的各个时间相加,即可得出完成一项维修动作的时间,作为建立维修作业单元标准时间的依据。

6.4.2　基于障碍影响的维修性预计修正模型

维修作业时间预计在应用时都需要进行修正,修正模型是修正效果的决定性因素。修正的手段可以借助虚拟维修仿真,设计者带着上面的影响因素在虚拟环境下进行维修操作,充分感受和体会维修的难易程度,从而比较客观地对维修作业单元标准时间进行修正。

1)维修难度数学模型

维修难度(maintenance difficulty)反映产品维修中操作的难易程度。维修难度是对维修障碍分析的进一步量化评价,维修障碍分析是维修难度计算的基础。维修难度是按每一个维修事件完成过程中发生的维修障碍的妨碍度类别及该障碍对应因素的影响权重,从技术可行性上全面评价产品的维修性。计算维修难度参数的目的是:

(1)获取产品在各维修级别上的维修难度值,衡量产品的维修性在技术可行性上满足维修性定性设计要求的程度;

(2)便于对不同设计方案之间的维修难度进行优劣比较,指导设计者做出决策。

针对某一维修事件,基于前述维修性分析评价策略,建立维修难度数学模型,即:

$$S = \alpha \cdot \frac{1}{m}\sum_{j=1}^{m}Z_j = \alpha \cdot \frac{1}{m}\sum_{j=1}^{m}\left(\beta_j \cdot \frac{1}{n_j}\sum_{i=1}^{n_j}J_{ji}\right) \tag{6-2}$$

式中　S——某事件维修难度;

　　　m——完成该事件的维修操作需要的维修作业数;

　　　n_j——每项维修作业的维修作业单元数;

　　　Z_j——每项维修作业的维修难度;

　　　J_{ji}——每项维修作业单元的维修难度;

　　　α——事件层的修正系数;

　　　β_j——作业层维修难度的修正系数。

α 和 β_j 的取值受表 6-8 中所列的事件层和作业层维修障碍因素的影响,当作业层和事件层没有维修障碍发生时,α、β_j 的取值为 1。

表 6-8　α、β_j 影响因素

项目	障碍影响因素
α	组成事件的维修作业的个数; 事件涉及工具的种类和数量; 事件过程中的工具更换频率
β_j	组成作业的维修作业单元的个数; 作业涉及工具的种类和数量; 作业过程中的工具更换频率

式(6-2)在实际应用中,需要分别设置各评价层次上维修难度的阀值,如维修作业单元层为 J^*,作业层为 Z^*,事件层为 S^*。当某一层次上的维修难度值超出阀值时,则提示改进设计,且对应上一层次的维修难度计算不再遵循式(6-2),而是取超出阀值的最大维修难度值。S^* 值越大,表示该维修事件越难以完成;值越小,表示越易维修。

2)单因素模糊评价值的评分规则

从式(6-2)可以看出,维修作业单元层维修难度的计算是评价的基础和关键。维修作业单元层拆装难度的影响因素众多,其中的非确定性因素难以定量地、准确地计算,因此采用模糊数学中的模糊评判法。

维修作业单元层拆装难度的影响因素模糊评价值的确定,与各因素对应障碍的障碍判据

和障碍的妨碍度类别相关。例如：

● 把持和搬运障碍,其影响因素为零部件的质量和轮廓尺寸;

● 人素障碍,其影响因素可能是拆装过程中需要施加的配合力;

● 可达性障碍,其影响因素为可触及性、可视性、操作活动空间、紧固件和工具的类型;

● 差错性障碍,其影响因素为产品结构的复杂性和防差错识别标记特征;

● 维修安全障碍,其影响因素为安全防护罩、警告灯、响声警告等维修安全性设计特征。

这些因素中,有些是数值型因素,如质量、轮廓尺寸、配合力,等等;有些是非数值型因素,如可触及性、可视性、操作活动空间,等等。对于数值型因素可采用单因素数值评价,对于非数值型因素可采用单因素经验评价。

目前维修工作大多是由人工完成。本节主要根据人工维修的特点,对单因素数值评价采用升半梯形模糊函数进行模糊评价。单因素经验评价是根据相应障碍的妨碍度类别,借助专家的经验进行评价,评价时需要进行定量分级处理,以 0～1 之间的数值表示因素的可拆装性评价值,值越大表示维修拆装性越差。

表 6-9 给出了操作可触及性、操作可视性、操作活动空间等因素的单因素模糊评价值的评分规则。

表 6-9 评分规则

障碍类别	判别标准	分值
可触及性	容易触及(没有障碍发生)	0
	勉强触及(Ⅲ类)	0.3
	需要辅助设备触及(Ⅱ类)	0.7
	不能触及(Ⅰ类)	1
可视性	可视性好(没有障碍发生)	0
	可视性不好,但不影响操作(Ⅲ类)	0.3
	可视性不好,操作困难(Ⅱ类)	0.7
	可视性极差,导致不能操作(Ⅰ类)	1
操作活动空间	操作没有困难(没有障碍发生)	0
	困难较小(Ⅳ类)	0.25
	困难较大(Ⅲ类)	0.5
	困难很大(Ⅱ类)	0.75
	不能操作(Ⅰ类)	1

3)维修作业单元层维修难度的评价算法

假设影响动作层维修难度的因素有 n 个,评价算法如下:

(1)获取产品的维修过程信息及维修障碍分析结果;

(2)基于维修作业单元层上发生障碍的妨碍度类别和维修障碍描述数据,对障碍相应的维修性影响因素进行单因素模糊评价,确定每个因素对各评价标准的隶属度;

(3)确定各因素权重系数 W_i。W_i 是评判组确定的因素 i 对维修难度的影响相对于其他因

素的重要程度。本节采用专家评估法和层次分析法确定各因素的权重值 W_i。为便于比较,对权重值进行归一化处理,即:

$$\sum_{i=1}^{n} W_i = 1, W_i \in [0,1] \tag{6-3}$$

4)计算维修作业单元层维修难度

$$J = \sum_{i=1}^{n} W_i \cdot P_i \tag{6-4}$$

式中,P_i 为第 i 个因素的模糊评价值;n 为影响因素的个数;W_i 为第 i 个因素权重系数。

6.5 维修性设计方案评价

各种设计因素发生变化时,对系统维修性的影响是不同的。由于各因素之间存在复杂的交互作用,改变某个设计因素时,常常会"牵一发而动全身",其他因素也随之变化,很难直观地判断出哪些因素的改变是系统维修性变化的主要原因。因此,常常会出现这种情况:维修性设计人员想要对方案中的某个或几个设计因素加以改善,却又难以预料产品的维修性会提高到什么程度;或者为了能够从多种相似备择设计方案中找到最优维修性设计方案,维修性设计人员不得不对各相似备择方案分别进行分析评价,然后比较评价结果,最后从中确定最优方案。

利用数字样机和虚拟维修仿真手段获取维修影响因素数据,能够在产品的设计阶段,充分考虑维修性设计因素的交互作用对维修性的影响,从定性的维修性设计因素入手,定量地对产品维修性设计方案进行综合评估。此方法还能比较各相似备择方案的维修性设计优劣程度,使设计人员只要对其中某一个或几个方案进行预计后,就能大致知道其他相似方案的维修性参数的优劣。

6.5.1 维修性设计方案评价的层次模型

为了满足用户的需求,达到既定的维修目标,需要对影响维修完成的所有因素进行设计、分析和评价,即形成完整的产品维修性设计方案,并对其进行分析和评价。但是在实际维修性工程活动中,往往很难直接建立目标与设计方案的关联关系,本节通过维修事件的分解和分析,建立了从用户需求(维修目标)到设计要求、到相关维修事件、到维修影响因素和产品设计特征的关联关系和因果关系,从而将用户需求与设计方案建立起了联系,构建了维修性层次分析评价模型,如图 6-29 所示。

该模型根据 1.3.2 节基于数字样机的维修性基本原理,将维修分解至基本作业单元层(维修步骤),在该层次上可以支持参数化维修动作与数字样机维修特征的交互,完成基本维修作业的仿真,同时还能获得维修性分析评价所需的基本数据。这些数据是通过"人—产品—设备/工具"的共同作用所体现出来的,这些相互作用发生于维修过程的各个环节,通过分析这些环节中"人—产品—设备/工具"相互作用对维修步骤完成的影响来识别产品设计特征的缺陷,并进行定量的评价与综合。

维修性层次分析模型体现了基于数字样机的维修性设计与分析的基本原理。在数字样机环境下,通过对维修步骤的仿真,发现维修障碍数据,分析得到影响维修的因素(包括产品因素、资源因素、环境因素和人的因素等),从而找到产品设计特征的缺陷,为维修性分析提供了

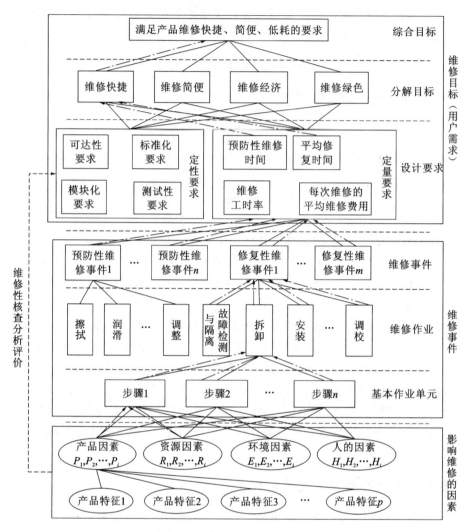

图 6-29　维修性层次分析模型

底层数据,实现了基于数字样机的维修性设计与分析的基本原理,能够完成维修性自下而上分析评价的综合目标。

6.5.2　维修性设计特征的关联模型

　　1)维修性设计特征间的促进度

　　维修性设计特征之间并不是独立的,而是相互影响、相互促进的。对系统的某一特征进行优化,其他特征也会得到或多或少的改善。例如,将原本不易拆装的系统设计方案改为易于拆装,即提高了拆装性,系统部件的可达性也必然会随之提高。同样,系统部件的可达性提高,零部件必然易于分解,系统的拆装性也会提高。可见,可达性和拆装性之间是相互促进的。但是,并不是所有特征之间的促进关系都是对称的,例如,识别标志的完善,会大大提高系统的拆装性;但改善了拆装性,并不能促进识别标志的完善。显然这种促进关系是"有方向"的。

　　维修性设计特征间的促进关系称为"促进度"。为研究方便,将促进度分为强、中、弱、无四个等级。对各类系统,如机械、电子、机电系统与设备,可以进行维修性分析,得到它们各自的促进度列表。根据一般机械系统的维修性特征及大量实例和文献资料,得到一般机械系统维修性设计特征之间的促进度列表,如表 6-10 所示。

表 6-10　一般机械系统的维修性设计属性之间的促进度列表

序号	维修性设计特征(A_i)	特征之间的促进度(f_{ij})			
		强($f_{ij}=4$)	中($f_{ij}=3$)	弱($f_{ij}=2$)	无($f_{ij}=0$)
1	可达性	2	9	6,11	3～5,7,8,10,12
2	拆装性	1	9,11	—	3～8,10,12
3	标准化	2,11	1,8	9,12	4～7,10
4	简易性	1,2,6,11	5,8	9,12	3,7,10
5	识别标志	2	9	12	1,3,4,6～8,10,11
6	诊断性	9	7	11,12	1～5,8,10
7	模块化	1,2	3,11	4～6	8～10,12
8	耐久性	2,6	10,11	9	1,3～5,7,12
9	人素工程	—	11	1,2,6	3～5,7,8,10,12
10	安全性	1,2,6,8,9	5,11	12	3,4,7
11	工具设备	1,2	—	9	3～8,10,12
12	技术文档	2,5	6	—	1,3,4,7～11

由表 6-10 可以看出,各维修性设计属性之间的促进关系具有不同的范围和强度,例如,表中第一行表示"可达性"对"拆装性"(序号为 2)具有"强"的促进度;对人素工程(序号 9)的促进度为"中";对诊断性(序号 6)以及工具设备(序号 11)具有"弱"的促进度;对其他维修性设计属性(序号为 3～5,7,8,10 和 12)则没有促进作用。

需要指出的是,属性间促进关系的范围和强度的确定是至关重要的,因为它直接影响维修性设计方案综合评估模型和计算结果的可信度。所以,系统类型不同,促进度列表的内容也不尽相同,这要由维修性设计人员或有经验的维修工程师根据系统实际情况得出。

2)维修性设计特征的有向图关联模型

维修性设计特征的有向图,是对维修性设计特征及其之间促进度的图解。该图可以直观地表示各维修性设计特征之间的促进关系,有助于设计人员从维修性观点出发,深入理解待开发系统的维修性设计特征及其之间的关联关系。

维修性设计特征的有向图定义为 $G'=(N',E)$,其中 $N'=\{A_1,A_2,A_3,\cdots,A_N\}$ 是一系列节点,代表维修性设计特征;$E=\{e_{12},e_{13},\cdots,e_{ij}\}$ 是一系列节点之间的弧,代表维修性设计特征间的促进度。例如弧 e_{12} 是节点 A_1 和节点 A_2 之间的连线,它由节点 A_1 指向节点 A_2,表示节点 A_1 对节点 A_2 的促进度(f_{12})。促进度为"无"($f_{ij}=0$)时,可以不画有向弧。

为简便起见,用矩阵对有向图进行研究。现研究一种只包含 5 种维修性设计特征的简单模型,它只考虑可达性、拆装性、标准化、简易性和识别标志。它的维修性设计特征有向图如图 6-30 所示。为得到通用的维修性设计综合权值表达式,不管促进度是否为 0,在图中都用有向弧表示出来。

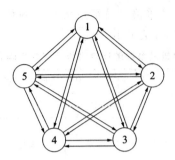

图 6-30　只包含 5 种特征的维修性设计特征有向图
1—可达性;2—拆装性;3—标准化;4—简易性;5—识别标志

有向图中的 5 个节点,可以表示为五阶二进制矩阵 $[f_{ij}]$ 的形式。即:

$$
\begin{bmatrix}
f_{11} & f_{12} & f_{13} & f_{14} & f_{15} \\
f_{21} & f_{22} & f_{23} & f_{24} & f_{25} \\
f_{31} & f_{32} & f_{33} & f_{34} & f_{35} \\
f_{41} & f_{42} & f_{43} & f_{44} & f_{45} \\
f_{51} & f_{52} & f_{53} & f_{54} & f_{55}
\end{bmatrix}
\tag{6-5}
$$

式(6-5)中非主对角线上的元素 $f_{ij}(i \neq j)$ 是特征 i 对特征 j 的促进度的值;主对角线上的元素是 f_{ij},它是特征 i 自身促进度的值,也可以理解为不同设计方案下特征 i 自身的优劣程度。$f_{ij}(i \neq j)$ 和 f_{ij} 的主要区别在于,前者反映的是各种特征之间的促进关系,后者反映的是不同设计方案对特征的促进关系。改善了设计方案,即加强了方案对特征促进关系的程度,特征自身的促进度的值就会随之提高。这种方案对特征的促进关系的程度可以通过各维修性设计特征的权值进行衡量。

以下分三步对式(6-5)进行详细研究。首先,只考虑维修性设计属性间的促进度,式(6-5)可以写为:

$$
\boldsymbol{F} =
\begin{bmatrix}
0 & f_{12} & f_{13} & f_{14} & f_{15} \\
f_{21} & 0 & f_{23} & f_{24} & f_{25} \\
f_{31} & f_{32} & 0 & f_{34} & f_{35} \\
f_{41} & f_{42} & f_{43} & 0 & f_{45} \\
f_{51} & f_{52} & f_{53} & f_{54} & 0
\end{bmatrix}
\tag{6-6}
$$

矩阵 $\boldsymbol{F}$ 称为促进度矩阵,其中非主对角线上的元素是属性 i 对属性 j 的促进度 f_{ij} 的值。由于此矩阵中不考虑维修性设计属性自身的促进度,故主对角线上元素为 0。系统的类型一旦确定,矩阵 $\boldsymbol{F}$ 也就固定了下来,它不随系统设计方案的变化而改变。

其次,只考虑维修性设计属性自身的促进度,得到以下矩阵:

$$
\boldsymbol{H} =
\begin{bmatrix}
f_{11} & 0 & 0 & 0 & 0 \\
0 & f_{22} & 0 & 0 & 0 \\
0 & 0 & f_{33} & 0 & 0 \\
0 & 0 & 0 & f_{44} & 0 \\
0 & 0 & 0 & 0 & f_{55}
\end{bmatrix}
=
\begin{bmatrix}
V_1 & 0 & 0 & 0 & 0 \\
0 & V_2 & 0 & 0 & 0 \\
0 & 0 & V_3 & 0 & 0 \\
0 & 0 & 0 & V_4 & 0 \\
0 & 0 & 0 & 0 & V_5
\end{bmatrix}
\tag{6-7}
$$

对角矩阵 H 称为维修性设计属性权值矩阵,其主对角线元素 V_i(即 f_{ij})代表第 i 个维修性设计特征自身的促进度,即它的维修性设计特征权值。由于此矩阵中不考虑维修性设计属性之间的促进度,故所有非主对角线上的元素均为 0,对角矩阵 H 和系统设计方案密切相关,设计方案的变化可以通过矩阵 H 的变化来体现。

在进行专家评分时可得到各种影响因素的分值,把与某特征相关的各种影响因素的分值按权重进行平均,并四舍五入到某一确定范围内的整数,就能得到这一维修性设计特征的权值。V_i 的取值范围和特征之间促进度的相同,也为 0~4 之间的整数。

最后,综合考虑维修性设计属性之间及其自身的促进度,得到以下矩阵:

$$M = [H + F] = \begin{bmatrix} V_1 & f_{12} & f_{13} & f_{14} & f_{15} \\ f_{21} & V_2 & f_{23} & f_{24} & f_{25} \\ f_{31} & f_{32} & V_3 & f_{34} & f_{35} \\ f_{41} & f_{42} & f_{43} & V_4 & f_{45} \\ f_{51} & f_{52} & f_{53} & f_{54} & V_5 \end{bmatrix} \tag{6-8}$$

矩阵 M 称为维修性设计综合权值矩阵。M 中的元素,称为维修性设计综合权值常数,它反映了系统的维修性设计特征。对于任意一个给定的设计方案,各种维修性设计特征对系统维修性的影响程度、特征之间错综复杂的促进关系,都可以用矩阵 M 定量地表达出来。

6.5.3 维修性设计方案的量化评价

1)维修性设计方案综合评估模型

矩阵 M 是一个方阵,可以用 $Per(M)$ 表示它的正方矩阵的积和式。正方矩阵的积和式是组合论数学中的概念,它类似于方阵的行列式,但展开表达式中都是正号。没有负号意味着任一促进度或特征权值的增长,都会引起 $Per(M)$ 值的增长,这与上文提到的维修性设计属性之间的相互促进关系是一致的。$Per(M)$ 的展开表达式可以写成以下形式:

$$Per(M) = \prod_{i=1}^{5} V_i + \sum_i \sum_j \sum_k \sum_l \sum_m (f_{ij} f_{ji}) V_k V_l V_m$$

$$+ \sum_i \sum_j \sum_k \sum_l \sum_m (f_{ij} f_{jk} f_{kl} + f_{ik} f_{kj} f_{ji}) V_l V_m$$

$$+ \Big[\sum_i \sum_j \sum_k \sum_l \sum_m (f_{ij} f_{ji})(f_{kl} f_{lk}) V_m$$

$$+ \sum_i \sum_j \sum_k \sum_l \sum_m (f_{ij} f_{jk} f_{kl} f_{li} + f_{il} f_{lk} f_{kj} f_{ji}) V_m \Big]$$

$$+ \Big[\sum_i \sum_j \sum_k \sum_l \sum_m (f_{ij} f_{ji})(f_{kl} f_{lm} f_{mk} + f_{km} f_{ml} f_{lk})$$

$$+ \sum_i \sum_j \sum_k \sum_l \sum_m (f_{ij} f_{jk} f_{kl} f_{lm} f_{mi} + f_{im} f_{ml} f_{lk} f_{kj} f_{ji}) \Big]$$

$Per(M)$ 叫作维修性设计综合权值表达式。它的值称为维修性设计综合权值,用 I_m 表示,是衡量系统维修性水平的一个尺度。综合权值越高,系统的维修性就越好,反之亦然。因此,可以用 $Per(M)$ 的值来进行系统维修性设计的综合评估。所以,$Per(M)$ 就是维修性设计的综合评估模型。

对于给定的系统,在特征之间的促进度保持不变的条件下,设计方案的不同,表现为维修性设计特征权值的不同。反映在式(6-8)中就是$\{V_i\}$序列的不同。每种设计方案都和一个$\{V_i\}$序列一一对应。将不同设计方案的$\{V_i\}$代入式(6-8),可导出维修性设计综合权值表达式$Per(M)$,并计算出各自的维修性设计综合权值I_m。比较各方案I_m的大小,其中最大者即是最佳设计方案。

当所有属性的权值都取最优值时(即$V_i=4$),$Per(M)$的值称为维修性设计综合权值的理想值(I_{mi})。因为在这种情况下,所有维修性设计特征都达到了最优设计标准,系统的综合维修性最为理想。将各方案的I_m与理想值I_{mi}的比值,设为维修性设计相对权值(I_r),即$I_r=I_m/I_{mi}$。容易看出,I_r不仅能反映各设计方案之间的差距,而且也能直观地反映出设计方案和理想值之间的差距。

2)维修性设计方案量化评价的步骤

建立了模型,就很容易进行维修性设计方案的量化评价。具体实施步骤如下:

(1)从维修性角度出发,对给定的系统及其各种备择设计方案进行研究。详细研究其功能和结构等设计因素,并确定每种备择设计方案中的关键零部件。

(2)研究第一个备择方案,确定要考虑的维修性设计特征$A_i(i=1,2,\cdots,N)$,并参照维修性设计评分准则,得到各属性的权值$V_i(i=1,2,\cdots,N)$。

(3)确定各属性间的促进度f_{ij},并参照表6-10对f_{ij}赋值。

(4)画出备择设计方案的维修性设计特征有向图。

(5)写出有向图的矩阵表达式,即维修性设计综合权值矩阵。形式为一个N阶方阵,正对角线元素为V_i,其他元素为f_{ij}。

(6)由维修性设计综合权值矩阵,导出维修性设计综合权值表达式$Per(M)$。

(7)假设$V_i=4(i=1,2,\cdots,N)$,代入$Per(M)$进行计算,得到维修性设计综合权值的理想值I_{mi}。

(8)将步骤(2)得到的V_i代入$Per(M)$,计算出当前备择设计方案的维修性设计综合权值I_m和相对权值I_r。

(9)对下一个备择设计方案进行研究[重复步骤(2)、(6)、(8)]。

(10)重复步骤(9),直到对所有备择设计方案都进行了研究。

(11)比较各备择方案的综合权值I_m和相对权值I_r,从中确定最优维修性设计方案。

6.5.4　维修性设计方案敏感性分析

由于各设计方案中各个设计特征是相互独立的,某一项特征发生改变时,对其他特征不发生影响。因为维修性影响因素集合是对各设计特征的分析和归纳,故可以假定各影响因素之间也是相互独立的。据此,可以采用一种简单直观的方法,通过对维修性影响因素的灵敏度分析,得到设计方案中各特征的灵敏度分析。具体步骤如下:

(1)使与某个因素a_i相对应的评分项目的取值达到对维修性的不利影响最大时的值,同时保持其他因素取值不变。例如,定量因素(如需拆装的紧固件数量)取最大可能值,或定性因素取零分值。代入模型计算此时的维修单元的修复性维修时间或预防性维修时间的估计值,并分别计算它与此维修单元原始预计值之间的差距σ_i^+。

(2)使某个因素a_i的取值达到对维修性的不利影响最小时的值,同时保持其他因素取值不变。例如,定量因素(如需拆装的紧固件数量)取最小可能值,或定性因素取最大分值。代入模型计算此时的维修单元的修复性维修时间或预防性维修时间的估计值,并分别计算它与此维修单元原始预计值之间的差距 σ_i^-。

(3)计算值差 $\sigma_i = |\sigma_i^+| + |\sigma_i^-|$。

(4)通过对全部参与评分的 n 个维修单元的所有因素做以上处理,最终得到值差和的均值 $\frac{1}{n}\sum\sigma_i$,它可以在一定程度上代表模型对因素 a_i 的灵敏度。(注意:对修复性维修和预防性维修要分开计算)

(5)将所有因素按值差和的均值进行排序,并采用图形或报告的方式将分析结果显示给维修性设计人员。

以上分析方法,可以在一定程度上表达出哪些因素(或评分项目)对最终维修性设计的影响较大。要提高产品的维修性参数,设计人员应从这些影响因素对应的设计特征着手来形成维修性设计方案。

参 考 文 献

[1] 戴光明. 避障路径规划的算法研究[D]. 武汉:华中科技大学,2004.

[2] KALLMANN M A, AMAURY A, TOLGA T D. Planning collision-free reaching motions for interactive object manipulation and grasping [J]. Computer Graphics Forum, 2003,22(3):313-322.

[3] KIM W S, SUNG C D, KIM H M. Inter-plane prediction for RGB video coding [C]. 2004 International Conference on Image Processing, ICIP 2004.

[4] BLACKMORE D. The sweep-envelope differential equation algorithm and its application to NC machining verification [J]. Computer Aided Design, 1997, 29(6): 629-637.

[5] BLANCHARD B S, FABRYCKY W J. 系统工程与分析[M]. 3 版. 北京:清华大学出版社,2002.

[6] RUOIBAH K, CASKEY K R. Change management in concurrent engineering from a parameter perspective [J]. Computers in Industry, 2003, 50(1):15-34.

[7] CLAARKSON P J, SIMONS C, ECKERT C. Predicting change propagation in complex design [J]. Journal of Mechanical Design-ASME Transactions, 2004, 126:788-797.

[8] KLINE M B. Maintainability Considerations in System Design [D]. California: University of California, 1966.

[9] 柳辉. 维修性增长理论与规划方法研究[D]. 石家庄:军械工程学院,2009.

[10] 刘继民. 维修性设计要求及其在一体化设计中的应用[D]. 石家庄:军械工程学院,2007.

[11] 李建华. 基于虚拟维修仿真的 RVW 分析技术研究与实现[D]. 石家庄:军械工程学院,2009.

[12] 高明君. 基于虚拟现实的 DFD 研究[D]. 石家庄:军械工程学院,2004.

7 基于数字样机的维修性验证与评价

7.1 维修性试验评定的基本方法

7.1.1 维修性试验与评定的种类与时机

根据试验与评定的时机、目的和要求,《维修性试验与评定》(GJB 2072—1994)提出将装备系统级维修性试验与评定分为核查、验证和评价三个阶段。

(1)维修性核查

维修性核查是指承制方为实现装备的维修性要求,自签订装备研制合同之日起,贯穿于零部件、元器件到组件、分系统、系统的整个研制过程中,不断进行的维修性试验与评定工作。

(2)维修性验证

维修性验证是指为确定装备是否达到了规定的维修性要求,由指定的试验机构进行的或由订购方与承制方联合进行的试验与评定工作。维修性验证通常在设计定型、生产定型阶段进行。在生产阶段进行装备验收时,如有必要也要进行。

(3)维修性评价

维修性评价是指订购方在承制方配合下,为确定装备在实际使用、维修、保障条件下的维修性所进行的试验与评定工作。通常在部队试用时或(和)在装备使用阶段进行。

7.1.2 维修性试验与评定的一般程序

维修性试验无论是与功能、可靠性试验结合进行,还是单独进行,其工作的一般程序都是一样的,都分为准备阶段和实施阶段。

准备阶段的工作主要有:

(1)制订维修性试验与评定计划;

(2)选择试验方法;

(3)确定受试品;

(4)培训试验维修人员;

(5)准备试验环境和试验设备及保障设备等资源。

实施阶段的工作主要有:

(1)确定试验样本量;

(2)选择与分配维修作业样本;

(3)故障的模拟与排除;

（4）预防性维修试验；

（5）收集、分析与处理维修试验数据；

（6）试验结果的评定；

（7）编写维修性试验与评定报告。

维修性试验的一般流程（以修复性维修为例）如图 7-1 所示。

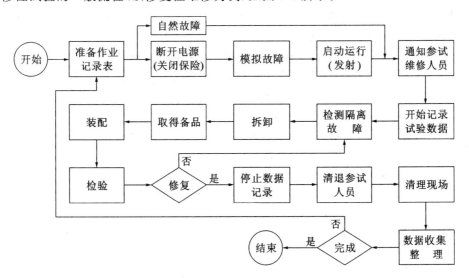

图 7-1　维修性试验的一般流程（以修复性维修为例）

7.1.3　维修性定性要求的试验与评定

维修性定性要求的试验与评定是根据合同规定的维修性要求、有关国家标准和国家军用标准的要求，制定相应的检查项目核对表，结合维修操作、演示等对其是否满足要求的情况进行评定。

维修性定性要求试验评定的内容主要包括：

（1）维修的可达性；

（2）检测诊断的方便性与快捷性；

（3）零部件的标准化与互换性；

（4）防差错措施与识别标记；

（5）工具操作空间；

（6）工作场地的维修安全性；

（7）人素工程要求等。

由于装备的维修性与维修保障资源是相互联系、互为约束的，故在评定维修性的同时，需评定保障资源是否满足维修工作的需要，并分析维修作业程序的正确性；审查维修过程中所需维修人员的数量、素质、工具与测试设备、备（附）件和技术文件等的完备程度和适用性。

维修性定性要求的试验与评定方法主要包括利用维修性核对表验证装备维修性满足定性要求的程度、有重点地进行维修性演示验证以及对有关维修性的保障要素进行演示验证。

7.1.4 维修性定量指标的试验与评定

维修性定量指标的试验与评定是对装备的维修性定量指标进行验证,要求在自然故障或模拟故障条件下,根据试验中得到的数据,进行分析判定和估计,以确定其维修性是否达到指标要求。

维修性定量要求应通过试验完成实际维修作业,统计计算维修性参数并进行判决。

《维修性试验与评定》(GJB 2072—1994)的附录 A 为维修性定量指标的试验与评定提供了 11 种统计试验方法,如表 7-1 所示。

表 7-1　维修性定量指标试验方法汇总表

方法编号	检验参数	分布假设	样本量	推荐样本量	作业选择	需要规定的参数
1—A	维修时间平均值	对数正态分布,方差已知		不小于 30		μ_0,μ_1,α,β
1—B	规定维修度的最大修复时间	分布未知,方差已知		不小于 30	自然或模拟故障	
2		对数正态分布,方差已知		不小于 30		T_0,T_1,α,β
3—A	规定时间维修度	对数正态分布	见试验方法			p_0,p_1,α,β
3—B		分布未知				
4	装备修复时间中值	对数正态分布		20		$\widetilde{M}_{ct}$
5	每次运行应计入的维修停机时间	分布未知		50	自然故障	$A,TCMD/N,$ $TDD/N,\alpha,\beta$
6	每飞行小时的维修工时(M_1)	分布未知				$M_1,\Delta M_1$
7	地面电子系统工时率	分布未知		不小于 30	自然或模拟故障	μ_R,α
8	均值与最大修复时间	对数正态分布			自然故障或随机(序贯)抽样	均值及 M_{max} 的组合
9	维修时间平均值和最大修复时间	分布未知		不小于 30		$\overline{M}_{ct},M_{pt},\beta,$ $\overline{M}_{p/c},M_{max,ct}$
10	最大维修时间和维修时间中值	分布未知		不小于 30	自然或模拟故障	$\widetilde{M}_{ct},M_{pt},\beta,$ $M_{max,ct},M_{max,pt}$
11	预防性维修时间	分布未知	全部任务完成			$\overline{M}_{pt},M_{max,pt}$

表中符号的意义如下:

μ_0——维修时间平均值的可接受值;

μ_1——维修时间平均值的不可接受值;

α——承制方风险,即受试品维修性参数的期望值小(优)于或等于可接受值而被拒绝的概率;

β——订购方风险,即受试品维修性参数的期望值大(劣)于不可接受值而被接受的概率;

T_0——规定维修度的最大修复时间(规定百分位数)T 的可接受值;

T_1——规定维修度的最大修复时间(规定百分位数)T 的不可接受值;

P——维修时间（工时）大于临界值的概率；

$1-p_0$——维修度的可接受值；

$1-p_1$——维修度的不可接受值；

$\widetilde{M}_{ct}$——修复时间中值；

A——可用度；

TCMD/N——装备每次运行的维修停机时间；

TDD/N——装备每次运行的延误时间；

M_1 或 μ_R——工时率的可接受值；

ΔM_1——工时率容许的最大偏差；

M_{max}——规定的最大维修时间；

$\overline{M}_{ct}$——规定的平均修复时间；

M_{pt}——规定的预防性维修时间；

$\overline{M}_{pt}$——规定的平均预防性维修时间；

$\overline{M}_{p/c}$——规定的平均维修时间；

$M_{max,ct}$——规定的最大修复时间；

$M_{max,pt}$——规定的最大预防性维修时间。

选择维修性验证方法的主要依据和因素有如下几个方面。

（1）检验参数

由表 7-1 可见，选择维修性验证方法的基本依据是需要验证的维修性指标，即表中的"检验参数"。例如，合同规定的维修性参数是平均修复时间、平均维修时间或平均维修工时，那么，由表可见，可选的方法是方法 1、方法 9；如果规定的参数是维修工时率，那么，可选的方法是方法 6 和方法 7。

（2）装备类型

选择验证方法的第二个因素是装备的类型，如在工时率检验方法中，方法 6 适用于飞机或直升机，方法 7 适用于地面电子设备。其他方法没有装备类型的限制。

（3）验证的具体要求

选择验证方法的第三个因素是验证的具体要求，即规定的参量，特别是检验的风险。例如，同样是检验平均修复时间或平均维修工时，方法 1 规定生产方（承制方）风险 α 和订购方风险 β，相应地还规定了检验上、下限，因而这种方法能够保证订购方和生产方双方的风险率不超过规定值；而方法 9 只规定订购方风险 β，也就是说，验证结果只能保证订购方风险率不超过规定值，但生产方风险就得不到保证。但方法 9 相对比较简单，所需样本量也比较少。

（4）时间进度

验证工作的时间与进度，是选择验证方法所要考虑的。在上述 11 种方法中，所需样本量不同，试验时间就会不同。对于检验均值和最大修复时间的方法 8，是一种序贯检验。一般来说，在维修性水平比较好或者特别不好（与指标相比）的情况下，它都可以大大减少样本量，对于节省时间来说是很有利的。

（5）维修时间分布假设

最后，检验方法还与维修时间或工时的假设分布有关。在方法 1 和方法 3 中都有 A 与 B 两种，方法 A 适用于对数正态分布，方法 B 适用于分布未知即不加分布假设的情况。

7.2　装备数字样机的维修性试验数据产生方法

7.2.1　数字样机维修性试验与评定的特点

随着数字样机技术与虚拟维修技术的不断发展,在装备数字样机平台上利用虚拟维修技术完成装备的维修性试验与评定正在逐步被接受并广泛应用。与传统的实装维修性试验验证相比,数字样机维修性试验验证有以下特点。

(1)不依赖物理样机

传统的维修性验证方式是在物理样机或全尺寸模型上进行的,这些样机或模型往往状态不全,造成试验不充分、不全面,且部分分析过程不可见、不形象,评定结果依赖专家主观经验,造成评定结果不够科学、准确。对装备数字样机进行维修性试验,可根据设计情况实时更新,保持试验时技术状态与设计状态一致,并同时生成图片、视频等形式的维修性缺陷"证据",保证试验分析过程可见,问题可回溯,能够给设计人员提供科学、准确的维修性评定结果。

(2)试验成本经济

基于数字样机的维修性验证以装备设计的数字样机为分析对象,没有物理样机或模型的生产性资源与能量消耗,且不依赖于实际零件加工生产,大幅度降低了验证试验的费用。

(3)验证时机前伸

物理样机或全尺寸模型的制造往往滞后于装备整体的设计,试验发现的维修性问题对于最新的装备设计可能已不是问题或成为无法更改的问题,因此,这种传统的受物理样机限制的维修性试验验证不能尽早地发现装备的维修性问题,不能充分体现维修性试验验证工作的意义。对装备数字样机进行维修性试验不受装备设计阶段影响,可随时调用实时数字样机进行维修性试验,既可在设计初期的数字样机雏形上进行,也可以在设计后期的数字样机成品上进行,大大提前了维修性试验验证的时间,给维修性设计改进留下了更长的时间。

(4)意见反馈及时

基于物理样机或全尺寸模型进行的维修性试验验证,其发现的维修性问题往往因为研制周期、研制经费等的限制无法彻底更改甚至不予以更改,造成装备带着问题定型,带着问题列装部队,给部队的使用和维护带来了很多的不便。数字样机的维修性试验验证可贯穿装备数字样机设计的整个阶段,能随时进行维修性试验,及时反馈修改意见和建议,实现"设计—验证—设计"的循环迭代,使验证与设计并行开展,将维修性缺陷消除在设计阶段,不断提高装备维修性水平。

(5)试验样本充分

在维修性试验验证过程中,按照《维修性试验与评定》(GJB 2072—1994)要求,通常需要满足不小于 30 的维修作业样本量要求。在实际工程中,自然维修作业样本的数量往往难以达到评估方法中要求的最低样本量,只得用模拟故障补充,但有危险的故障又不得模拟。数字样机维修性试验可采用模拟故障的方式弥补自然故障的不足,利用仿真的手段可以补足试验样本量、仿真特殊故障或罕见故障、完成专项仿真试验、修订数据发生改变的试验样本等。数字样机维修性试验可不受试验样本量的限制,能保证维修性试验的全面、充分。

7.2.2　数字样机维修性试验与评定的基本过程

基于数字样机的维修性验证是以计算机系统为基础,以虚拟环境为主要维修操作环境,以装备数字样机为对象,通过对所选取的维修作业样本进行虚拟维修仿真操作,完成对装备维修性水平的定性评价和定量评定,图 7-2 给出了基于数字样机的维修性验证的基本思路。

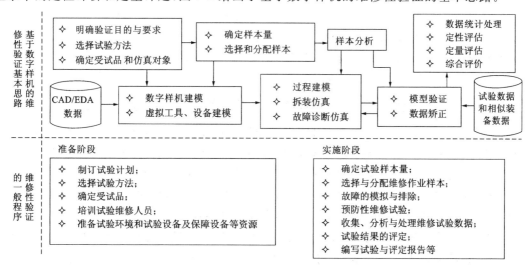

图 7-2 基于数字样机的装备维修性验证基本原理

基于数字样机的维修性验证仍然遵循维修性验证的一般原理和组织实施的一般过程。可以参考《维修性试验与评定》(GJB 2072—1994)中维修性验证的一般程序,将基于数字样机的维修性验证流程大体上分为:验证方案制定、试验准备、模拟试验、数据处理与结论四个阶段。

基于数字样机进行维修性验证时,不需要实际装备,试验中所有维修操作都在虚拟维修环境中展开。因此与传统维修性验证过程相比,基于数字样机的维修性验证在以上四个阶段会有不同的工作内容,或是同一工作有不同的要求,其工作流程如图 7-3 所示。

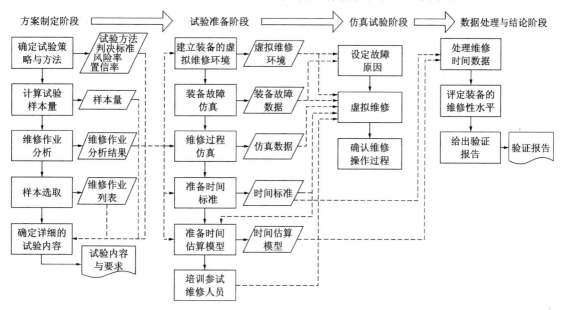

图 7-3 基于数字样机的维修性验证方案流程图

方案制定阶段又包括确定试验策略与方法、计算试验样本量、维修作业分析、样本选取和确定详细的试验内容,这些构成了基于数字样机的维修性验证方案。试验准备阶段主要包括三个大的方面：虚拟仿真模型的建立、时间数据处理模型的建立和参试维修人员的培训，这些为仿真试验提供了基本条件。仿真试验阶段包括设定故障原因、维修仿真和确认维修操作过程，主要是参试人员在数字样机上进行维修试验的过程。最后是数据处理与结论阶段，通过处理维修时间数据来评定装备的维修性水平，并给出验证报告。

　　其中，试验样本、建模仿真、数据处理是与基于数字样机的维修性验证直接相关的核心功能，直接影响着验证结果的科学、准确。

7.2.3　基于维修作业虚拟仿真的数字样机维修性试验数据产生

　　数字样机维修性试验与评定的实质是对选定维修作业的全部或部分过程进行虚拟维修仿真，收集维修性的有关数据，进而对有关用户提出的维修性设计指标或要求的实现程度进行评定的过程。无论是采用何种类型的虚拟维修仿真，其目的基本是一致的。

　　与基于实装试验类似，数字样机维修性试验的数据收集也应合理规划，确保能同时收集到维修作业虚拟仿真所发生的定性和定量数据，提高仿真的效益。

　　利用第6章提出的障碍分析、维修作业时间预计、维修性定性分析等方法可基本满足虚拟维修性仿真试验的数据收集要求。数据产生方法如图7-4所示。

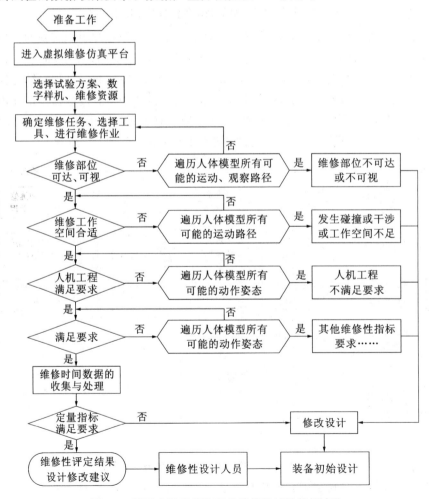

图 7-4　基于虚拟维修仿真的维修性试验数据产生

7.3 维修性仿真试验验证的样本分配方法

7.3.1 维修性模拟试验样本分配方法分析

1)维修性试验样本及其特点

维修性试验样本是指用于规定维修性指标统计试验的维修作业,也称之为维修作业样本。维修作业关系着维修性试验所做的统计决策的科学性和准确性,样本应满足以下条件:

(1)维修作业样本应在维修特点和时间分布上同时满足同质性,即不仅在维修本质上属于同类维修,而且还服从同一种时间统计分布;

(2)维修样本在数量上应具有一定的充分性,确保所作出的判断满足规定的置信度要求;

(3)维修性试验的维修作业样本应有一定的代表性,即所发生的维修作业能够在一定程度上代表其所在作业总体的时间分布特征和维修作业特征;

(4)样本的产生应确保随机性,避免人为干扰,确保与实际中的维修作业发生具有一致性。

基于虚拟维修仿真的维修性验证在本质上属于通过模拟故障产生维修作业样本。

2)基于相似学原理的维修作业样本生成思路

对于复杂装备,由于其各分系统修复时间的曲线分布不同,整机的修复时间往往会呈现双峰甚至多峰的复杂分布[图 7-5(a)];而其构成的系统或单体,则通常服从指数正态分布或对数正态分布[图 7-5(b)]。显然,《维修性试验与评定》(GJB 2072—1994)的主要适用对象应该是那些维修作业具有同质性的产品对象,并不能直接应用于复杂装备整机维修性指标的验证。

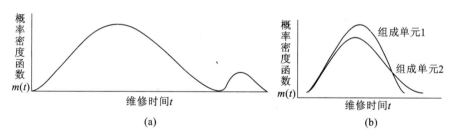

图 7-5 复杂装备及其分系统修复时间分布
(a)复杂装备修复时间分布;(b)复杂装备组成单元修复时间分布

维修时间分布是装备维修作业时间的数学统计体现,是装备维修性的重要特征。而事实上,时间分布是维修性的外在表现,而非内在本质,真正影响和决定维修性的是产品维修特征,可以说是维修特征决定了维修时间,进而表现在修复时间曲线分布上。相似的维修特征决定了装备具有相似的维修作业,从而决定其呈现一定的时间分布。假如能够按照规定相似度量将装备维修作业分为若干个维修特征具有明显差异的维修作业组,那么在对维修时间进行验证时,就可以将各组作为一个对象进行验证,在组内生成的样本可有效代表组内每一维修作业的实际修复时间,这样可以有效避免样本量过大和样本量分配不合理的问题,同时又保证了样本的代表性。

维修特征相似的复杂装备组成单元具有相似的修复时间曲线,但修复时间曲线的相似并不能保证该组成单元的维修特征也相似,维修特征相似是修复时间曲线相似的充分条件。维修特征的相似体现在修复时间曲线的相似上,因此,修复时间曲线可以验证选定的判定修复时间相似的维修特征的正确性,却不能决定维修特征如何选择。

　　基于以上分析,可以确定基于相似学原理的样本生成方法的基本思路:维修特征的相似决定着复杂装备维修作业的分组,修复时间曲线分布的相似可以验证维修特征的正确性。主要思路如图 7-6 所示。

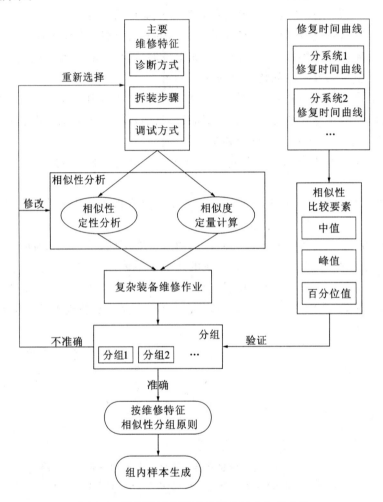

图 7-6　基于相似学原理分组的样本生成方法

7.3.2　基于相似学原理的维修作业分组

7.3.2.1　相似学原理

　　相似学即研究事物之间相似性规律的科学,相似性科学(similarity science)不仅对自然界的相似现象进行研究,还注重相似性和相似系统,尤其是系统相似性,并探索相似性的由来,阐明相似性形成原理和演变规律,分析度量相似性,进行系统相似性规律及其应用的研究。相似性科学的理论基础是相似学和相似系统理论,核心是一门研究系统相似性规律及应用的学科。相似性实质上是系统间特性相似。当系统间存在共有特性,其特征值有差异,则对应共有的特性称为"相似特性"。当系统间存在相似特性时,认为系统间存在相似性。系统相似性程度大小的度量用相似度(similarity degree)Q 表示。

7.3.2.2　主要维修特征选取

维修特征是指在实际维修过程中对维修造成影响的维修作业构成、工具的应用以及产品固有维修性设计等,主要包括装备自身要素(如零件安装方式、安装位置、外形、检修通道、连接方式、测试点等,主要是装备自身设计特征)和外部因素(人员技术经验要求、设备、工具等)两个大的方面。为了便于分析这些因素对维修的影响,确定主要维修特征时,需要将这些因素以定量的形式表述出来。对不同类型的装备来讲,需要考虑的因素有很大差异,如对于机械类装备和电子类装备,影响其维修的因素就有所不同,比如有关故障诊断的测试性因素对电子类装备的影响就不同于对机械装备的影响,因为其实现机理及自动化程度差异非常大。

为确定影响装备维修的主要维修特征,首先分析规定维修级别上的装备维修过程。装备维修过程一般由以下的维修活动序列中的一部分组成,如图 7-7 所示。

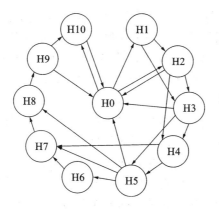

图 7-7　装备维修过程图

H0—装备使用;H1—故障检测;H2—故障隔离;H3—技术延迟;H4—分解;H5—等待备件;
H6—故障件修复;H7—更换故障件;H8—再组装;H9—调校;H10—检查

确定装备维修过程的各维修活动后,对于涉及的每一个维修活动,分别分析影响该活动完成的维修特征。可按如下因素选择主要维修特征:

(1)灵敏性。所选择的因素必须对维修活动完成具有明显影响。

(2)可控性。所选择的因素必须是可控的。从影响装备设计的角度看,如果是不可控因素,就失去了研究的意义。

(3)可测量性。所选择的因素必须是可用简单而有效的方法进行度量。

结合图 7-7 和实际情况分析,基层级维修主要由三类维修活动组成:故障诊断、故障件拆装、调试。这三类主要维修活动及其包含的维修特征对维修时间起着决定性影响,因此应重点对其相关的维修特征进行分析,包括外部环境(修理场所、环境条件、保障资源等)、设备工具(人员、设备、工具、备件等)、设计特征(主要是装备本身的结构、外形等的设计)等。

一旦确定维修保障方案和维修级别后,影响维修性的外部因素也就基本确定,可以将其对特定维修作业的影响水平作为常量。因此,在研究维修特征时可以不再考虑外部因素。对于基层级维修,可以将维修特征侧重在前述三类主要维修活动以及相关的工具、设备方面(表 7-2)。

表 7-2　基层级维修装备的主要特征示例

维修活动	维修特征
故障诊断	自诊断、外部设备诊断、人工诊断
零部件拆装	可达性、紧固件、使用工具
修后调试	自调试、外部设备调试、人工调试

不同特征对维修作业和维修时间的影响方式和影响程度各不相同,比如自诊断、外部设备诊断及人工诊断主要影响故障诊断效率,故障隔离与诊断时间差异较大。这些影响尽管具有一定程度的共性,但对特定装备也必须进行专门的分析,因此这里不再赘述维修特征的影响。

除可根据维修特征的相似性进行维修作业分组外,还可以根据维修时间分布进行单元分组。

7.3.2.3　分布相似要素选取

相似学原理中提到,在要素间存在共有属性和特征,而特征值在数值上可以存在差异特性的要素,定义为相似要素。系统间存在一个相似要素或一个相似特征,便在系统间构成一个相似单元,简称相似元。当系统 A 中的要素 a_i 与系统 B 中的要素 b_j 之间存在着共同的属性和特征,但数值不同,则称要素 a_i 和要素 b_j 为系统 A 与系统 B 之间对应的相似要素,用相似元描述,记为 $U_{ij}(a_i,b_j)$,简称 U。

对于复杂装备的各组成单元,其修复时间分布如图 7-5(b)所示。该分布在很大程度上体现了修复时间的特征,而分布又可以由其特征参数唯一确定,因此对分布的分析可以选择其特征参数为研究对象。以对数正态分布为例,取其中值、峰值和百分位值(取 90% 的修复时间值)作为要比较的要素。三个参数体现了该组成单元修复时间的特征:中值体现了修复时间的中间水平;峰值表示比较集中的维修作业时间的频率,体现了大部分维修作业时间的情况;90百分位值接近最大修复时间,体现了维修作业时间的范围。综合考虑特征参数可以准确体现装备组成单元的修复时间水平,因此,对对数正态分布曲线的特征参数中值、峰值和 90 百分位值进行相似分析并作为要比较的要素是科学合理的。同样,对指数分布的修复时间,其特征参数也可以作为相似分析和比较的要素。

7.3.2.4　修复时间分布相似度计算

系统相似性大小与系统组成要素多少及其特性相关,与系统间相似要素数量和相似要素的相似程度大小相关。相似要素之间的相似程度用相似元值 $q(u_i)$ 的大小表示,系统之间的相似程度用系统相似度 Q 表示。设系统 A 由 K 个要素组成,系统 B 由 L 个要素组成,A 与 B 系统间 N 个相似要素构成 N 个相似单元,则系统相似度 Q 为多元函数:

$$Q=f\{K,L,N,q(u_i)\}$$

其中,$i=1,2,3,\cdots,n;1 \leqslant N \leqslant \min(K,L);K=1,2,\cdots,N;L=1,2,\cdots,N$。

由于要比较的修复时间分布要素之间不存在按比例关系严格相似,因此采用模糊相似性方法。当相似要素的特征存在模糊性时,其特征值定义为模糊特征值,相似要素称为模糊相似要素。令修复时间分布的中值、峰值、百分位值为模糊相似要素,用模糊相似元描述。对模糊相似元进行相似性比较,确定修复时间分布之间相似程度的高低,用相似度大小表示,最终以相似度为标准对所有修复时间分布进行分组。

以两个修复时间分布之间相似度的计算为例来描述分布相似度定量计算方法。设分布 A

与分布 B 为研究对象,令分布 A 的中值、峰值、百分位值分别为模糊相似要素 a_1、a_2、a_3,其相应的模糊特征值分别为 $U_a(x_1)$、$U_a(x_2)$、$U_a(x_3)$,分布 B 的中值、峰值、百分位值分别为模糊相似要素 b_1、b_2、b_3,其相应的模糊特征值分别为 $U_b(x_1)$、$U_b(x_2)$、$U_b(x_3)$。则 a_1 与 b_1 构成模糊相似元 $\tilde{u}(a_1,b_1)$,a_2 与 b_2 构成模糊相似元 $\tilde{u}(a_2,b_2)$,a_3 和 b_3 构成模糊相似元 $\tilde{u}(a_3,b_3)$。其中,模糊特征值取分布要素对应的修复时间值或维修频率值。

模糊相似要素 a_i 相对于 b_i 特征值的比值就是模糊比例系数,即:

$$\tilde{r_{ii}} = U_a(x_i)/U_b(x_i)$$

而 $\tilde{r_{ii}}$ 值的范围为:

$$\tilde{r_{ii}} = \begin{cases} 1 & , U_a(x_i) = U_b(x_i), a_i = b_i \\ 0 < \tilde{r_{ii}} < 1 & , U_a(x_i) \neq U_b(x_i) \text{ 且 } U_a(x_i) \neq 0, U_b(x_i) \neq 0 \\ 0 & , \text{当且仅当 } U_a(x_i) \text{ 或 } U_b(x_i) \text{ 其中一个为 } 0 \end{cases}$$

为了满足 $0 \leqslant \tilde{r_{ii}} \leqslant 1$,有:

$$\tilde{r_{ii}} = \min[U_a(x_i), U_b(x_i)]/\max[U_a(x_i), U_b(x_i)]$$

由于两分布要素之间一一对应构成模糊相似元,因此模糊相似元的数值:

$$q(\tilde{u_i}) = \tilde{r_{ii}}$$

在组成系统的要素中,有的要素对系统相似的影响程度大,有的影响程度小,即相似元是不平权的。由于每一个相似元值对系统相似度的影响不同,设相似元 $\tilde{u}(a_1,b_1)$、$\tilde{u}(a_2,b_2)$、$\tilde{u}(a_3;b_3)$ 对分布相似度的影响权重值分别为 a_1、a_2、a_3,则分布相似度为:

$$Q(A,B) = \sum_{i=1}^{3} [a_1 q(\tilde{u_1}) + a_2 q(\tilde{u_2}) + a_3 q(\tilde{u_3})] = \sum_{i=1}^{3} a_i q(\tilde{u_i})$$

这样,可以将修复时间分布的相似程度量化,为按相似度将修复时间分布分组提供定量标准。

在修复时间分布相似度的计算过程中,需要根据维修作业操作过程和 MTTR 时间标准对修复时间分布的影响来合理确定各相似元的权重值和分组相似度标准值。正态分布下,修复时间分布中值即修复时间的平均水平,而最终要得到的维修性指标为平均修复时间(MTTR),因此中值权重值要大一些;峰值和百分位值体现了大部分维修作业的时间水平和修复时间的范围,对修复时间均值的影响比中值要小,权重值相应要小一些。复杂装备组成单元分组相似度标准值的确定以合同中各组成单元 MTTR 规定值之间的差距为参考,同时考虑各组成单元功能结构类型,如电气类单元和机械类单元功能结构有明显区别,其维修过程也不相同,修复时间分布相似度很小,在定义相似时,就不能将其定义为相似系统。为保证分布的相似,又要考虑工程适用原则,一般情况下相似度标准值应不低于 70%。依据专家经验和经验数据统计结果,可得具体权重值分配,见表 7-3。

表 7-3　修复时间分布要素权重值分配表

要素	峰值	中值	百分位值	相似度标准值
权重值范围	0.2~0.3	0.4~0.6	0.2~0.3	≥70%

7.3.2.5　组内样本选取与分配

通过维修特征相似性分析将维修单元进行分组后,由于组内各维修单元的维修特征相似,维修过程大致一致,其修复时间相差不大,选取的样本可以代表组内所有维修单元的修复时间水平,可以以组为单位按《维修性试验与评定》(GJB 2072—1994)中样本选取方法来选取样本。

对组内维修单元进行样本分配时,由于各维修单元的维修特征相似,根据维修特征进行分配意义不大,可根据维修单元故障率大小进行分配。依据故障率对组内各维修单元进行样本分配时,需要计算维修单元相对故障率。

设维修单元 A 需维修产品的数量为 N,每一类产品故障率为 λ_i,每一类产品数量为 n_i,每一类产品工作时间系数(产品工作时间与开机全程时间之比)为 t_i,则该维修单元相对故障率计算公式为:

$$\lambda_A = \sum_{i=1}^{N} \lambda_i n_i t_i$$

依据同样方法计算组内其余设备相对故障率,其相对故障率之比就是分配的样本量之比。

复杂装备组成单元数目众多,会存在相当数量的修复时间分布,为了保证分组的完整性和准确性,需要对所有修复时间分布两两之间进行相似度的计算,这样势必会造成相似度数据的增加,增大分组的困难。可以采用对应比较排序法,通过对相似度的比较对所有修复时间曲线进行分组。

7.4　基于数字样机的维修性定量指标验证

7.4.1　维修性定量要求概述

在进行装备立项论证和研制总要求论证时,维修性定量指标基本是与维修时间、维修工时相关的参数,如平均修复时间(MTTR)、每工作小时维修工时(MMH/OH)等,表 7-4 列出了军用直升机目前采用的基本的维修性定量指标。

表 7-4　军用直升机常用的维修性定量指标

序号	参数名称	参数类别			适用论证节点		
		使用参数	合同参数	立项	研制要求	合同	重点型号要求
1	平均修复时间		√	√	√	√	√
2	最大修复时间	√					√
3	每飞行小时直接维修工时	√	(√)		√	√	√
4	更换单台发动机时间	√	(√)		√	√	√
5	拆装主减速器时间	√	(√)				
6	每飞行小时直接维修费用	√	(√)				

维修性定量指标验证按样本生成方式的不同可分为三种验证方法:自然样本比例和数量满足《维修性试验与评定》(GJB 2072—1994)要求时,可直接按照《维修性试验与评定》中的方法进行计算验证;自然样本数量不足时,可基于数字样机生成模拟样本,利用数据融合技术完成验证;直接基于数字样机生成模拟样本,利用维修动素时间综合累计完成验证。

7.4.2　基于数据融合技术的维修性定量指标验证

当自然样本数量不足,无法完成维修性验证时,可利用数字样机模拟故障生成模拟样本补足,然而由于自然试验环境和数字样机虚拟试验环境的不同,样本数据之间存在着误差,在进行试验结果分析验证时需要对两种样本数据进行数据融合。同时,在进行数字样机虚拟维修性试验时,样本数据是通过分段统计得到的,一般包括故障检测与隔离时间、拆装时间等,各段时间可能服从不同的统计分布,需要对各段时间进行综合评估。

1)分段维修时间综合验证

基于数字样机虚拟维修性试验得到的维修时间是通过分段统计的方式得到的,包括故障检测时间、故障隔离时间、拆装时间等,这些维修时间不能简单地用统计分布去描述而直接进行维修性验证。这里采用分段加权验证方法实现分段数据的合并,不考虑每段时间的统计特性,避开复杂的分段时间统计规律,先确定故障检测时间、故障隔离时间、拆装时间在平均修复时间(MTTR)中的权重值,再分别对试验中测得的故障检测时间、故障隔离时间、拆装时间进行验证,然后对验证结果进行重构,得到 MTTR 的验证结果,再对结果进行分析验证,得出维修性验证的结果。

假设 MTTR 为 T,故障检测时间为 X,故障隔离时间为 Y,拆装时间为 Z,则有 $T=X+Y+Z$。在虚拟维修试验中,故障的检测、隔离以及设备的拆装在大部分情况下都是独立完成的,因此可以考虑为故障检测时间 X、故障隔离时间 Y、拆装时间 Z 是三个分布不同的独立变量,其数学期望 $E(T)=E(X+Y+Z)$。

计算三个变量 X、Y、Z 在 T 中比重的估计值:

$$\lambda_X = \frac{E(X)}{E(X)+E(Y)+E(Z)}$$

$$\lambda_Y = \frac{E(Y)}{E(X)+E(Y)+E(Z)}$$

$$\lambda_Z = \frac{E(Z)}{E(X)+E(Y)+E(Z)}$$

先分别求出 X、Y、Z 的均值 μ_X、μ_Y、μ_Z 以及方差 σ_X^2、σ_Y^2、σ_Z^2,然后得出三个量 X、Y、Z 在 T 中的比重 λ_X、λ_Y、λ_Z。

然后对故障检测时间、故障隔离时间以及拆装时间分别进行验证,验证方法参照《维修性试验与评定》(GJB 2072—1994)中"分布未知,方差已知"的验证方法进行维修性验证。

以故障检测时间 X 为例,若需要验证的维修性指标为 $MTTR=T_0$,则故障检测时间 X 的验证指标为 $\lambda_X T_0$,设给定 α 的检验。

提出假设:

$$H_0 : \mu_X = \lambda_X T_0, H_1 : \mu_X > \lambda_X T_0$$

判决规则如下:

$\mu_X \leqslant \lambda_X T_0 + \frac{\sigma_X}{\sqrt{n}} z_{1-\alpha}$ 时,接受 H_0;

$\mu_X > \lambda_X T_0 + \frac{\sigma_X}{\sqrt{n}} z_{1-\alpha}$ 时,拒绝 H_0。

其中,$z_{1-\alpha}$ 为标准正态分布 $N(0,1)$ 的 $1-\alpha$ 分位点。

将上述验证结果记作：

$$H_X = \begin{cases} 1, & (\text{接受 } H_0 \text{ 时}) \\ 0, & (\text{拒绝 } H_0 \text{ 时}) \end{cases}$$

同理，对故障隔离时间以及拆装时间分别进行验证，可以得到 Y、Z 的验证结果 H_Y、H_Z。将上述验证结果综合起来，可以得到综合验证结果：

$$H_T = \lambda_X H_X + \lambda_Y H_Y + \lambda_Z II_Z$$

则 H_T 是 $[0,1]$ 区间上的一个数，需要对验证结果进行分析才能对综合验证的结果进行判断，假设判定值为 θ，则验证方法是：

$$\begin{cases} \text{拒绝原假设}, H_T \leqslant \theta \\ \text{进一步验证}, \theta < H_T < 1-\theta, \text{其中 } \theta \in [0, 0.5] \\ \text{接受原假设}, H_T \geqslant 1-\theta \end{cases}$$

2）基于 D-S 证据理论的数据融合

数字样机虚拟维修试验产生的模拟样本是自然样本的一个很好的补充，但自然试验环境和数字样机虚拟试验环境不同，同时，自然故障、模拟故障的产生机理有明显差异，使得两种样本数据的综合验证不能直接使用《维修性试验与评定》（GJB 2072—1994）中的验证方法，也不能笼统地将两种样本数据放在一起使用小样本验证方法。由于两种样本数据具有统计性，可利用基于 D-S 证据理论的数据融合综合验证方法，综合考虑两种试验中的维修时间，以使验证效果达到更好。

针对 MTTR 的验证，可将其看成是同一样本在不同试验条件下得到的不同的试验数据，而这些不同的试验数据因其本身的随机性，可以从证据理论的角度看成是同一证据在不同来源下的表述。这里说的将两种样本数据看成是来源不同的两条证据，是通过证据理论中证据融合的方法，将两种样本数据综合起来进行装备的维修性验证。

设采集到的自然样本数据有 m 个，分别为 $t_1, t_2, \cdots, t_m$，模拟样本数据有 n 个，分别为 $t_1', t_2', \cdots, t_n'$。首先要对数据进行处理，处理成可以利用证据理论进行融合的形式。证据合并需要对等的信息量，故应将自然样本数据和模拟样本数据进行处理，可通过假设或插值方法加以补充，或取出一些奇异点，假定通过插值或是补值后的数据量都是 n 个。假设存在 n 个在同一个样本空间中相互独立的样本，而自然样本数据和模拟样本数据分别是不同来源的证据对这 n 个证据的描述。为了减小由于随机性所造成的不确定因素的影响，可将自然样本数据按从小到大顺序进行排列，即 $t_1 < t_2 < \cdots < t_n$，模拟样本数据按从大到小顺序进行排列，即 $t_1 > t_2 > \cdots > t_n$。则用证据理论可以将两种样本数据分别表示成：

$$M_1(\{t_1\}, \{t_2\}, \cdots, \{t_i\}, \cdots, \{t_n\}) = \left[\frac{t_1}{\sum\limits_{i=1}^{n} t_i}, \frac{t_2}{\sum\limits_{i=1}^{n} t_i}, \cdots, \frac{t_i}{\sum\limits_{i=1}^{n} t_i}, \cdots, \frac{t_n}{\sum\limits_{i=1}^{n} t_i} \right]$$

$$M_1(\{t_1'\}, \{t_2'\}, \cdots, \{t_i'\}, \cdots, \{t_n'\}) = \left[\frac{t_1'}{\sum\limits_{i=1}^{n} t_i'}, \frac{t_2'}{\sum\limits_{i=1}^{n} t_i'}, \cdots, \frac{t_i'}{\sum\limits_{i=1}^{n} t_i'}, \cdots, \frac{t_n'}{\sum\limits_{i=1}^{n} t_i'} \right]$$

其中，$\dfrac{t_i}{\sum\limits_{i=1}^{n} t_i}$ 是用 t_i 在当前时间量中的比例来表示它的一种不确定量，是一种不确定表示方法。$\dfrac{t_i}{\sum\limits_{i=1}^{n} t_i}$ 和 $\dfrac{t_i{}'}{\sum\limits_{i=1}^{n} t_i{}'}$ 可以看成是 $M_1(\{t_i\})$ 和 $M_2(\{t_i{}'\})$ 的基本概率分配函数。

设合并后的概率分配函数为：

$$M(\{t_1\},\{t_2\},\cdots,\{t_i\},\cdots,\{t_n\}) = (\tau_1,\tau_2,\cdots,\tau_i,\cdots,\tau_n)$$

根据证据融合的 Dempster 法则，有：

$$M(\varnothing) = 0$$

$$M(A) = K^{-1} \times \sum_{x \cap y = A} M_1(x) \times M_2(y)$$

$$K = 1 - \sum_{x \cap y = \varnothing} M_1(x) \times M_2(y) = \sum_{x \cap y \neq \varnothing} M_1(x) \times M_2(y)$$

其中，K 反映了对于同一假设各条证据之间的矛盾程度，在这里使用 K 是为了避免将概率值分配给空集 $\varnothing$。

对两条证据进行合并：

$$M(\{t_i\}) = M_1 \oplus M_2 = K^{-1} \times \sum_{B_i \cap C_j = \{t_i\}} M_1(\{t_i\}) \times M_2(\{t_j\}) = \tau_i$$

$$K = \sum_{B_i \cap C_j \neq \varnothing} M_1(t_i) \times M_2(t_j)$$

其中，B_i 代表 M_1 中的第 i 个单元素集合，C_j 代表 M_2 中的第 j 个单元素集合，A 是合并后的证据 M 中的单元素集合。

辨识框中的子集都是单元素子集，则数据融合的证据为：

$$K = \sum_{B_i \cap C_j \neq \varnothing} M_1(t_i) \times M_2(t_j) = \sum_{i=1}^{n} M_1(t_i) \times M_2(t_i)$$

$$M(\{t_i\}) = M_1 \oplus M_2 = K^{-1} \times \sum_{B_i \cap C_j = \{t_i\}} M_1(\{t_i\}) \times M_2(\{t_j\}) = \dfrac{M_1(\{t_i\}) \times M_2(\{t_j\})}{\sum\limits_{i=1}^{n} M_1(t_i) \times M_2(t_i)}$$

将融合后的证据还原成时间样本量，就可以得到综合考虑自然样本数据和模拟样本数据的维修时间量：

$$T_i = \left[\lambda \sum_{i=1}^{n} t_i + (1-\lambda) \sum_{i=1}^{n} t_i{}' \right] \tau_i, \quad \lambda \in [0,1]$$

其中，λ 是[0,1]范围内的常数，由先验知识或专家经验得到。

得到融合后的维修时间样本 $(T_1, T_2, \cdots, T_i, \cdots, T_n)$，再参考《维修性试验与评定》(GJB 2072—1994)中"分布未知，方差未知"的验证方法进行维修性验证。

7.4.3 基于维修动素时间的维修性定量指标验证

基于数字样机生成模拟样本进行维修性验证的方法有效解决了样本数量不足、分配不合理的问题，但利用模拟样本进行维修性定量指标验证时，由于虚拟操作与真实操作的差异，特别是操作虚拟维修人员的熟练程度不同，造成了仿真维修时间与实际维修时间的差异，直接应用仿真维修时间进行维修性定量指标的验证，结果往往不够准确，可以采用维修动素时间综合累计的方法计算得到仿真维修时间。确定维修动素及基本维修作业时间的方法可参见第 6 章，这里不再赘述。

7.4.3.1　维修事件时间

在实际维修过程中,一次维修事件是由多个维修作业或基本维修作业串联、并联或串并联组成的,基本维修作业是由维修动素串联组成的,因此,基本维修作业的时间可由维修动素标准时间综合累计得到,而维修事件的时间则根据维修作业组成方式的不同而不同。

(1)串行维修作业模型

一次维修事件由若干个维修作业串联组成,如图 7-8 所示。完成一次维修事件的时间就等于各项维修作业时间的累加值。

图 7-8　串行维修作业模型

完成一次维修事件需要 m 项基本的串行维修作业,每项基本的维修作业时间 $T(1,2,\cdots,m)$ 之间相互独立,则维修事件的维修时间:

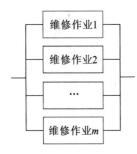

$$T = T_1 + T_2 + \cdots + T_m = \sum_{i=1}^{m} T_{\text{Task}_m}$$

其中,T_{Task_m} 为第 m 个基本维修作业时间,m 为基本维修作业总数。

(2)并行维修作业模型

当一个维修事件的各项维修作业是同时展开、并联组成时,如图 7-9 所示,维修事件的维修时间应是各项作业时间 $T(1,2,\cdots,m)$ 的最大值,即:

$$T = \max(T_{\text{Task}_1}, T_{\text{Task}_2}, \cdots, T_{\text{Task}_m})$$

图 7-9　并行维修作业模型

(3)网络维修作业模型

网络维修作业模型实际上是一种串并联混联模型,指维修事件由多个维修作业串、并联网络混合组成的。对维修事件逐层进行等效,最终等效为一个串联或并联模型,如图 7-10 所示。对各层中串联部分的维修时间采用串行维修作业公式,对并联部分的维修时间采用并行维修作业公式计算。

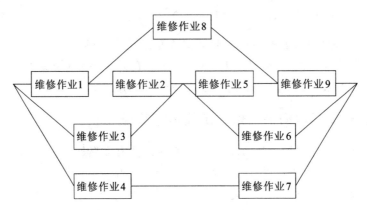

图 7-10　网络维修作业模型

基本维修作业时间 T_{Task_m} 是由维修动素标准时间综合累计得到的:

$$T_{\mathrm{Task}_m} = \sum_{n=1}^{n} T_{\mathrm{Item}_n}$$

其中，T_{Item_n} 为第 n 个维修动素时间，n 为维修动素总数。

7.4.3.2　维修时间验证

得到维修样本时间数据后，需要对满足数量要求的样本数据进行计算，验证维修时间是否满足要求。

实践表明，维修作业时间采用对数正态分布的假设在大多数情况下是合理的。对数正态分布能较好地代表维修时间的统计规律，适用于描述各种复杂装备的修理时间，这里维修时间分布采用对数正态分布模型。

1）设备级 MTTR 的验证

针对同一设备不同的故障可以得出不同的维修时间，即装备维修时间的数据样本 $T = (T_1, T_2, \cdots, T_n)$。

（1）设备级点估计。MTTR 的估计值为：

$$MTTR = \overline{T} = \frac{1}{n} \sum_{i=1}^{n} T_i$$

（2）设备级区间估计。MTTR 的置信度为 $1-\alpha$ 的区间估计。

单侧置信上限

$$MTTR_{\mathrm{U}} = \exp\left(\ln \overline{T} + \frac{1}{2} \hat{\sigma}^2 + \frac{\hat{\sigma}}{\sqrt{n}} Z_{1-\alpha} \right)$$

其中，$\hat{\sigma}^2 = \dfrac{1}{n-1} \sum_{i=1}^{n} (\ln T_i - \ln \overline{T})^2$，$n$ 为设备的维修时间样本的样本量。置信区间为 $[0, MTTR_{\mathrm{U}}]$。

双侧置信上、下限

$$MTTR_{\mathrm{U}} = \exp\left(\ln \overline{T} + \frac{1}{2} \hat{\sigma}^2 + \frac{\hat{\sigma}}{\sqrt{n}} Z_{1-\alpha/2} \right)$$

$$MTTR_{\mathrm{L}} = \exp\left(\ln \overline{T} + \frac{1}{2} \hat{\sigma}^2 - \frac{\hat{\sigma}}{\sqrt{n}} Z_{1-\alpha/2} \right)$$

置信区间为 $[MTTR_{\mathrm{L}}, MTTR_{\mathrm{U}}]$。

2）系统级 MTTR 的验证

（1）系统级点估计。在设备级 MTTR 验证的基础上，系统 $MTTR_s$ 与设备 $MTTR_j$ 的关系可表示为：

$$MTTR_s = \frac{\sum\limits_{j=1}^{n} \lambda_j MTTR_j}{\sum\limits_{j=1}^{n} \lambda_j}$$

其中，λ_j 为设备 j 的故障率；$\sum\limits_{j=1}^{n} \lambda_j$ 为系统的总故障率。

（2）系统级区间估计。MTTR 的置信度为 $1-\alpha$ 的区间估计。

系统级单侧置信上限

$$MTTR_{SU} = \exp\left(\sum_{j=1}^{n} k_j \cdot \hat{\theta}_j + \frac{1}{2}\sum_{j=1}^{n} k_j^2 \cdot \frac{\hat{\sigma}_j^2}{n} - Z_{1-\sigma} \cdot \sqrt{\sum_{j=1}^{n} k_j^2 \cdot \frac{\hat{\sigma}_j^2}{n}}\right)$$

其中，$k_j = \dfrac{\lambda_j}{\sum\limits_{j=1}^{n}\lambda_j}$，$\hat{\theta}_j = \ln \overline{T}_j$，置信区间为$[0, MTTR_{SU}]$。

系统级双侧置信上、下限

$$MTTR_{SU} = \exp\left(\sum_{j=1}^{n} k_j \cdot \hat{\theta}_j + \frac{1}{2}\sum_{j=1}^{n} k_j^2 \cdot \frac{\hat{\sigma}_j^2}{n} - Z_{1-\sigma/2} \cdot \sqrt{\sum_{j=1}^{n} k_j^2 \cdot \frac{\hat{\sigma}_j^2}{n}}\right)$$

$$MTTR_{SL} = \exp\left(\sum_{j=1}^{n} k_j \cdot \hat{\theta}_j + \frac{1}{2}\sum_{j=1}^{n} k_j^2 \cdot \frac{\hat{\sigma}_j^2}{n} + Z_{1-\sigma/2} \cdot \sqrt{\sum_{j=1}^{n} k_j^2 \cdot \frac{\hat{\sigma}_j^2}{n}}\right)$$

7.5　基于数字样机的维修性定性要求验证评定

7.5.1　维修性定性要求概述

维修性定性要求是满足定量指标的必要条件，而定量指标又是通过定性要求的实现来保证的，两者相辅相成，构成完整的用户维修性需求或要求。表7-5是研制总要求中维修性定性要求的典型示例。

表 7-5　研制总要求中维修性定性要求示例

总体要求	维修品质应遵循《飞机维修品质规范》(GTB 312.1—1987)的基本准则
可达性	飞机上所有需要维修的部位和设备应可达，有足够的维修空间和通道；经常需要维修的部位或设备应可直接目视，能方便地完成检查、维护和拆卸任务
	可通过内部通道对安装在驾驶舱和货舱地板下和尾翼上的机载设备进行维护
	维修中需要润滑的部位应尽量集中，易操作
口盖	飞机上所有需要机外维修的部位和设备都应留有口盖，口盖应尽量集中布置，减少口盖螺钉的品种和规格。同一口盖上螺钉规格、型号应尽量一致，尽量减少数量
	机务准备中需要打开的口盖应可徒手开闭，经常打开的应采用快卸式设计
	口盖应进行密封防水设计
设备布置	外场需要维修的设备应根据故障率高低、调整工作难易、拆卸时间长短、质量大小和安装特点等属性进行布置，确保需要经常维护的设备的可达性，尽量做到在检查或拆卸任一故障件时，不必移动其他设备
互换性和防差错	同一型号设备的零部件，应满足互换性要求；机载设备、接头应进行防差错设计，防止造成人为差错
其他	需要查看的液面必须具有清晰的显示，并易于查看
	除发动机外，机上油滤应具有污染指示器，维护工作涉及的关键油路接头应采用自封接头设计
	需要在部队外场进行维护的复合材料应明确维护检查标准，可在外场利用设备、工具等进行维护

如表 7-6 所示,研制总要求中的维修性定性要求一般从结构与布局、可达性、标准化和互换程度、防差错措施及识别标记、维修安全、维修的人素工程、诊断的方便性与快捷性、贵重件的可修复性等八个方面提出要求,通常并不针对具体产品,而是结合维修职能提出。

7.5.2 维修性定性要求验证的特点

维修性定性要求作为用户维修性要求的重要组成,其实现程度也应在定型阶段进行验证与评价。与维修性定量指标验证相比,维修性定性要求验证最大的困难在于缺乏成熟的数学方法基础,也没有形成获得普遍认可的、并经过工程实践检验的方法。

与维修性定性要求验证和评价具有一定相似之处的是维修性设计的定性评价,这主要缘于它们均以定性因素为研究对象。尽管两者在基本思路和方法上有一定的相似程度,但由于其主要目的不同而呈现明显差异,表 7-6 对两者的区别进行了简要归纳。

表 7-6 维修性定性要求验证与设计过程维修性设计定性评价对比

维修性工作 比对项	定型阶段维修性定性要求验证	设计过程维修性设计定性评价
目的	以评定设计是否达到用户提出的定性设计要求为主,同时也要求反馈设计问题	以评价设计方案是否满足设计技术规范中的要求为主,促进设计方案优化
时机	定型阶段	设计过程各环节
依据	研制总要求中的维修性定性要求,比较笼统	设计技术文件中的维修性定性要求,比较具体
结果应用	作为设计定型依据,为问题归零提供依据,一般不进行迭代	为下一阶段的设计提供依据和主要改进方向,具有迭代特性

正是由于这种明显差异,维修性设计综合评价方法并不能完全解决维修性定性要求验证的问题。

7.5.3 维修性定性要求验证的基本思路与过程

维修性定性要求反映的是用户的一种需求,是用户对未来即将发生维修的一种期望。在论证阶段,很难对装备未来的维修给出清晰的描述,也使得维修性定性要求验证不同于一般的定量指标验证。验证维修性定性要求,应考虑以下三点基本的事实:

1)维修性主要通过维修作业的执行来体现,维修作业能更准确地反映维修性设计的优劣;

2)不同维修作业对同一项维修性要求,无论从合理性上还是可行性上,会有不同的体现程度;

3)维修性定性要求验证主要针对研制总要求中维修性定性要求的实现程度进行判定。

设计过程中,研制总要求中的维修性定性要求会被逐步细化、分解,形成针对具体产品对象的设计要求。这些要求可以作为产品设计的直接依据或约束,而且可以作为评价产品设计方案所考虑的主要因素。根据第 6 章的讨论,维修作业在维修性设计中起着重要的桥梁作用,设计要求的提出必须以维修作业的明确为前提,但又必须将其落实在具体产品的设计上。根据维修性设计的这种特点,可以提出维修性定性要求的两种验证思路,即图 7-11 中基于维修作业的障碍分析和基于产品的障碍分析。

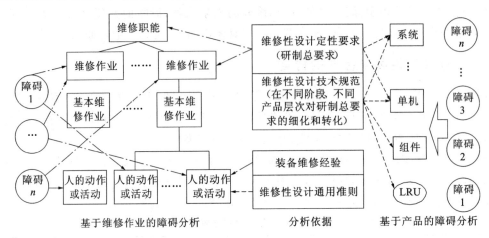

图 7-11　维修性定性要求验证的基本思路

通过综合比较(表 7-7),基于维修作业的思路更适合于维修性定性要求的验证与评价。而事实上,维修性定量指标的验证也是以维修作业为样本的。

表 7-7　维修性定性要求验证与评价思路比较

验证思路 比较项	基于产品的验证思路	基于维修作业的验证思路
试验样本	各层次产品	维修作业
评定对象	具有直接要求或分解要求的各层次产品	维修职能或对应的维修作业
数据获取方法	依据设计要求,围绕产品发现和鉴别存在的问题	依据最终用户需求,围绕规定维修职能,通过维修作业发现和鉴别存在的问题
用途	可以对各层次产品进行评价,可以用于设计控制,也可以用于验证	主要对用户期望的实现程度进行验证、评定
特点	更能体现以产品为中心的思想	更能体现以用户为中心的思想

按照以上基本思路,基于数字样机的维修性定性要求验证与评价可以按照下面 5 个阶段来实施。

1)准备试验样本

该阶段的主要任务是明确指标,确定试验样本。包括:(1)理解研制总要求中的维修性定性要求,将综合性描述分解为具体的试验评价"指标";(2)对相关专业文件进行分析整理,按照维修职能对维修作业进行分类,获得分类的维修作业清单;(3)明确"试验"样本选取规则,确定进行维修性要求虚拟试验的样本,即维修作业;(4)将选定的维修作业进行分解,整理出基本维修作业清单,对于不同维修作业中的相同基本维修作业进行去重。

2)样机与维修建模

由于虚拟维修仿真的特殊性,工程设计的数字样机并不能直接应用,还需要大量的工作才能形成适合于虚拟维修仿真的样机与模型。该阶段主要任务包括:(1)虚拟维修样机建模,形成既能支持基本维修作业虚拟仿真又能满足维修性虚拟试验要求的样机;(2)基本维修作业虚拟仿真过程建模和虚拟维修人员动作建模;(3)虚拟维修仿真模型审核与确认,确保与实际维修过程的基本一致。

3)虚拟试验数据收集

对选定的试验样本进行虚拟维修仿真,获得仿真数据,进行数据判定和数据确认。具体包括:(1)执行样本的虚拟维修仿真,通过系统以自动或人工的方式记录仿真数据,获得初步的维修障碍数据;(2)对发生的维修障碍进行判定,去除非真实维修障碍,避免引入失真数据;(3)进行数据的审核确认,确保障碍数据的权威性。数据产生与收集的基本过程同图 7-3。

4)障碍原因与影响分析

对基于基本维修作业虚拟仿真的障碍数据进行分析,包括:(1)障碍判定准则的准备与确认;(2)进行障碍原因与影响分析,获得障碍对基本维修作业、维修作业及维修职能的影响判定;(3)整理严重维修障碍及相应设计缺陷,提出维修性设计问题归零清单。

5)指标计算与评定

根据障碍分析结果进行数学建模,计算指标实现值并进行结果评定。主要包括:(1)建立基于维修障碍和维修作业的维修性定性要求实现程度的计算模型;(2)计算分项指标和综合指标,并进行结果评定;(3)反馈评定结果与维修性设计问题归零清单。

7.5.4 基于维修障碍的维修性定性要求评定

基于维修障碍的维修性定性要求评定的基本思路是:以基于数字样机虚拟维修仿真及分析所获得的维修障碍作为基础试验数据,以研制总要求中的维修性定性要求为验证指标,通过在维修障碍、维修作业、维修性定性要求之间构建关系向量或关系矩阵,获得维修作业对维修性定性要求的实现程度判定。

1)维修障碍对维修作业的妨碍度向量

维修障碍对维修作业的妨碍度是指维修作业执行过程中发生的某项维修障碍对该作业顺利实施的不利影响程度。维修障碍分析与故障模式和影响分析方法有一定的相似程度,分析过程见表 7-8。

表 7-8 维修障碍影响分析表

维修作业	基本维修作业	障碍形式	障碍类型	障碍原因	对基本维修作业的影响	对维修作业的影响(妨碍度)
A	A.1	A.1.1	①			
		A.1.2	②			
		…	…			
	A.2					
	…					
B						
…						

其中,障碍形式是指维修障碍的表现形式,如不能接近故障零部件或接近困难等;障碍类型一般与维修性定性要求的类型对应,如可达性维修障碍、可视性维修障碍等。维修障碍的妨

碍度是典型的定性度量,可参考表 7-9 将其分级量化。

表 7-9　妨碍度的取值及含义

影响度取值	0.9	0.7	0.5	0.3	0.1
含义	非常严重	严重	较严重	一般	轻微

维修障碍对维修作业的妨碍度向量是指与某一维修作业相关的若干维修障碍的妨碍度所构成的向量。通常可以按研制总要求中用户的关注点定义具体妨碍度向量。

以可达性维修障碍为例,假定与某一维修作业相关的可达性维修障碍有 a 个,且每个维修障碍对该作业的妨碍度为 C_i,则定义该作业的可达性维修障碍妨碍度向量 C 为:

$$C = \begin{bmatrix} c_1 & c_2 & \cdots & c_a \end{bmatrix}$$

2)维修作业对维修性定性要求的期望体现度向量

维修作业对维修性定性要求的期望体现度是指用户(通常为维修人员)期望维修作业对维修性定性要求的体现程度,通常也按维修性定性要求类型来度量。一项维修作业关于某一类维修性定性要求的期望体现度构成了期望体现度向量。以可达性设计要求为例,假设可达性设计要求包含 b 项具体设计要求,用户对某一维修作业关于每项具体设计要求的期望体现度为 h_i(取值参考表 7-10),则定义该维修作业关于可达性设计要求的期望体现度向量 H 为:

$$H = \begin{bmatrix} h_1 & h_2 & \cdots & h_b \end{bmatrix}$$

表 7-10　h 的取值及含义

h 的取值	0.9	0.7	0.5	0.3	0.1
含义	必须实现	尽量实现	鼓励实现	可以实现	无要求

3)维修障碍对维修性定性要求的背离度矩阵

维修作业执行过程中所发生的障碍相对维修性定性要求的不符合程度定义为维修障碍对维修性定性要求的背离度,一项维修作业发生的若干障碍相对规定维修性定性要求的背离程度构成背离度矩阵。

仍以上文的可达性障碍和可达性设计要求为例,假设一项维修作业中发生 a 个可达性障碍,研制总要求中维修可达性要求可归纳为 b 项,则 v_{ij} 表示第 i 个维修障碍相对第 j 项可达性要求的不符合程度(取值参考表 7-11),定义维修障碍对可达性要求的背离度矩阵 V_{Tr} 为:

$$V_{Tr} = \begin{bmatrix} v_{11} & v_{12} & \cdots & v_{1b} \\ v_{21} & v_{22} & \cdots & v_{2b} \\ \vdots & \vdots & & \vdots \\ v_{a1} & v_{a2} & \cdots & v_{ab} \end{bmatrix}$$

表 7-11　v 的取值及含义

v 的取值	0.9	0.7	0.5	0.3	0.1
含义	完作违反	严重违反	部分违分	略微违反	基本无违反

4)维修作业对维修性定性要求的背离度向量

根据维修作业发生的维修障碍对该维修作业的妨碍度向量 C 和维修障碍对维修性要求的背离度矩阵 V_{Tr},可以得到该维修作业对某类维修性要求的背离度向量 V_{Ta} 为:

$$\boldsymbol{V}_{\mathrm{Ta}} = \boldsymbol{C} \times \boldsymbol{V}_{\mathrm{Tr}} = \begin{bmatrix} c_1 & c_2 & \cdots & c_a \end{bmatrix} \cdot \begin{bmatrix} v_{11} & v_{12} & \cdots & v_{1b} \\ v_{21} & v_{22} & \cdots & v_{2b} \\ \vdots & \vdots & & \vdots \\ v_{a1} & v_{a2} & \cdots & v_{ab} \end{bmatrix} = \begin{bmatrix} v_1 & v_2 & \cdots & v_b \end{bmatrix}$$

5）维修作业对维修性定性要求的综合满足度

根据维修作业对维修性要求的背离度向量 $\boldsymbol{V}_{\mathrm{Ta}}$ 和维修作业对维修性要求的期望体现度向量 $\boldsymbol{H}$，可以得到该维修作业对维修性要求的综合满足度 M：

$$M = \boldsymbol{V}_{\mathrm{Ta}} \times \boldsymbol{H}^{\mathrm{T}} = \begin{bmatrix} v_1 & v_2 & \cdots & v_b \end{bmatrix} \cdot \begin{bmatrix} h_1 \\ h_2 \\ \vdots \\ h_b \end{bmatrix} = v_1 h_1 + v_2 h_2 + \cdots + v_b h_b$$

M 的取值越大，表示该维修作业对维修性设计要求的综合满足度越差；越小，则表示满足度越好。

6）维修职能对维修性定性要求的综合满足度

假设某项维修职能包含 d 项维修工作，按照上述计算过程，得到各维修作业对某类维修性定性要求的综合满足度 M_k。根据发生频率或者重要度，确定各项维修作业的权重 α_k，得到该产品某项维修职能（如故障检测）对维修时定性要求的综合满足度 N 为：

$$N = \sum_{k=1}^{d} \alpha_k M_k$$

N 的取值越大，表示产品的该维修职能对维修性设计要求的综合满足度越差；越小，则表示满足度越好。

7）对产品维修性定性要求的综合满足度

假设该产品在某一维修级别共有 e 项维修职能，按照上述计算过程，得到各维修职能对某类维修性要求的综合满足度 N_l。根据各维修职能的重要度，确定其相应的权重 β_l，得到该产品对维修性定性要求的综合满足度 P 为：

$$P = \sum_{l=1}^{e} \beta_l N_l$$

P 的取值越大，表示产品对维修性设计要求的综合满足度越差；越小，则表示满足度越好。

8）对产品维修性定性要求的综合评定

假设用户允许或能容忍的某类维修障碍数目为 a^*，每个障碍对维修作业的妨碍度为 C_i^*，且第 i 个维修障碍相对第 j 项维修性要求的不符合程度为 v_{ij}^*，则定义该维修作业对该类维修性要求的背离度参考向量 $\boldsymbol{V}_{\mathrm{Ta}}^*$ 为：

$$\boldsymbol{V}_{\mathrm{Ta}}^* = \boldsymbol{C}^* \times \boldsymbol{V}_{\mathrm{Tr}}^* = \begin{bmatrix} c_1^* & c_2^* & c_1^* & \cdots & c_{a^*}^* \end{bmatrix} \cdot \begin{bmatrix} v_{11}^* & v_{12}^* & \cdots & v_{1b}^* \\ v_{21}^* & v_{22}^* & \cdots & v_{2b}^* \\ \vdots & \vdots & & \vdots \\ v_{a^*1}^* & v_{a^*2}^* & \cdots & v_{a^*b}^* \end{bmatrix}$$

$$= \begin{bmatrix} v_1^* & v_2^* & \cdots & v_b^* \end{bmatrix}$$

进而依次可以得到该维修作业对一类维修性设计要求的参考综合满足度 M^* 为：

$$M^* = \boldsymbol{V}_{\mathrm{Ta}}^* \times \boldsymbol{H}^{\mathrm{T}}$$

该产品的单项维修职能对该类要求的参考综合满足度 N^* 为：

$$N^* = \sum_{k=1}^{d} \alpha_k M_k^*$$

该产品对该类定性要求的参考综合满足度 P^* 为：

$$P^* = \sum_{l=1}^{e} \beta_l N_l^*$$

根据产品对同类维修性定性要求的综合满足度 P 和参考综合满足度 P^* 来计算离差系数 S：

$$S = \frac{P - P^*}{P^*}$$

当离差系数 $S \leqslant 0$ 时，可以认为该产品较好地满足了维修性的设计要求，当 $S > 0$ 时，可以与用户协商划定具体的接受标准。

7.6　基于数字样机的维修工艺验证

在维修性的定义中，专门强调了规定的程序，即维修规程或维修工艺。维修工艺是外场维修保障的重要技术文件，其正确性和合理性必须得到有效验证。传统的维修工艺验证主要依托型号试验、试用及实际维修，根据专家经验、相似装备经验、历史数据等完成，验证时机明显滞后，不利于维修工艺的早期控制，难以实现与装备系统协同设计。随着型号设计的数字化水平的提高，基于数字样机验证维修工艺的快速迭代模式已经付诸实践并逐渐成熟。

7.6.1　基于数字样机维修工艺验证过程

基于数字样机的维修工艺验证活动主要包括维修工艺的分类筛选、维修工艺验证要素分析、虚拟仿真模型建立、仿真及试验数据获取、试验数据处理、结果认定及问题反馈等内容，基本过程如图 7-12 所示。其中，工艺筛选、验证要素确定、模型建立是维修工艺验证的基础工作。

1）维修工艺筛选

维修工艺涉及各类维修任务，不仅数量大，而且类型多、差异明显。并不是所有的维修工艺验证都适用于虚拟验证，虚拟手段对于某些工艺的验证也无能为力，因此，规划虚拟验证任务时必须对维修工艺进行筛选。必要性、可行性和有效性是工艺筛选的主要考虑因素，比如，在充填加挂类及润滑保养类工艺项目中，对于操作区域开敞、维护点便于人员接近、保障接口为标准接口的维修工艺不需要进行验证；使用检查及功能检测类维修工艺时，由于难以在设计初期将检测设备的使用方法形成虚拟操作流程，无法进行完整的虚拟验证；修复性维修工艺中涉及故障定位的内容可能需要完整的定位流程，在设计初期拟定的简单流程无法满足验证的有效性。

2）维修工艺要素分析

维修工艺与设备（维护点）的可达性、人素工程、保障设备及工具、维修流程、维修时间、维护安全等诸多要素密切相关，验证过程中需要对这些要素进行评定，以确定工艺的合理性。维修工艺要素分析是在维修工艺验证规划时确定验证要素所采用的方法，包括工程经验法、要素

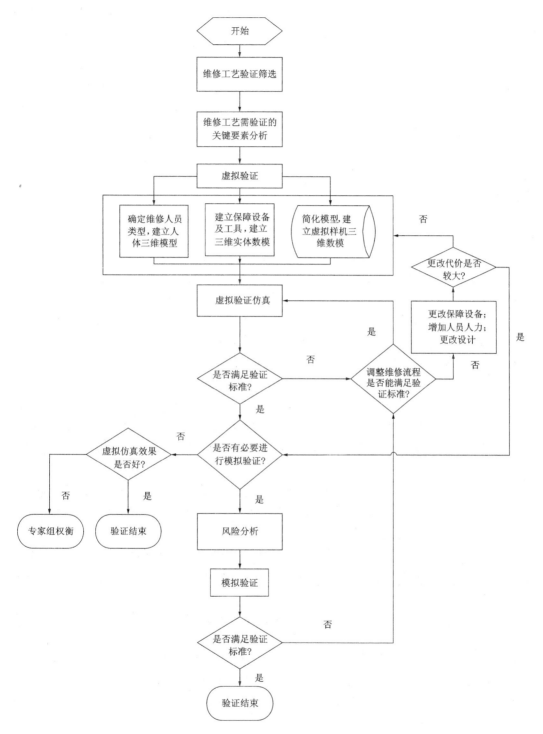

图 7-12 维修工艺虚拟验证过程

打分法、经济因素分析法等,具体方法按需选择,但在实践中往往综合采用多种方法。

工程经验法主要是根据以往型号设计经验、相似型号外场暴露的维修工艺问题等进行类比分析。

要素打分法分析设计特征(如紧固点、口盖、阻挡物、产品重量、维护空间、危险源等)对维修工艺要素的影响时,赋予其一定分值,并通过综合权衡确定需要重点验证的要素。

表 7-12　维修工艺要素打分表

设计特征 工艺要素	固定点			口盖		阻挡物	产品 重量	维护 空间	危险 源	维修工艺 要素目标值	验证必 要性
	数量	固定 方式	固定点 位置	口盖开 启形式	口盖 大小						
可达性											
人素工程											
保障设备 及工具											
维护安全性											
维修流程											

注:表中以"2"表示影响较强,"1"表示有影响,"0"表示无影响

经济因素分析法主要用于设计初期或详细初步设计阶段,目的是通过分析维修工艺的合理性、可行性,促进装备设计与保障资源需求分析及保障设备和工具设计的快速迭代和综合权衡,以尽量减少设计更改带来的经济及研制周期影响。

3)模型构建

虚拟仿真模型是实施维修工艺虚拟验证的重要基础,由于维修工艺涉及要素众多,模型不仅决定了建模工作量,而且直接影响虚拟验证的效率和进度。虚拟仿真模型主要包括简化的样机、维护人员、保障设备及保障工具、维护安全区域等。建立虚拟仿真模型时,一般应考虑以下原则:

(1)可达性验证建模应满足以下要求:维护通道、成品及管路等模型应真实,且与最新技术状态一致;充填加挂点、检测点、保养点、设备紧固点的模型应具备原有功能;维修工艺涉及的周边环境能在虚拟验证空间上进行模拟。

(2)保障设备、工具验证建模应满足以下要求:保障设备、工具的机上接口应真实,且采用最新技术状态;保障设备、工具的几何外形应与实际一致;保障设备、工具的活动机构应能在功能上进行模拟。

(3)人素工程验证建模应满足以下要求:虚拟维修人员的建立应满足标准要求,并能够完成人素工程分析,人体比例的选择应参考使用方的维护人员;人素工程涉及的操作空间应能真实模拟;复杂的人素工程验证还需要建立包括维修车间在内的保障设施、防护服等内容。

(4)维护安全验证建模应满足以下要求:针对危险源,建立平面的或者立体的维护人员保护安全区域或者危险警戒区域;在模型中应明确标示为保护机体或设备而规定的禁止踩踏或触碰的设备或区域。

7.6.2　维修工艺验证方法选择

在设计阶段进行维修工艺验证一般采用虚拟验证方法和模拟验证方法。维修工艺虚拟验证是指以实现维修工艺合理优化为目的,以维修工艺包含内容为对象,以可视化的三维设计或

仿真软件为手段,利用其他辅助设备(如沉浸式虚拟环境、虚拟外设等),按照一定的技术方法,对维修工艺的合理性、有效性等进行试验,以证明维修工艺的设计和优化的可行性。所谓模拟验证,是指在虚拟验证无法完全满足的情况下,根据需要建立实物样机、保障设备与工具样件,与虚拟试验环境或者相似型号装备创建的维护环境相结合,得到更加准确的结论的验证方法。虚拟验证的主要内容及其与模拟验证方法应用的关系如图 7-13 所示。

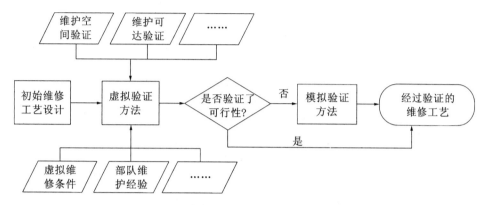

图 7-13　虚拟验证与模拟验证方法的应用关系

1)维修工艺虚拟验证方法

在装备的初步设计阶段,维修工艺仿真的目的更倾向于频繁的设计迭代,主要以桌面式虚拟验证方法为主。而在详细设计阶段,维修工艺仿真则更倾向于对维修方案的验证,更加注重实际效果,应充分利用桌面式与沉浸式相结合的方式进行验证。

维修工艺虚拟验证过程是将实际的维修过程在虚拟或模拟环境中展现,因此,必须将拟定的维修工艺流程进行分解,形成满足动态演示验证的维修流程,在虚拟或模拟环境中进一步形成优化的维修过程。

在设计初期,维修工艺流程描述可以是简单的、粗略的,但随着设计的不断深入,该描述必须要详细,甚至需要建立维修工艺的脚本。维修工艺过程描述与实际使用维修工艺不同的是,在进行过程描述时,应充分描述各人员操作过程、保障设备/工具动作过程、各项细节操作的串并联关系,定义维修活动关系,对于具有时间指标要求的任务与工艺,还需要甘特图进行描述(图 7-14)。

2)维修工艺模拟验证

在实际工作中,无论是桌面式还是沉浸式虚拟现实验证都有一定局限性,比较典型的是设计人员难以把握一些工序复杂、精度要求高的工作在外场实施的可行性,对于这些工作项目,通常需要采用模拟验证的方法进行验证。模拟验证一般采用"虚实结合"和实物样机两种方法。

"虚实结合"方法将虚景与实景相结合以构造用户所需要的模拟环境,用户的一部分体验基于虚拟场景,一部分体验基于实物操作,这也是虚拟现实技术发展的必然趋势。

实物样机方法采用常规试验手段制造部分或全部实物样机模型,进行模拟验证。全部样机模型在装备设计过程中已经逐渐减少,甚至难以见到,因此应根据需求建立局部的木制或金属样段。

实物样机维修工艺验证涉及硬件设计与制造,成本高、周期长,需要更加严格的工程过程。

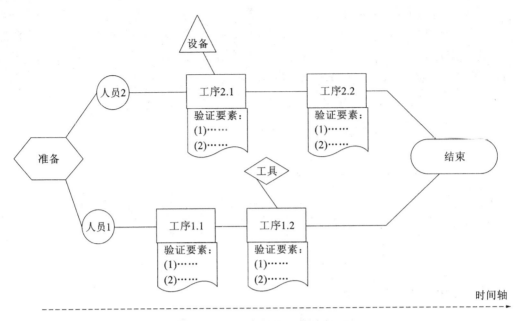

图 7-14　维修工艺分解及验证要素描述

　　固化的三维模型或图纸是实物样机维修工艺验证的基本前提。在进行实物样机验证前,必须保证验证环境样机及用来制作实物的模型状态基本固化,后续各个设计阶段不会进行大幅度更改。一般要在详细设计阶段的部分技术状态确定后才能得到固化,满足验证要求,但此时留给验证的时间已经非常有限了。如果验证对象为货架产品,产品应该是实物,而不是二次加工的模型。图 7-15 是实物样机维修工艺验证需要经历的基本环节。

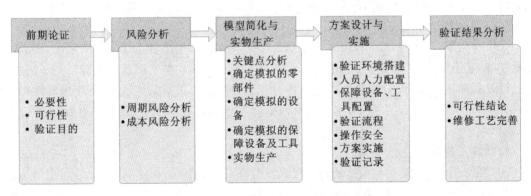

图 7-15　维修工艺实物样机验证基本环节

　　(1)前期论证。实物样机验证周期长、成本高,在实施实物样机验证前需进行充分论证,主要通过虚拟验证方法及专家分析等形式论证实物样机验证的必要性、可行性,并确定验证目的、目标。

　　(2)风险分析。主要考虑周期风险和成本风险。型号研制各阶段有严格的节点要求,而实物样机验证的周期较长,必须充分评估实物样机验证的周期是否能满足型号阶段性节点要求,制订验证各阶段合理的节点。实物样机验证涉及实物制造、人员人力,这都将产生成本费用,而往往验证经费有限,因此需要对成本风险进行分析,建立严格的经费控制方案。

（3）模型简化与实物生产。实物样机验证涉及的零件数量众多，结构形式复杂，制造完整的实物样机将耗费巨大的时间和经济成本。模型简化主要采用虚拟验证方法找出维修工艺模拟验证的关键点，确定涉及的关键件、保障设备和工具，以尽量控制验证所需要的实物生产的结构件、设备、保障设备和工具。

（4）方案设计与实施。验证方案的设计必须以验证目的及模型简化方案为基础，并且符合设计的维修工艺。验证方案包括验证环境的搭建、人员人力的配置、保障设备及工具的配备、验证流程、安全注意事项等方面。验证实施过程严格按照验证流程及安全注意事项进行，且需详细记录每项操作的工作时间，并记录验证结果及验证过程中出现的其他情况。

（5）验证结果分析。按照验证目的对维修工艺可行性进行评价，分析在验证过程中发现的与原维修工艺设计不一致的环节，补充和完善维修工艺，同时分析是否需要更改设计、增加或减少保障工具，人员人力是否合理等内容。

7.6.3　维修工艺验证评价

维修工艺是维修人员执行维修作业的重要技术依据，对于验证核查过程中发现的问题，必须提出针对性的更改建议。建议可以是产品设计修改，也可以是维修流程优化，还可以是具体维修操作的调整。维修工艺验证核查内容是验证工作的重要内容，表 7-13 是维修工艺核查内容及相应更改建议示例。

表 7-13　维修工艺验证核查内容与更改建议示例

序号	核查内容	更改建议
1 维修工艺流程		
1.1	按照预定的维修工艺流程是否能够完成维修任务	重新设计工艺流程
1.2	维修工艺流程是否足够简化	简化操作流程，更改设计方案
1.3	维修人员在流程中的分配是否合理，各维修人员负责的维修工序是否存在交叉反复	更改维修人员分配，调整维修工序及系统设计方案
2 可达性		
2.1	故障率高的设备拆装维护是否受故障率低的产品、管路阻挡	更改设备安装位置或调整管路走向
2.2	检查点、测试点、检查窗、润滑点、加注口等维护点，是否便于接近	调整维护点位置
2.3	维护点、测试点是否靠近放射源、进气孔、排气口、放油口和可动操纵面等部位	调整维护点、测试点位置
2.4	管路或线缆是否阻挡口盖或舱（窗）口	更改管路或线缆的走向
2.5	系统、设备维护点与维修人员的手之间是否有足够开展相关维修作业的空间	更改设计，增大空间
2.6	设备拆装、维护及检查点是否直接目视可达	更改流程，弱化目视可达要求；需要调整维护点、检查点的位置；增大设备维护通道

续表 7-13

序号	核查内容	更改建议
2.7	机务准备活动口盖是否为快卸	更改设计,改为快卸
3 人素工程		
3.1	如果维修人员必须能够看到他在设备里的操作,那么通道除了给维修人员的手或胳膊提供了足够的空间外,是否还提供了充分的视界以观察其操作	调整工艺流程,减小人员手臂占用空间; 更改工具或设计,实现盲操作; 更改设计,增大空间
3.2	质量超过 11kg 的设备是否安装在维修人员可正常达到的范围内以便更换	增加人员人力,更改操作流程,更换时两人操作; 调整设备安装位置
3.3	对使用非常规动作进行徒手安装、搬运机载设备的典型维修动作进行人素工程学分析,分析是否超出一般人员肢体力量上限	优化操作流程、增加保障设备或工具,避免出现该类非常规动作; 更改设计
4 保障设备及工具使用性		
4.1	系统、设备维护点与工具之间是否有足够开展相关维修作业的空间	调整工具或更改设计,增大操作空间
4.2	质量超过 32kg 的设备是否设置了起吊或托运点	增加起吊或托运点,增加保障设备
5 维护安全性		
5.1	电缆敷设是否靠近传输易燃液体或氧气的管路	调整线缆走向,或者将线缆位于易燃液体上方
5.2	设备断电后仍残留有热量或电荷的零部件是否位于维修人员维修设备时不会触及的部位	增加标识,防止维护人员接触; 更改设计,对危险源进行物理隔离
5.3	应急电门和应急舱口的按钮、把手是否有因错动、误碰而发生伤人或损坏设备的防护措施	增加防误操作措施
5.4	维修对象安装位置所在空间是否存在明显的危险源与维修工序的运动路径形成干涉	增加防护措施; 调整维修工序及运动路径

　　维修工艺验证的目的既包括发现问题并进行改进,也包括对工艺设计进行评价。在研制早期,主要是为了发现问题,而在定型阶段,则主要是进行评价。维修工艺验证评价的主要依据是维修工艺要素分析所确定的验证要素,而且以定性评价为主。表 7-14 是维修工艺验证综合评价表格设计示例。

　　根据维修工艺验证要素的评价,通过参考预定的时间调整系数对虚拟仿真记录的时间进行调整,也可以获得与外场更趋一致的时间估计。

表 7-14 维修工艺验证综合评价表

××维修工艺验证项目		验证要素				
工艺流程	验证过程	工具适用性	可达性	人素工程	维修工艺作业时间	
					验证记录时间	预定调整系数
1 步骤 1	……					
2 步骤 2	采用模拟验证方法验证工具的适用性及人员手部的可达性	适用	可达		t_2	α_2
3 步骤 3	……					
4 步骤 4	……					
综合验证结论		所有工具均适用	可达性良好		$\sum t_i \alpha_i$	

参 考 文 献

［1］吕川.维修性设计分析与验证［M］.北京:国防工业出版社,2012.

［2］高伏.基于虚拟维修仿真的复杂装备维修性验证方法与应用研究［D］.石家庄:军械工程学院,2010.

［3］王伟龙.基于仿真的自行火炮维修性验证方法研究［D］.石家庄:军械工程学院,2007.

［4］刘旒.外场样本不足情况下的维修性综合验证评估方法研究［D］.成都:电子科技大学,2011.

［5］韩朝帅,王玉泉,陈守华,等.基于虚拟现实的维修性定量指标验证方法研究［J］.航天控制,2014,32(6):75-79.

8 基于数字样机的维修性技术工程应用

本章以飞机研制背景为例来讨论数字样机的维修性技术的应用。

8.1 基于数字样机的维修性工程应用系统

8.1.1 基于数字样机的维修性工程应用系统规划

随着数字样机技术应用的逐渐深入,虚拟维修仿真在型号研制中的应用已经由单纯的维修性设计分析拓展到维修性工程整个领域,功能规划与设计的系统性和集成性特点更加明显。

飞机型号研制在规划基于数字样机的维修性工程应用系统时,所考虑的主要功能需求一般包括六个方面,即:

(1)飞机总体布局、详细初步设计、详细设计协调支持,包括飞机总体布局、综合产品小组(IPT)设计协调、设备布局检查、口盖需求分析、维修性设计定性分析评价、装配检查/仿真、阶段性设计评审。

(2)维修虚拟仿真,包括设备拆装虚拟仿真和维护任务虚拟仿真。

(3)维修性核查,包括可达性分析、操作空间分析、维护通道可行性分析评价、可视性分析、人机功效评价、维修性设计定量化分析评价。

(4)维修性虚拟验证,包括设备维修性定量指标虚拟验证,保障设备工具适用性虚拟验证,设备拆装、维护方案可行性虚拟验证及优化,飞机简单日常维护任务虚拟验证及优化。

(5)维护工艺数字化生成支持,包括维修操作卡数字化生成和维护规程数字化生成。

(6)维护培训支持,包括飞机系统布局设计数字化展示和维护任务数字化虚拟展示及交互。

实现上述功能的软硬件既包括通用的软硬件系统,也包括虚拟现实专门的软硬件系统,还包括维修性工程的基础数据。图 8-1 所示为基于数字样机的维修性工程应用系统功能构成及其使能软硬件构成。

根据所采用技术所体现的虚拟现实特点,实际建设的系统一般有两类,即沉浸式应用系统和非沉浸式系统。后者也称之为桌面型系统,但实际上通常也可支持立体输出。

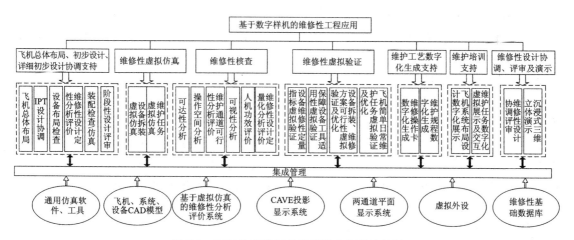

图 8-1 基于数字样机的维修性应用系统规划

8.1.2 桌面型虚拟维修性设计分析系统

所谓桌面型虚拟维修性设计分析系统,是指以桌面型虚拟现实技术为基础的维修性工程应用系统,即虚拟维修场景通过显示器显示,用户直接观察或用立体眼镜观察,并采用三维鼠标、跟踪球或控制杆进行三维交互与控制的虚拟现实系统。以桌面型虚拟现实系统为基础构建维修性设计分析系统,具有结构简单、成本较低、易于使用和推广的特点,在工程上应用较为广泛。

根据第 1 章介绍的虚拟维修系统一般结构,设计了桌面型虚拟维修性设计分析系统的功能结构。并以商业软件 Jack 为平台,通过二次开发,实现了一个桌面型基于数字样机的维修性分析评价系统。

Jack™前身是 1995 年宾夕法尼亚大学计算机与信息科学院开发的人体建模与仿真分析系统,后几经收购,现在是西门子工业软件有限公司(原 UG 公司)旗下的一款人因工程分析软件,经过十几年的研究改进,该软件现已成为与西门子产品设计软件融为一体,集虚拟仿真、数字人体建模、人因工效分析等主要功能于一体的高端仿真软件。

系统的功能组成结构如图 8-2 所示。由分析任务数据管理、虚拟维修样机建模、特征化虚拟人建模、维修过程建模与仿真、维修性缺陷检查与分析评价等功能模块组成。实现了从数字样机处理、维修仿真,到数据获取、分析评价的智能化、自动化及结果的快速反馈。

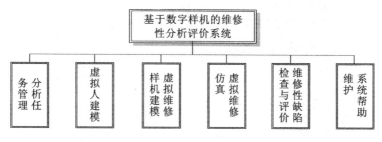

图 8-2 软件功能组成

(1)分析任务管理。针对某分析任务,系统将其组织成一个仿真分析任务,并对建模、仿真与分析过程中的各种数据进行维护与管理,包括对基本维修作业时间标准库、维修知识库、人体模型库、工具设备库的管理,以便能够对分析任务进行查看、编辑、修改,以及形成分析报告。

（2）虚拟人建模。创建典型百分位中国人体尺寸的虚拟人及着特殊服装的特征化虚拟人，对虚拟人的性别、身体各项尺寸、体重、重要关节角度等数据进行查询，且支持用户选择修改身体的尺寸、体重数据，定制特殊尺寸的人体模型。用户可以选择编辑虚拟人关节角度，定制特殊关节活动特性的人体模型。

（3）虚拟维修样机建模。支持主流 CAD 软件的几何模型数据导入及简化处理，建立及调整装配关系、关节约束关系，以及定义维修特征。

（4）虚拟维修仿真。能够构建虚拟维修场景，采用参数化维修动作模型，对维修过程中的物体运动、工具动作以及人的运动、人的操作动作和人与物体的交互过程进行仿真建模；能够运行仿真，并记录相关仿真数据，为核查、分析、评价等具体应用提供数据支持。

（5）维修性缺陷检查与分析。基于维修仿真，能够进行可达、可视、工作空间、人素等检查，以发现维修性缺陷。针对系统发现的缺陷，用户调出问题场景进行分析确认，评估产品的维修性水平，并针对具体问题提出设计修改建议，如图 8-3 所示。

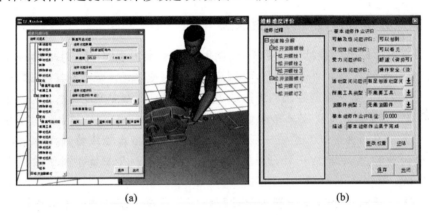

(a)　　　　　　　　　　　　　　(b)

图 8-3　维修性缺陷检查与分析评价

系统主要有两种使用情景：在产品设计早期，设计人员使用本系统对设计方案进行简单的核查分析，以便发现维修性缺陷。在详细设计阶段、定型阶段，用户通过仿真维修过程，发现产品维修性设计缺陷，进行维修性分析评价，包括作业分析和核查分析。系统的主要作用过程如图 8-4 所示。

图 8-4　系统在研制中的主要作用过程

8.1.3　沉浸式维修性虚拟设计分析系统

沉浸式维修性虚拟设计分析系统一般采用 CAVE 系统模式。按照功能，可将 CAVE 系统分为六大部分：

（1）IG 系统，采用图形工作站集群，1 台作为应用节点（主节点），其余每个通道各配备 1 台图形渲染节点，所有图形设计软件及虚拟现实软件在图形工作站集群或单节点图形服务器中运行；

（2）CAVE 投影系统，由高端高清主动立体投影机构成，提供三维沉浸感可视化环境；

（3）软件现实系统，一般基于用户固有应用系统（如 Dassult 的 CAD/CAE 系统），通过图形中间件实现沉浸感环境图形可视化输出，也可以采用其他高端仿真应用软件；

（4）人机交互系统，包含位置跟踪器、人体捕捉、手执式交互设备、数据手套等；通过接口软件实现对用户软件应用的操作，让操作者与虚拟现实图形之间进行互动，实现用户需求的工程流程；

（5）中控系统，实现对投影机、灯光、音响系统等的控制，具体控制方式根据用户要求来编写；

（6）音响系统，包含音箱、功放等设备，视听一体，使仿真更具沉浸感。

图 8-5 所示为典型的 CAVE 系统架构。

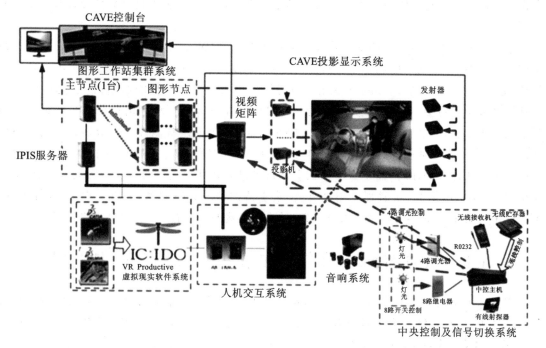

图 8-5　CAVE 系统典型架构

根据系统应用的时机和目的，沉浸式维修性设计分析系统一般采用两种运行模式，即单用户模式和多用户模式，如图 8-6 所示。

单用户模式的主要用户为维修性工程师，其目的是根据维修性工作项目计划，开展相关的设计分析。该模式的主要特点是利用头盔显示器、人体捕捉、数据手套等设备，在 CATIA\

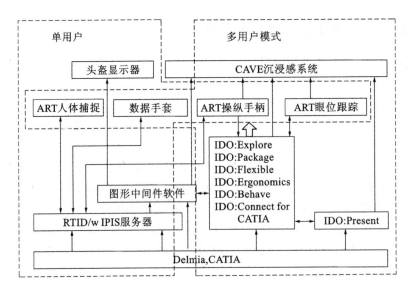

图 8-6　沉浸式系统运行模式实现方案

Delmia 这类软件中直接操作,对设计进行的任何更改,可直接在 CATIA 中进行保存。该模式一般用于协助维修性工程师进行碰撞、干涉检查、局部拆装等设计,属于日常设计的工作模式。在设计人员不能通过三维数字模型直接判断维修性设计属性是否满足维修性设计基本要求时采用。

多用户模式也可以称为团队工作模式或评审模式,目的是进行维修性设计方案的研讨协调或设计方案的评审,一般利用 CAVE 沉浸感环境完成。具体有两种实现途径:第一种比较简单,通过一个 CATIA/Delmia 多通道三维可视化中间件进行数据的渲染,输出到 CAVE 演示环境系统中进行显示,从而利用各种交互外设实现在沉浸感环境中的操作。第二种途径用到了高级仿真软件,如 ICIDO。先把 CATIA 或 Delmia 的底层数据导入高级仿真工具 ICIDO 软件中,再利用人体捕捉、眼位跟踪、操作手柄、数据手套等设备,在 ICIDO 软件中进行操作。利用这种方法进行操作时,需要对模型数据进行轻量化处理。当需要对大的数据量(比如整机模型)进行实时渲染时,一般都使用该方式,它支持部件的碰撞预测、人机工程、布线等工程。ICIDO 中考虑了质量、重力、摩擦力等因素,结合工装夹具等装配工艺,可进行设计验证工作。

8.2　数字样机在维修性工程中的应用时机与范围

维修性工作是型号工程的重要组成,贯穿于装备的论证、研制、生产、使用和保障的全过程。以飞机为例,其研制阶段划分为立项论证、方案设计(初步设计、详细初步设计)、工程研制(详细设计阶段、试制和试验、科研试飞)、设计定型、生产定型和批量生产六个阶段。

依据《装备维修性工作通用要求》(GJB 368B—2009),结合飞机研制的特点,各典型工作项目的适用开展时机及成果形式可以总结为表 8-1 所示的内容。

在飞机型号研制过程中,这些工作项目需要进一步的分解,确定输入和输出,并纳入统一的型号研制流程。表 8-2 是对维修性工作项目的进一步细化,并指出了适合于采用数字样机技术的工作内容。图 8-7 是飞机型号维修性设计的主流程。

表 8-1 飞机研制适用的主要维修性工作项目

序号	维修性工作项目	工作类型	适用研制阶段				完成形式
			方案阶段		工程研制	设计定型	
			初步设计	详细初步设计			
	制订维修性工作计划	管理	√	*	*	*	飞机维修性工作计划； 设备维修性工作计划
	对转承制方的监督和控制		√	√	√	√	维修性设计分析程序文件； 设备维修性设计要求； 设备维修性设计报告； 设备维修性设计工作审查意见； 签订成品技术协议及其协调单
	维修性工作评审			√	√	√	维修性阶段性总结报告； 飞机设计评审建议及结论； 设备设计评审建议及结论
	建立维修性信息收集、分析和纠正措施系统				√	√	建立维修性问题审查组织； 维修性问题报告,分析、纠正措施闭环管理与运行
	维修性分配	设计与分析	√	√	*		飞机维修性指标分配报告； 系统维修性指标分配报告
	维修性要求		√	√	*		飞机系统维修性设计要求； 编制维修性设计准则
	维修性设计方案论证		√	√	*		飞机系统维修性设计方案
	维修性预计	设计与分析		√	√	√	飞机维修性预计报告； 主要系统维修性预计报告； 设备维修性预计报告
	维修性分析			√	√		协调单； 协调纪要； 相似机型维修性问题落实情况报告； 详细设计阶段维修性设计说明； 安装图纸会签
	维修性设计准则			√			维修性设计准则
	维修性核查	试验与验证			√	√	维修性电子样机核查结果； 维修性研制飞机核查说明； 维修性改进措施
	维修性评估				√	√	维修性评估要求； 维修性评估、核查结论与建议

注:① * 为选用,√ 为适用;

② 上述工作项目主要针对新研制、改进的系统/设备,沿用的系统/设备继承原设计。

表 8-2　维修性工作项目分解及基于数字样机技术应用重点

序号	飞机研制阶段	重要维修性工作项目	主要输入	主要输出	备注
1	立项论证阶段	1) 飞机立项报告维修性方案论证; 2) 飞机维修性总体初步方案论证	立项论证报告(机关)	飞机立项报告维修性部分; 飞机总体初步方案报告维修性部分	
2.1	方案设计阶段——初步设计	1) 制定维修性设计要求; 2) 实施各系统维修性指标分配; 3) 编写维修性设计分析程序与方法顶层文件; 4) 制定维修性设计准则; 5) 开展维修性方案设计、初步确定维修保障资源; 6) 开展各系统使用与维修活动 IPT 协调要素分析; 7) 参加总体研制方案评审、处理评审提出的维修性问题	飞机研制总要求; 初步设计阶段的飞机总体方案; 可靠性指标分配报告; 测试性指标分配报告; 装备各个系统初步方案论证报告; 综合保障技术要求; 相关标准	飞机维修性定性、定量研制总要求; 各系统维修性指标分配报告; 飞机机载设备维修性设计分析程序与方法; 飞机维修性设计准则; 飞机各系统维修性设计技术方案; 修复性维修活动协调要素分析表; 飞机使用与维修活动协调要素分析汇总表; 维修性问题归零表	工作项目 3) 主要是占位分析;工作项目 4)、5) 和 8) 主要依托数字样机进行
2.2	方案设计阶段——详细初步设计	1) 协调确定各机载成品维修性指标,签订成品技术协议,实施维修性设计宣贯文件宣贯; 2) 确定飞机综合保障专业 IPT 协调办法; 3) 实施打样协调前准备:一次可达需求、软件升级接口、保障设备接口、检查点、保养点等; 4) 开展各系统协调区布局、保障接口布局、开口、安装、视觉活动空间、保障接口配置工作; 5) 重要设备维修性指标初步设计; 6) 会签协调单、编制协调纪要	各系统维修性设计技术方案; 各系统维修保障性设计技术方案; 全机各系统方案论证报告; 飞机数字样机; 油箱布置模型; 起落装置布置方案报告; 全机天线布置图; 系统及线束交通路规划图; 外挂武器配置方案; 机弹/吊舱几何相容性分析报告; 数字协调样机	成品技术协议书; 维修性文件宣贯课件; 协调单; 协调纪要; 协议要素分析表; 虚拟维修样机; 详细初步设计评审备查文件; 维修性问题归零表	

续表 8-2

序号	飞机研制阶段	重要维修性工作项目	主要输入	主要输出	备注
2.2	方案设计阶段—详细初步设计	7) 进行维修协调，要求协调结合理； 8) 制作虚拟维修样机，开展虚拟维修分析； 9) 参加详细初步设计评审，编写评审准备文件，处理评审提出的维修性问题	电子样机，协调单及协调纪要； 承制单位维修性设计分析报告； 飞机配套技术状态		
3.1	工程研制阶段—详细设计和试制准备	1) 实施维修性指标预计； 2) 落实相似机型维修性问题； 3) 维修性设计准则符合性检查； 4) 实施虚拟维修分析； 5) 制作重点设备、舱段维修性样机； 6) 修复维修保障资源需求分析； 7) 编写各部件及飞机维修性设计说明报告； 8) 签全机安装图； 9) 支持、检查转承制方维修性工作； 10) 参加详细设计评审，编写评审准备文件，处理评审提出的维修性问题	飞机总体布置图； 配套技术状态； 飞机维修性工作计划； 飞机系统机载设备维修性分析报告序文件； 飞机机载产品维修性设计分析报告； 协调单、协调分析样机、协调纪要； 飞机维修性技术协议成品技术协调单； 协调单、维修性协议协调分析样机、维修性协调纪要； 相似机型维修性问题清单； 维修性分配报告； 各系统 LORA、RCMA、MTA 分析报告； 各系统使用、维护安全分析报告	飞机、系统维修性指标预计报告； 相似机型维修性问题落实情况说明报告； 维修性设计准则的符合性检查情况说明； 重点设备、舱段虚拟维修样机、修改维修性设计分析报告； 飞机维修性设计说明； 转承制单位维修性工作审查意见； 详细设计评审文件及 PPT； 维修性问题归零表	工作项目 2)、3)、4)、5)、6)均依托数字样机

续表 8-2

序号	飞机研制阶段	重要维修性工作项目	主要输入	主要输出	备注
3.1	工程研制阶段——详细设计和试制准备		各系统职业健康危险分析报告； 可靠性预计报告； 测试性分析、预计报告； 飞机机载产品安全性设计分析报告； 飞机机载产品保障性设计分析报告		
3.2	工程研制阶段——样机试制和地面试验	1) 协调并处理部装、总装暴露的维修性问题； 2) 进行首飞维修性设计工作总结； 3) 参加首飞技术质量评审，处理首飞技术质量评审提出的维修性问题	飞机总体布置图； 维修性问题（沈飞部装、总装车间）； 飞机维修性设计说明； 飞机维修性预计报告	部装、总装维修性问题落实情况说明； 飞机首飞维修性设计总结报告； 首飞维修性问题归零表	工作项目1)依托数字样机进行
3.3	工程研制阶段——科研飞行试验	1) 协调并处理调整试飞时暴露的维修性问题； 2) 对相似机型维修性维修性问题落实效果进行现场检查和确认； 3) 对使用、维护便利性进行现场自查，并处理发现的新问题	调整试飞时暴露的维修性问题； 相似机型维修性问题落实情况报告； 维修性设计说明报告； 协调要素分析表	调整试飞维修性问题落实情况说明； 相似机型维修性问题落实效果检查报告； 对使用、维护便利性进行现场自查的情况说明报告	工作项目1)依托数字样机进行

续表8-2

序号	飞机研制阶段	重要维修性工作项目	主要输入	主要输出	备注
4	设计定型	1) 实施维修性核查，处理维修性核查问题，编写相关文件； 2) 参与试飞维修性定量指标评估工作，参加重要设备维修时间专项测试试验，处理暴露的问题； 3) 配合完成试飞院维修性评估报告； 4) 参与领先使用维修性定量指标评估工作，参加重要设备维修时间专项测试试验，处理暴露的问题； 5) 协调领先使用阶段维修性评估意见； 6) 进行飞机技术鉴定维修性工作总结； 7) 进行飞机设计定型维修性工作总结； 8) 参加飞机技术鉴定和设计定型维修性设计评审，处理评审提出的维修性问题	飞机研制总要求； 飞机配套技术状态； 维修性核查方案； 重要设备维修时间专项测试试验方案； 试飞院提出维修性问题； 维修性研制评估报告； 试飞院维修性评估报告； 领先使用、接装及外场维修性问题	维修性核查说明； 维修性核查问题落实情况报告； 飞机技术鉴定维修性设计工作总结； 飞机设计定型维修性设计工作总结； 维修性问题归零表	工作项目1)针对复杂问题，需要返回数字样机进行完善
5	生产定型及批量生产	1) 处理使用方提出的批量生产飞机维修性问题； 2) 维修性问题处理后跟踪	使用方提出的批量生产飞机维修性问题； 飞机技术状态信息	维修性问题处理意见	工作项目1)针对复杂问题，需要返回数字样机进行完善

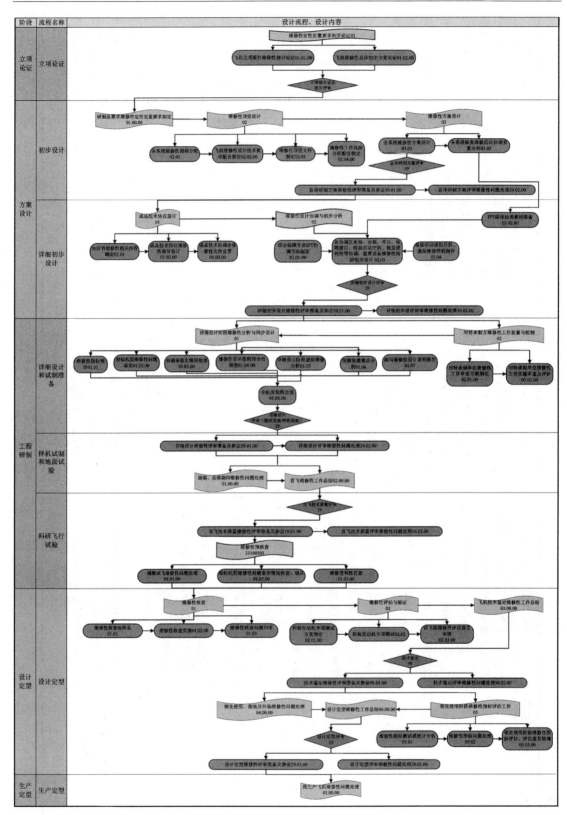

图 8-7 飞机研制维修性设计主流程

可以看出,在飞机研制过程中,基于数字样机的维修性关键工作项目主要是系统、设备、管线布局、使用维护活动便利性、保障设备和工具适用性等分析设计以及维修性定量指标的实现,同时,要将相似机型的维修性问题在打样协调中逐一落实解决。

基于数字样机的维修性工作项目主要在飞机方案设计阶段的详细初步设计阶段和工程研制阶段的详细设计阶段开展。

8.3　基于数字样机的维修性并行设计

8.3.1　基于数字样机的维修性并行设计基本方法

数字样机技术和虚拟维修仿真技术在型号研制中已经获得越来越深入的应用,应用效果和效益也被广泛认可。

基于数字样机的维修性设计主要解决维修性设计分析工作中长期存在的难以解决的两大问题:与装备其他专业融合设计、与其他通用质量特性(可靠性、测试性、保障性、安全性、环境适应性)等的融合权衡。数字样机以装备维护活动为中心,通过活动场景分析,将维护活动可达便利性与人素工程、保障设备、工具适应性和装备设计属性建立联系,固化在设计图样中。其基本思想是:基于数字样机、基于维护活动开展维修性并行设计。基本步骤包括:

(1)活动确定——确保未来的维修工作项目合理可行;

(2)活动分解——将维修活动要求转化成可控制、可设计的设计属性(约束);

(3)同步设计——把相关设计属性落实到图纸中;

(4)协调结果记录——确保设计过程可追溯。

活动确定和活动分解的目的是确定待分析产品的自然属性以及使用维护活动,并进一步转化成可控制、可设计的设计属性(约束)。活动确定和活动分解的逻辑关系如图 8-8 所示。比如某型号飞机,经过该分析过程后,确定共需开展的使用维护项为 475 项,需一次可达部位 98 处。确定雷达处理单元需要考虑的设计约束如图 8-9 所示。

同步设计的目的是把设计属性落实到图纸中,需要开展基于设计准则的维修性定性分析、基于 Delmia 人机功效评价模块的维修性定性分析以及数字环境下的虚拟维修仿真分析等工作。

飞机的维修性设计准则是同步设计最重要的型号设计规范。准则提供了设计约束的控制标准,维修性专业人员对照准则要求,针对数字样机上设备、附件、管线布局来逐项协调、分析、落实产品的设计约束。例如,可达性设计要求:维护点和测试点不得靠近放射源、进气孔和可动操纵面等部位;机务活动部位应易于接近,不受任何阻碍等。

同时,准则中还包括设计约束落实情况检查标准,维修性专业人员针对协调结果进行检查,并记录检查结果。例如,可达性设计需要检查润滑工作是否必须、润滑处是否易于达到、当拆卸或安装质量大的产品时是否有支撑该产品的手段等。

上述问题不能满足时,需要再次协调,以确定能够纠正。

基于 Delmia 人机功效评价模块的维修性定性分析主要有人体姿态分析、视野分析、功效分析。

数字环境虚拟仿真分析需要建立虚拟仿真分析流程,制作维修电子样机、保障设备、工具数

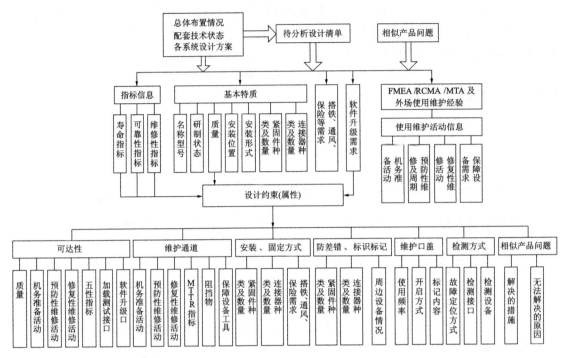

图 8-8　维修活动转化为设计约束的逻辑

序号	项目	产品特征化信息
1	产品名称	雷达处理单元
2	型号	暂无
3	研制状态	新研制
4	质量特性	××kg
5	单机数量	1
6	使用维护项目	机务准备：通电检查；预防性维修；6个月外观检查；修复性维修；拆装
7	可靠性指标	雷达系统X/Y
8	维修性指标	雷达系统A/B
9	安装位置	雷达舱安装架下层前面
10	安装、固定形式	松不脱螺钉固定在雷达舱安装架的两根横梁上
11	紧固件种类、数量	6个松不脱螺钉
12	连接器种类及数量	电连接器
13	搭铁、通风、保险需求	有搭铁、通风、保险
14	保障设备需求	设备需要拖车
15	检测接口	测试、软件升级接口
16	相似产品暴露的维修性问题	无

序号	设计属性	设计约束(属性)
1	可达性	设备一次可达；检测接口一次可达
2	维护通道	机头锥折翻后维护空间应满足保障设备正常使用和维护人员进行维护活动要求
3	安装、固定方式	螺钉安装、电连接器插拔均需可见，并具有良好操作空间；采取插拔式需要后侧有定位点
4	标识标记	电缆、设备应具有标识标记
5	防差错	电连接器需求采用不同型号或不同键位防差错，包括与周围舍内电连接器防差错
6	互换性	同型号设备之间具有互换性
7	质量特性	需采用双把手设计
8	检测方式	BTT
9	口盖设计	机关锥折翻时间和便利程度不能低于某系列飞机

图 8-9　活动确定和分解所确定的设计约束示例

字模型,实施虚拟仿真场景分析。虚拟环境下的维修性定性设计与分析步骤及其流程见图 8-10。

并行设计过程中,协调结果记录非常关键,主要目的是使设计过程可追溯,并作为下一研

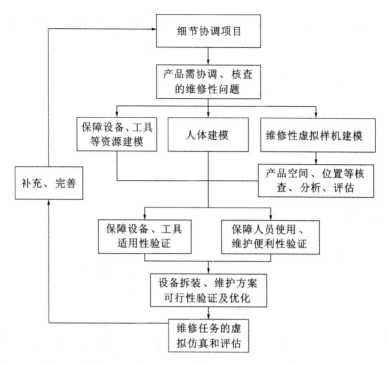

图 8-10　虚拟环境下的维修性定性设计与分析过程

制阶段设计图的依据。该过程主要按照要求及时填写规范的协调单。表 8-3 和表 8-4 给出的是维修性设计中两类常见问题的协调单示例。

表 8-3　设备安装协调单示例

型　号	×××	部　件	×××	编　号	××-XT-××-××××

协调内容：

××在后设备舱的安装

安装位置：

成品型号：

产品状态：外形尺寸

重　量：

装面状态：

安装要求：

设备安装尺寸：见图×××和图×××

与周围产品最小间隙：与结构最小间隙为 10mm

维护性：(是否快卸、是否有把手、是否防差错、是否可互换、有无测试口、是否机上不开箱就能升级软件、有无数据加载口、是否减振、是否一次可达、拆卸过程简述)

专业			＊＊IPT 总体	
＊＊IPT 专业		＊＊IPT 专业		＊＊IPT 区长	
＊＊IPT 结构		＊＊IPT 重量		＊＊IPT 组长	

表 8-4　口盖协调单示例

型　　号	×××	部　　件	×××	编　　号	××-XT-××-××××

协调内容：

下设备舱左侧 4～5 框维护口盖位置协调

安装位置：下设备舱左侧 4～5 框之间

口盖编号：102-GR

口盖标记内容：待定

用途说明：用于维护液压气瓶、燃油电磁阀

口盖开启方式：快卸

口盖与结构连接方式：吊带连接

结构开口尺寸：见图×××

装机状态：全状态

设计状态：同××飞机

专业			＊＊IPT 总体	
＊＊IPT 专业		＊＊IPT 专业		＊＊IPT 区长	
＊＊IPT 结构		＊＊IPT 重量		＊＊IPT 组长	

　　基于数字样机的维修性技术应用型号工程，使维修性设计实现了重大转变，即从宏观控制到细节设计、从实物样机协调到三维电子样机协调、从事后核查到并行设计、从被动式维修性设计到主动影响设计。

8.3.2　基于数字样机维修性并行设计的信息支持

　　维修性分析与设计以系统、设备、附件、零件为对象，产品的使用维修与许多设计特征密切相关，比如维修拆装过程主要取决于装配设计，零部件拆卸取决于周围空间设计以及本身的特征参数。为了充分利用设计过程产生的数据，必须解决信息的描述、集成，并围绕支持虚拟维修仿真、维修特性分析评价、维修手册生成等应用，建立设计、使用与维修信息、知识集成及面向使用维修特性的产品综合信息模型。

　　在飞机研制中，一般将以上信息分为两类处理，即产品基本信息和维修作业流程及使用维护点信息。

　　基本信息主要通过工程设计产生，一般主要包括：

　　1）产品定义名称；

　　2）图号/型号；

　　3）所属系统/分系统；

　　4）质量特性（＞4kg，＜16kg，＞32kg，＞11kg 产品清单＝）；

　　5）可靠性（电子和机电产品故障率、机械和机电产品寿命指标）；

　　6）安装位置；

　　7）安装固定形式；

　　8）紧固件种类、数量；

　　9）连接器种类及数量；

　　10）搭铁；

11)通风；

12)保险；

13)单机数量；

14)研制状态等。

维修作业流程及使用维护点信息主要通过 RCMA(以可靠性为中心的维修分析)、FME-CA(故障模式、原因、影响及危害性分析)、O&MTA(使用与维修工作)分析产生,主要包括：

1)外场预防维修项目、预防维修活动描述；

2)外场重要修复维修项目、拆卸等修复活动描述；

3)机务准备项目、使用维护活动描述；

4)结构、系统、设备使用、维护点(包括检查点、测试点、润滑点、加注口、软件升级接口等)及位置；

5)可能对维修安全和便利性有影响的系统、设备放射源、进气孔、排气口、放油口、可动部件等(包括系统安全活门)位置；

6)预防性维修工作部位；

7)安装或排故后,有调整或校正要求的系统设备名称及位置；

8)重要控制柄、控制器(开关、调整器、操纵器)清单；

9)结构易损或疲劳腐蚀部位；

10)上述所有使用维护部位所需口盖或维护通道特性(图号/型号、形式、固定方式、紧固件数量等)。

8.4　基于数字样机的维修性 IPT 工作模式

三维数字化设计,为多学科、多专业同步设计提供了技术平台,基于数字样机的 IPT 工作模式特别有利于将维修性专业融入 IPT 工作组中,使维修性设计人员与系统设计人员能够基于数字样机,面向同一对象,在同一基准下实时共享研发信息,同时、同步地开展飞机设计。

基于数字样机的维修性 IPT 工作模式,保证维修性专业(工程实施层面,此处维修性专业是广义上的专业,包含了"通用质量特性"的融合)能够高质量、有效地完成飞机 IPT 内的同步协调和分析工作。

8.4.1　维修性 IPT 构成与职责

在 IPT 工作团队,维修性专业协调 IPT 内相关专业,完成系统、设备的维修性同步设计、分析、核查和预计等工作。参与 IPT 协调,从综合保障专业角度提供本专业意见,提高飞机综合保障特性设计水平。

根据飞机全机各级 IPT 和技术支持组的组织架构要求,确定的综合保障 IPT 和技术支持组成员构成如表 8-5 所示。

各级成员的职责为：

(1)全机 IPT 成员负责各部件 IPT 综合保障问题的协调,并提供专业意见。

(2)部件 IPT 一级成员主要参与部件一级 IPT 协调,并提供专业意见；协调部件内相关专业,完成系统、设备的维修性设计、分析、核查和预计等工作。

（3）部件 IPT 二、三级成员主要在部件 IPT 一级成员的组织下完成部件 IPT 内的综合保障问题协调。

（4）技术支持组人员负责跟踪和评估在 IPT 工作过程中的维护、保障和可靠性等综合保障技术问题。

表 8-5　综合保障专业 IPT 和技术支持组成员

全机 IPT	部件 IPT 一级成员		部件 IPT 二级成员			综合保障专业技术支持组成员
	部件名称	人数	可靠性、测试性、安全性、环境	寿命、维修性、保障性	保障设备工具	
1 人	前机身	1 人	若干	若干	若干	3 人
	中央翼	1 人	若干	若干	若干	
	后机身	1 人	若干	若干	若干	
	翼面	1 人	若干	若干	若干	
	起落装置	1 人	若干	若干	若干	
	电缆敷设	1 人	若干	若干	若干	

8.4.2　部件 IPT 一级成员主要工作内容

部件 IPT 一级成员的主要工作有协调工作和分析工作两大类。

1）协调工作

协调工作具体分为部件 IPT 内的协调和保障设备、工具及部件内其他专业的协调。

部件 IPT 一级成员根据飞机及系统综合保障设计要求、《装备维修性工作通用要求》（GJB 368B—2009）、《维修性设计技术手册》（GJB/Z 91—1997）、《军用飞机维修性设计准则》（HB 7231—1995）等，采用 Delmia 等软件及以往型号的经验参与部件 IPT 内各类协调工作。重点关注如下几方面：

（1）设备布局、可达性及维护通道；

（2）互换性设计；

（3）标识、标记设计；

（4）防差错设计；

（5）全机各类充、填、加、挂和检测点的使用、维护的便利性；

（6）人素工程（设备质量、操作空间、工具使用便利性等）；

（7）口盖设计；

（8）相似飞机外场维护问题的跟踪和解决。

在协调中涉及保障设备、工具需求时，部件一级 IPT 成员应了解清楚对保障设备的具体需求，及时联系保障设备专业负责保障设备、工具的部件二级 IPT 成员，协调部件 IPT 内相关专业完成保障设备、工具的协调工作。

协调中若需要环境、保障总体专业配合时，及时与相关专业部件二级 IPT 和技术支持组成员联系，协调部件内相关专业完成相关问题的协调工作。

2）分析工作

部件 IPT 一级成员承担的分析工作包括设备维修性分析、设备外场级平均修复时间

(MTTR)预计、维护点便利性分析。具体内容概述如下：

（1）设备维修性分析。根据部件 IPT 的协调情况，逐步完成设备的维修性设计特性分析，并填写设备维修性分析表（表 8-6）。

（2）设备外场级平均修复时间（MTTR）预计。依据数字模型中设备布局、安装等特性，采用时间累计法对部件 IPT 内的外场可更换单元进行外场级平均修复时间（MTTR）预计，填写设备外场级平均修复时间（MTTR）预计表（表 8-7）。

（3）维护点便利性分析。根据部件 IPT 的协调情况，完成全机充、填、加、挂和检测点的维护便利性分析，并填写维护点便利性分析表（表 8-8）。

（4）跟踪、解决相似机型外场使用维护问题。清理相似机型使用维护中暴露的维修性问题，逐条进行落实和解决：

a. 对已有解决措施的维修性问题进行跟踪，保证在新研制飞机上的落实和完善；

b. 针对未解决的维修性问题，分析研究未解决的原因，协调相关专业，力争在新研制飞机上采取措施解决；

c. 对新研制飞机上无法改进或完善的维修性问题，应给出分析结论，说明原因。

根据问题解决情况，填写相似机型外场使用维护问题解决情况表（表 8-9）。

（5）口盖设计分析。根据部件 IPT 的协调情况，完成部件 IPT 内口盖设计分析工作，并填写口盖设计分析表（表 8-10）。

（6）重点舱段或设备的维修性虚拟演示。根据型号分析及评审的需要，部件 IPT 一级成员需要采用 Delmia 软件制作重点舱段、设备的维修性虚拟演示。具体的演示部位根据协调情况确定后，部件 IPT 一级成员应及时提出对保障设备、工具的需求，并上报给部里，以便部内安排相关人员完成保障设备、工具的建模工作。

表 8-6　设备维修性分析表

序号	产品名称	图号/型号	所属系统	安装位置	研制状态	可达性及维护通道		设备安装方式			质量设计特性	使用维护需求				设备维修时机及工作内容	防差错及标识标记设计措施	维修安全要求	寿命低于首翻期的附件（电池等）的名称及寿命	存在的问题	综合分析使用维护中可能	备注
						可达性	维护通道描述	安装形式	连接器种类及数量	质量(kg)	把手或起吊措施	搭铁	通风	保险	其他							

说明："可达性"栏对二次及以上可达的要说明阻挡物；"通道栏"对简单拆卸步骤及需打开的口盖、拆卸的阻挡物等进行简要描述；安装形式包括螺钉（六角/一字/松不脱等）法兰盘式/插耳式快卸机箱/按叩式快卸机箱等；连接器包括电连接和管路连接；维修时机包括机务准备、周期工作、定期工作、拆装。

表 8-7　设备外场级平均修复时间（MTTR）预计表

序号	设备名称	安装位置	故障隔离时间 T_1	准备时间 T_2	分解时间 T_3	更换时间 T_4	结合时间 T_5	调整时间 T_6	检验时间 T_7	启动时间 T_8	Mct_i	备注

表 8-8　维护点便利性分析表

序号	维护点名称	需要此维护点的工作项目	维护点布置位置	维护便利性说明	备注

表 8-9　相似机型外场使用维护问题解决情况表

序号	相似机型外场使用维护问题	新研制飞机解决情况	解决措施/不能更改的原因	备注

表 8-10　口盖设计分析表

序号	口盖图号及名称	安装形式(螺钉固定、快卸、折页等)	用途	备注

8.4.3　部件 IPT 二、三级成员主要工作内容

在部件 IPT 一级成员的组织协调下,完成部件 IPT 内综合保障方面的协调和分析工作,部件 IPT 二、三级成员主要工作内容如下:

(1)依据新研制配套技术状态,向部件 IPT 一级成员提供设备可靠性指标(MTBF)数据及外场使用评估情况;

(2)依据新研制飞机配套技术状态,向部件 IPT 一级成员提供设备维修性指标(MTTR)数据及外场使用评估情况;

(3)根据测试性分析结果,向部件 IPT 一级成员提供全机测试点/接口的需求;

(4)根据使用维护分析结果,向部件 IPT 一级成员提供全机维护点/接口的需求;

(5)搜集、整理相似机型外场暴露的使用维护问题,向部件 IPT 一级成员提供问题的最新处理情况;

(6)根据制作重点舱段、设备维修性虚拟演示对保障设备、工具的需求,完成相应保障设备、工具的建模;

(7)根据部件 IPT 一级成员提供的保障设备、工具的需求,完成保障设备、工具研制方案的制定及相应接口的协调工作。

对于技术支持组人员,其主要工作内容是对 IPT 工作过程中的维护、保障和可靠性、环境要求等综合保障问题提供技术支持。

参 考 文 献

[1] 国志刚,李宏,李会,等.数字化环境下军用飞机维修性同步设计技术研究[J].飞机设计,2015,6.

[2] 国志刚,刘振祥,李宏.基于 Delmia 的飞机虚拟维修仿真与评价技术研究[J].飞机设计,2012,3.

[3] 邱述斌,王永庆,朱天文.IPT 工作模式在飞机研制中的应用[J].海军航空工程学院学报,2009,4.

[4] 王黎静,袁修干,李银霞,等.军用飞机驾驶舱中飞行员上肢可达性分析[J].北京航空航天

大学学报，2005，1.

[5] 李会，国志刚，侯学东.军用飞机标准维修作业项目提取方法研究[C].第六届中国航空学会青年科技论坛文集，2014，6.

[6] 郝建平，等.虚拟维修理论与技术[M].北京：国防工业出版社，2010.